广义时频分析理论
在旋转机械故障诊断中的应用

张云强　王怀光　吴定海　范红波　黄欣鑫　著

国防工业出版社

·北京·

内 容 简 介

本书以旋转机械设备为研究对象,针对传统时频分析理论在非线性非平稳振动信号分析中的不足,引入分数阶傅里叶变换、变分模式分解、集合经验模式分解和分数阶 S 变换等广义时频分析理论,系统研究了旋转机械故障诊断中振动信号预处理、特征提取、特征降维和智能分类优化策略等问题。具体内容包括旋转机械振动信号预处理方法、基于正交变分模式分解的振动信号特征提取方法、基于 EEMD 的振动信号多尺度特征提取方法、基于分数阶 S 变换时频谱的振动信号特征提取方法、旋转机械振动信号的组合式特征降维方法和旋转机械故障的支持向量机智能分类优化策略。丰富了机械故障诊断理论,为旋转机械故障诊断提供了一条新的有效的技术途径。

本书可供机械工程、信号处理、模式识别等专业的研究生及从事机械设备状态监测与故障诊断领域的科研人员和工程技术人员参考使用。

图书在版编目(CIP)数据

广义时频分析理论在旋转机械故障诊断中的应用/
张云强等著. —北京:国防工业出版社,2020.8
  ISBN 978-7-118-12126-1

Ⅰ.①广… Ⅱ.①张… Ⅲ.①声频—信号分析—应
用—旋转机构—故障诊断—研究 Ⅳ.①TH210.66

中国版本图书馆 CIP 数据核字(2020)第 118595 号

※

国防工业出版社出版发行
(北京市海淀区紫竹院南路 23 号 邮政编码 100048)
三河市德鑫印刷有限公司印刷
新华书店经售

*

开本 710×1000 1/16 印张 15½ 字数 283 千字
2020 年 8 月第 1 版第 1 次印刷 印数 1—1500 册 定价 89.00 元

(本书如有印装错误,我社负责调换)

国防书店:(010)88540777   书店传真:(010)88540776
发行业务:(010)88540717   发行传真:(010)88540762

前　言

　　旋转机械设备作为现代工业生产的基础,在电力、冶金、石油化工、运载工具等国民支柱产业中广泛应用,并且发挥着关键性和决定性作用。随着科技水平的提高和社会发展需求的推动,旋转机械设备逐步朝着大型化、精密化、复杂化、高速化和连续化的方向发展,不同设备之间的联系也越发密切,在运转过程中形成了一个相互影响的整体。由于旋转机械设备常常在高速、重载以及恶劣环境等条件下工作,导致设备难免会发生故障。设备一旦出现故障,有可能引起连锁反应,导致整个设备无法正常工作,不但维修费用高、周期长,而且严重时会给企业或国家造成巨大损失,甚至引发灾难性人员伤亡事故、产生恶劣的社会影响。因此,在旋转机械设备迅速发展的同时,其可靠性和安全性不容忽视,开展旋转机械设备状态监测和故障诊断研究具有重要的经济效益和社会效益。

　　旋转机械故障诊断技术主要包括振动检测诊断、噪声检测诊断、温度检测诊断、油液分析诊断和声发射检测诊断等方法。"预知其内者,当以关乎其外;诊于外者,斯以知其内;盖有诸内者,必形诸外"。这种外在表象和内部状态之间的联系不仅是中医问诊所遵循的依据,也是旋转机械设备状态监测和故障诊断的基本原理。由于负载、激励的变化和机械摩擦磨损的存在,振动是旋转机械部件运转过程中必然产生的现象。旋转机械设备运行状态的变化可以通过振动的形式表现出来,振动信号包含了丰富的设备运行状态信息。由于振动信号的采集和分析可以在旋转机械设备不停机、不拆卸的条件下实时在线进行,振动信号分析成为目前应用最广泛、最行之有效的旋转机械故障诊断方法。目前,振动检测诊断方法约占各类旋转机械故障诊断方法的 60%以上。

　　在旋转机械运行过程中,各个零部件之间相互影响、相互耦合,导致旋转机械振动信号属于典型的非线性、非平稳的多分量信号。时频分析技术能在时-频二维平面内对信号进行处理,是分析非平稳信号的有力工具。短时傅里叶变换、伪魏格纳分布、小波变换和 S 变换等传统时频分析理论虽然克服了时域和频域分析技术在非平稳信号处理中的不足,能够较为准确地描述振动信号局部时频特性,并在旋转机械故障诊断中取得较好的应用效果,但是这些理论都存在明显的局限性,如短时傅里叶变换的时窗函数固定、小波变换的母小波选择困难、小波尺度与频率没有良好的对应关系、S变换的高频分辨性能较差等。因此,有必要进一步深入研究和探索适用于旋转机械振动信号分析的新技术和新方法,以提高旋转机械设备状态监测和故障诊断的精度和可靠性。

广义时频分析理论是指除传统时频变换以外的时频分析方法,包括分数阶傅里叶变换(fractional Fourier transform,FRFT)、分数阶时频变换以及自适应时频变换等理论。分数阶傅里叶变换是一种统一的时频变换技术,具有独特的时频旋转特性。与傅里叶变换相比,FRFT更加适合处理非平稳信号,并且多了一个变换参数,分析信号的灵活性更大。分数阶时频变换是通过将FRFT与短时傅里叶变换、小波变换等传统时频变换有机融合而形成的一类广义时频分析,摒弃了传统的时间-傅里叶频率二维平面的观点,而将时域信号变换到不同时间-分数阶频域进行处理,具有分析灵活、时频聚集性能更好的优点,在某些条件下能够得到传统时频分析和傅里叶变换无法达到的效果。自适应时频变换是经验模式分解、局部均值分解和变分模式分解等自适应时频分解方法的总称,具有良好的多分量信号自适应分解能力,近年来受到人们的广泛关注和研究。

目前,FRFT和分数阶时频变换主要应用在通信、声纳、雷达和信息安全等领域,而在旋转机械振动信号分析和故障诊断领域比较少见。经验模式分解和局部均值分解在旋转机械振动信号分析中已得到广泛应用,而由Konstantin等提出的变分模式分解作为一种新的更有优势的自适应时频变换,在旋转机械振动信号分析中的应用研究才刚刚开始。

振动信号特征提取和智能分类是旋转机械设备状态监测和故障诊断的关键环节。因此,为进一步提高旋转机械设备状态监测和故障诊断的精度和可靠性,本书在总结旋转机械振动信号分析现有研究成果的基础上,将分数阶傅里叶变换、集合经验模式分解、变分模式分解和分数阶S变换等广义时频分析理论应用于旋转机械故障诊断,重点研究了振动信号特征提取方法和基于广义时频特征的旋转机械故障智能分类优化策略。

本书研究内容具有重要的理论意义和工程价值。理论意义在于:提出的分数阶S变换和正交变分模式分解,是对广义时频分析理论的丰富和发展,并拓展了广义时频分析理论的应用范围;提出的基于广义时频分析理论的旋转机械振动信号特征参数提取方法体系和基于广义时频特征的旋转机械故障智能分类优化策略,极大地丰富了旋转机械故障诊断理论;同时,理论研究成果也可以很容易地拓展到其他非线性非平稳信号分析领域。工程价值在于:提出的基于广义时频分析理论的旋转机械振动信号特征参数提取方法体系和旋转机械故障智能分类优化策略,为旋转机械故障状态监测和故障诊断提供了一种新的有效的技术手段,进一步提高了旋转机械设备状态监测和故障诊断准确性和可靠性,从而为减少维修成本、制订维修措施、降低经济损失和预防重大事故发生奠定了基础。

作者
2020 年 1 月

目　　录

第1章 绪　　论

1.1　旋转机械故障诊断技术研究现状

近年来,旋转机械故障诊断技术在利用旋转机械振动理论、计算机应用和信号分析处理等技术成果的基础上,逐渐发展成为一门综合性的学科。目前,基于振动信号分析的旋转机械故障诊断技术研究内容主要集中在振动机理与模型研究、振动信号的动态采集与实时处理方法研究、振动信号特征提取与降维方法研究以及基于模式识别与人工智能的振动信号智能分类方法研究四个方面。其中,振动信号特征提取和智能分类是旋转机械设备状态监测和故障诊断的关键环节和研究热点,直接影响状态监测和故障诊断的实时性和准确性。结合全书研究内容,本节从旋转机械振动信号处理方法、故障特征提取、特征降维和智能分类等方面对旋转机械故障诊断技术研究现状进行介绍。

1.1.1　旋转机械振动信号处理方法研究现状

在旋转机械部件运行过程中,利用信号采集系统能够获取设备不同时刻和状态的信号,专家学者们利用一些信号处理方法对信号进行分析,以期获取关于旋转机械设备运行状态的信息。目前,信号处理常用的方法有基于傅里叶变换的传统信号分析方法、小波分析和 Hilbert-Huang 变换等理论。

1. 基于傅里叶变换的传统信号分析方法

基于傅里叶变换的信号分析方法称为经典信号分析方法,它包括频谱分析、倒频谱分析和包络解调分析等。Y. Isa 利用平滑瞬时功率谱分析齿根裂纹故障,较好地诊断出了齿轮故障及位置。李辉等通过对齿轮箱振动信号本征模式函数(intrinsic mode function, IMF) 分量的功率谱分析,通过频谱图分析齿轮齿根裂纹故障信号,判断齿轮故障。倒频谱是频域函数里的傅里叶变换,通过对功率谱函数取对数,使经过傅里叶变换后的信号能量更集中。R. B. Randall 首先提出了倒频谱分析,并成功地实现了齿轮的故障诊断。

H. Tang 等提出了利用噪声信号的倒频谱方法将齿轮磨损程度进行量化,完成对齿轮故障的精确诊断。J. S. Cheng 等提出对小波分解得到的分量信号进行包络分析,对包络信号进行角域重采样的频谱分析,得到包络阶次谱,提取齿轮故障特征。李辉等将双谱分析和倒频谱技术相结合,对轴承故障信号进行双谱分析的基础上,计算双谱的倒频谱,提高信号的信噪比,更好地处理信号。齿轮箱齿轮和轴承的故障信号多为调幅、调频信号,包络解调分析成为该类信号特征提取的常用方法。段晨东等首先将信号进行提升小波包分解,然后对分解得到的频带进行包络解调分析,根据轴承包络谱得到故障特征频率。

2. 小波分析方法

小波分析方法是近年来广为研究和应用的一种非平稳信号分析方法,是继傅里叶变换以来的又一重大突破。小波分析的主要思想是伸缩和平移。小波变换的最终目的是既要得到信号的全貌,又能分析信号的细节。小波分析理论的出现给齿轮箱振动信号的处理带来了较快的发展。W. S. Su 等提出了一种最优 Morlet 小波滤波器滤除信号中的干扰噪声和频率,从而准确地提取到轴承故障信号的频谱特征。丁彦春等运用复合 Morlet 小波包络分析方法,对经过预处理后的轴承故障数据进行包络解调分析,利用 Kurtosis 最大化准则自动获取小波包络分析中的中心频率和包络带宽。李宏坤等将小波包分解和坐标变换方法相结合,对原始轴承振动信号经小波包变换后的各频带进行分析,并利用主成分分析或独立分量分析突出小波包分解子频带的故障冲击成分,增强轴承故障微弱信号的特征。张进等提出了时间-小波能量谱的齿轮故障信号分析方法,利用小波分解技术获取故障冲击信号发生时间和能量,然后通过频谱分析提取齿轮故障信号的频域特征。

3. Hilbert-Huang 变换方法

Hilbert-Huang 变换方法也是一种针对非线性、非平稳信号的时频分析方法。其中经验模式分解(empirical mode decomposition,EMD)是 Hilbert-Huang 变换的核心理论。EMD 方法根据信号自身的局部特性确定分解尺度,改善了小波分析需要选择小波基函数的缺陷。R. Roberto 等对齿轮故障信号进行 EMD,提出采用价值指标自动地选取有用的 IMF 分量,然后对包含故障的 IMF 分量进行频谱分析。蔡艳平等将 EMD 方法应用于滚动轴承故障信号的分析中,对信号进行 EMD 得到 IMF 分量,利用谱峭度方法选择合适的 IMF 分量构建包络谱,获得故障信号的特征频率。张超等提出用 EMD 方法将信号分解为若干个 IMF 分量,对包含故障信息的 IMF 进一步采用奇异值差分谱的方法,从而准确提取轴承故障特征频率。

1.1.2 旋转机械振动信号特征提取研究现状

为了实现旋转机械故障的智能诊断,需要提取旋转机械振动信号的特征参数,作为后续智能诊断的输入参数。目前,旋转机械故障的特征提取主要是利用现代信号分析理论,根据信号的数据信息提取各种特征参数。常用的特征参数一般包括信号的均值、均方根值、方差、波形指标、峰值、峭度、偏斜度以及相关系数等。这些参数简单、直观,易于测量,但这些参数对噪声敏感,且稳定性较差。这些时域特征参数往往适合于故障较为明显的旋转机械振动信号的故障分析。因此,人们又提出了很多表征旋转机械复杂振动信号的特征参数。经过国内外学者的多年研究,旋转机械振动信号特征提取方法已经取得长足的发展和丰硕的研究成果,形成了时域、傅里叶频域和传统时频域特征提取方法体系。

1. 时域特征提取方法

时域特征包括时域统计特征、时间序列模型参数和分形特征等。曹龙汉对柴油机故障诊断中常用统计特征参数进行了总结,包括均值、均方值、最大值、最小值、有效值、方差、标准差、峰值、峰峰值等有量纲参数以及波形指标、峰值指标、脉冲指标、裕度指标和峭度指标等无量纲参数。

在时间序列模型参数提取方面,自回归(auto regressive,AR)模型和自回归滑动平均(auto-regressive moving average,ARMA)模型是应用最广泛的时间序列模型。刘天雄等研究了 AR 模型在设备状态监测中的应用,结果表明 AR 模型的自回归参数对设备状态变化规律比较敏感,可以有效描述系统状态;赵联春等对轴承振动信号分析中的 AR 模型进行了深入研究;孙学斌等利用 AR 模型对机床轴承振动信号进行建模,从而实现了轴承故障诊断;杨皓等将 AR 模型应用于轴承信号趋势预测,取得较好的预测精度;于德介等对轴承信号的固有模式分量采用 AR 模型进行建模,以模型的自回归参数和残差的方差作为轴承故障特征;肖云魁等利用小波包变换对曲轴轴承信号进行时域分解与重构,进而通过 AR 谱分析有效提取了故障特征;M. M. Ettefagh 等采用 ARMA 时间序列模型对内燃机缸体振动信号进行建模,提取出了对故障敏感的特征参数;梁平等采用 ARMA 模型参数计算转子振动信号的自谱函数值,从而构建自谱函数图谱,具有明显的故障区分度;刘颖等结合 ARMA 模型和聚类分析提取了轴承振动信号特征参数,达到了轴承故障类别准确辨识的目的。此外,H. Tang 等在轴承故障诊断中引入 Volterra 模型,在建立自适应预测模型的基础上,提取模型参数作为轴承信号特征参数。

在分形特征提取方面,吕志民等提取轴承信号的分形维数,用于描述滚动轴承在不同状态下的非线性特征,进而实现故障诊断;关贞珍等在轴承振动信号相空间重构的基础上,计算重构信号的分形维数等多个非线性特征作为轴承信号特征参数,对轴承故障进行识别;D. Logan等提取关联维数作为轴承振动信号的特征参数,并对关联维数的影响因素进行了研究;J. D. Jiang等采用关联维数对齿轮信号进行描述,并深入讨论了关联维数各参数的确定方法;王新宇等通过双线性变换将柴油机振动信号映射为时域图,并研究了系统状态与信号方差、关联维数之间的关系;C. H. Chen等提出采用振动信号不同频带的盒维数描述转子故障;J. Yang等讨论了关联维数、容量维数和信息维数在滚动轴承故障分类中的应用;夏勇等将分形理论引入内燃机故障诊断,采用分形维数量化振动信号的复杂度;李兵等提出采用形态学广义分形维数描述发动机振动信号的新方法;E. P. Moura等研究了Hurst指数的去趋势波动分析方法,并分别应用于轴承和齿轮箱故障诊断中,取得了较好的诊断效果;J. S. Lin等采用多重分形去趋势波动分析方法提取了滚动轴承振动信号的多重分形特征参数,进而实现了轴承故障分类。

时域特征参数具有测量直接、计算简单和便于应用于在线监测等优点,但易受旋转机械振动噪声干扰,不能有效反映振动信号的频域信息和周期成分。

2. 频域特征提取方法

频域特征提取方法包括以经典傅里叶变换为核心的频谱、包络谱、倒谱以及双谱分析等。贾继德等利用Hilbert-Huang变换分析发动机敲缸信号,有效提取出振动信号的幅值谱和边缘谱频带能量特征;J. F. Cao等提出一种非线性频谱融合方法对复杂系统故障机进行了诊断;吕琛等讨论了小波包络谱分析在内燃机主轴承磨损故障特征频率提取中的应用;杨宇等在轴承信号局部均值分解的基础上,提取包络谱特征用以鉴别轴承不同故障类型和工作状态;M. C. Pan等通过对轴承固有模式分量进行包络谱分析,实现了轴承复合故障诊断。

倒谱分析是对时域信号的对数谱再进行傅里叶频谱分析,以提取信号频谱中的周期成分。R. B. Randall首次将倒谱分析用于齿轮振动故障诊断,取得了较好效果;M. E. Badaoui在实倒谱分析方法的基础上,提出一种用于齿轮故障诊断的新的有效特征参数;G. Dalpiaz等将倒谱分析与循环平稳分析和小波分析进行了对比;H. Tang等将倒谱分析应用于噪声信号分析,实现了齿轮磨损程度的量化与诊断。

双谱分析是处理调制信号的有力工具,是对信号的三阶矩进行二维傅里叶谱分析。熊良才等深入研究了双谱分析在齿轮故障诊断中的应用,结果证明了双谱分析在旋转机械故障诊断中的有效性;周宇等针对滚动轴承具有循环平稳特性,采用循环双谱的中心频率切片谱提取了轴承早期故障特征;肖云魁等对柴油机振动信号进行双谱分析,通过提取不同双谱特征频率面的平均幅值特征成功实现柴油机活塞销故障的模式分类;张玲玲等提出一种结合计算阶比跟踪和双谱分析的加速过程振动信号特征提取方法,诊断结果表明该方法可有效提取曲轴轴承故障特征。

频域特征能够有效描述振动信号的周期成分,具有对信号传递路径和振动噪声不敏感等优点,但丢失了信号的时域波形信息。另外,对于复杂旋转机械系统而言,其振动信号是众多频率成分耦合叠加的结果,频域故障特征容易出现交叉和混叠,从而导致频域特征参数性能退化。

3. 传统时频域特征提取方法

传统时频域特征提取方法即通过传统时频分析理论将旋转机械振动信号变换到时间-傅里叶频域内再提取特征的方法。传统时频分析的家族庞大,包括短时傅里叶变换(short-time Fourier transform, STFT)、Cohen 类分布、Wigner-Ville 分布(Wigner-Ville distribution, WVD)、小波变换和 S 变换等,其中 STFT、小波变换和 S 变换在旋转机械故障诊断中应用最为广泛。

短时傅里叶变换是由 Gabor 根据时间局部化思想,在傅里叶变换基础上提出的一种较早的时频分析技术。孔令来等讨论了 STFT 的基本原理与窗函数选取方法,并对发动机稳态和非稳态工况下加速振动信号进行了分析与比较;丁夏完等采用窗函数为三次 B 样条函数的 STFT 对货车滚动轴承信号进行分析和故障特征提取;柳新民等采用短时傅里叶变换提取振动信号的倒谱系数,并对轴承故障进行了分析。

小波变换是 20 世纪 80 年代后期发展起来的一种时频分析技术,具有可变的时频窗口,既能对非平稳信号中短时高频成分进行定位,又可以对低频成分进行分析。T. Kaewkongka 等将连续小波变换和 STFT 分别应用于轴承故障诊断,结果表明连续小波变换优于 STFT;J. D. Wu 等提出一种基于小波包和神经网络的内燃机故障专家诊断系统,采用小波包对振动信号进行四层分解,然后提取各频带熵作为广义回归神经网络的输入,从而对内燃机故障进行模式识别;D. Boulahbal 等提出一种充分利用小波变换系数幅值和相位信息的齿轮裂纹故障检测方法;J. Rafiee 等对连续小波变换系数的相关性进行深入研究,并用于检测齿轮磨损状态;X. Lou 等在对轴承振动信号进行小波分析的基础上提取时频特征参数,采用模糊推理方法对轴承状态进行识别;Q. Hu 等对小波包变换进行改进,并用于轴承信号分解,通过提取小波系数的统计特征作为特征向量,实现了轴承状态智能分类;Y. Feng 等提出了一种规范化的小波包分解方法,并在此基础上提取了小波包相对能量、整体熵和节点熵等特征描述振动信号特征;J. Chang 等利用连续小波变换对柴油机敲缸和失火故障进行了检测;J. D. Wu 等分别采用连续小波变换、小波变换和小波包变换对内燃机振动和噪声信号进行分析,并采用神经网络对信号进行分类;D. Yan 等提出一种振动信号多重分形谱的小波模极大值计算方法,并应用在旋转机械故障诊断中,得到了较好的识别效果;吴定海等采用 Morlet 小波变换时频谱表达柴油机缸盖振动信号的局部特征和能量分布,并通过奇异值分解方法提取了用于故障分类的特征参数;秦萍等采用小波变换对柴油机主轴承振动信号进行处理,取得了较好的分类效果;贾继德等在连续小波变换的基础上,实现了曲轴轴承信号非平稳周期特征增强。

S 变换是 R. G. Stockwell 等在 1996 年提出的一种较新的时频分析理论,结合了 STFT 和小波变换的优点,具有比 STFT 和小波变换更好的时频分辨性能,在振动信号处理中应用比较广泛。李兵等针对齿轮故障诊断,采用 S 变换将一维振动信号转换到二维时频面,并对时频谱进行二维非负矩阵分解提取了故障特征参数;吕勇等提出一种基于 S 变换时序分解算法,并在该时序分解算法基础上提取时序统计特征参数对齿轮不同振动信号进行了分析,验证了该时序分解算法对设备故障分类的有效性;王成栋等采用 S 变换对柴油机缸盖振动信号进行处理,得到不同振动信号的时频谱,并采用绝对距离、欧氏距离以及相似度等度量准则对不同时频谱进行了识别;徐红梅等采用 S 变换对灭缸前后缸盖振动信号进行时频分析,结果表明 S 变换具有较好的时频定位能力,更适合于内燃机缸盖振动特性研究;P. D. McFadden 研究发现 S 变换对窗函数具有不必要的限制,于是提出了两种新的窗函数,采用改进的 S 变换对齿轮振动信号进行了有效分解;X. Fan 等结合 S 变换和 Hilbert 变换,提出了一种新的信号分析方法,并通过仿真信号和齿轮振动信号验证了其有效性;E. Sejdi 提出了一种窗函数优化的广义 S 变换,并应用发动机敲缸信号分析,结果表明窗函数优化的广义 S 变换具有更好的时频聚集性。

虽然基于传统时频分析理论的特征提取方法有很多,但是传统时频分析理论都有其理论缺陷,如短时傅里叶变换的时窗函数固定,没有自适应性,小波变换的母小波选择困难、小波尺度与频率没有良好的对应关系,S 变换对高频信号的频率分辨率较低,严重影响旋转机械振动信号特征提取和分类效果。

1.1.3 旋转机械振动信号特征降维研究现状

在旋转机械振动信号特征提取时,一般可以从不同的角度提取大量的振动信号特征参数,然而受旋转机械振动的复杂性、信号噪声干扰以及特征提取方法的局限性等因素影响,众多参数中存在与故障状态不相关的特征和冗余特征,并且不同的特征参数之间还可能相互冲突,在振动信号分类时,不仅会导致分类器的计算复杂度大幅增加,同时也会降低故障诊断精度。因此,在振动信号分类识别之前对原始特征进行降维十分必要。特征降维可以分为特征选择和特征变换两大类。

1. 基于特征选择的特征降维

特征选择就是采用一定的方法准则从原始特征集合中选择出性能较好的特征子集的过程。特征选择过程中不产生新的特征参数,主要方法有线性判别分析、类内类间距准则和遗传算法、粒子群算法等智能优化选择方法。

G. G. Yen 采用改进的线性判别分析法对小波包变换后节点能量特征参数进行了优选,提取出了鉴别能力更好的特征子集,应用于故障诊断,大大降低分类器训练时间的同时,提高了分类器的泛化性能;吴定海等采用类内-类间距准则对振动信号时频奇异谱特征进行降维,提取出了描述性能更好的特征参数;王新峰等提出一种基于相关性和冗余性分析的特征选择方法,仿真和实验结果表明该方法能够高效地选择出优化特征子集;Z. Xu 等提出一种新的可分离判据对轴承故障特征进行选择,并结合改进的模糊自适应共振映射对轴承故障进行了诊断。

L. B. Jack 等采用遗传算法分别对支持向量机和神经网络模型的输入特征进行优化选择,故障诊断结果表明优选后的特征子集不仅维数大大降低,而且提高了故障诊断精度;史东锋等提出了基于遗传算法的特征选择策略,仿真及旋转机械故障实例分析,表明遗传算法在特征选择中具有较强的并行性和寻优能力;骆志高等利用遗传算法对轴承故障特征参数进行优化选择,并利用逐次诊断理论对轴承复合故障进行了有效诊断;潘宏侠等将粒子群算法用于传动箱振动信号特征提取与优化选择,提取出了齿轮箱低维有效故障特征参数;王灵等提出一种新颖的混沌耗散离散粒子群优化算法,并应用于故障特征参数优选,实验结果表明该算法能快速有效地搜索出性能优越的特征子集;曹建军等将蚁群算法应用于发动机振动信号特征选择,并通过故障诊断实例验证了蚁群算法在特征提取中的有效性。

2. 基于特征变换的特征降维

基于特征变换的特征降维是将特征参数由高维测量空间投影到低维特征空间的过程。常用的方法有主成分分析(principal component analysis,PCA)、核主成分分析(kernel principal component analysis,KPCA)、线性判别分析(linear discriminant analysis,LDA)和流形学习理论等,其中流形学习是目前研究的热点。

苑宇等将主成分分析方法应用于柴油机振动信号时频谱特征提取,以降低特征空间维数和突出故障信息,有效剔除了时频谱中的冗余信号;李宏坤等首先利用非负矩阵对振动信号的时频图像提取特征向量,然后利用 PCA 方法对提取的高维特征向量进行降维,并将得到的三维特征向量在三维空间中表示,四种轴承状态的聚类效果很好;W. X. Sun 等提出了基于决策树和主成分分析的故障诊断方法,通过 PCA 方法对采集的数据信号的时域和频域特征参数进行降维,得到与故障特征密切相关的特征参数,然后通过决策树诊断故障;刘迎等针对主成分分析中协方差矩阵计算量较大和易丢失高维数据信息的问题,将核函数引入 PCA 中,提出核主成分维数约减的方法,并对齿轮故障的原始状态特征集降维,完成对齿轮故障的正确分类;胡金海等采用核主成分分析提取出转子故障特征的非线性主成分,该主成分具有更好的鉴别能力和鲁棒性;孙丽萍等通过核主成分分析对小尺度谱图进行了特征提取,所提特征的识别精度高于频谱特征和尺度谱纹理特征。

G. G. Yen 等采用小波包变换后节点能量作为特征参数,采用改进的线性判别分析法对原始特征参数集降维,得到鉴别能力更好的特征子集,并采用神经网络对故障分类,对齿轮箱故障诊断结果证明了采用特征降维后的子集不仅大大降低了神经网络的训练时间,而且增强了网络的泛化性;骆广琦等针对线性判别分析不能很好地处理非线性特征,首先利用遗传编程对传统的时域指标中提取复合指标,然后利用 LDA 算法对复合指标进行降维得到最优特征向量,将最优特征向量输入多分类分类器,识别轴承故障类型;肖文斌等针对 LDA 方法不能解决线性不可分的问题,将具有非线性映射能力的核函数融入 LDA 方法中,并利用 K 均值聚类优化核函数参数,滚动轴承的故障诊断实验表明该方法能够更有效地识别轴承不同状态,更适合于非线性特征约减。

流形学习可分为等距映射、局部切空间排列、局部线性嵌入、拉普拉斯特征映射等非线性流形学习算法和邻域保持嵌入、局部保持投影等线性流形学习算法两大类。非线性流形学习已在旋转机械故障诊断中广泛应用,而线性流形学习算法作为非线性流形学习算法的线性逼近,在旋转机械故障诊断中的应用还比较少见。

M. Li 等提出了多流形的故障诊断方法,将采集的信号数据映射到多个高维特征空间,然后根据每个高维空间的样本点构建邻域结构,利用线性逼近方法提取每个高维特征空间的内在流形,最后采用多维 PCA 方法对多个流形结构进行维数约减,得到故障的本质特征;栗茂林等提出了非线性流形学习的特征优化降维方法,首先对轴承故障振动信号在时域和频域提取特征参数,构建原始特征子集,然后采用局部切空间排列算法的非线性流形学习方法,对原始特征子集进行优化和降维,得到轴承故障信号的低维特征向量,有效地提高了同种故障类型的类内距;梁霖等提出了一种基于局部切空间排列的旋转机械设备冲击特征提取方法,有效提取出了最优的冲击故障特征;李锋等采用了正交邻域保持嵌入的流形学习算法,对提取到的轴承故障信号的高维特征向量进行维数约减,得到有利于分类的低维特征向量,输入最近邻分类器,故障识别率得到很大提高;张熠卓等对局部切空间排列的增量学习机制进行了研究,有效解决了流形学习在大批量数据处理中的问题,具有复杂度低和效果好等优点;张育林等将改进的局部线性嵌入算法引入谱聚类中,使谱聚类分析精度和稳定性显著提高;李志雄等采用局部线性嵌入算法提取高压直流输电系统故障的敏感信息,结果表明局部线性嵌入能提取出用于表征系统故障的特征参数,在三维空间即可将故障区分开来;蒋全胜等将拉普拉斯特征映射引入旋转机械故障诊断,有效提取出振动信号中的流形特征和几何结构信息,提高了故障模式识别的精度。

此外,组合式特征降维方法也受到人们的关注和研究。例如,周志红等提出一种基于 Filter-Wrapper 的两阶段组合式特征选择算法;李虹等将遗传算法和粒子群优化算法相结合,提出了一种旋转机械故障特征选择的混合粒子群优化算法;李兵等提出一种基于互信息和带精英策略的非支配排序遗传算法的组合式特征选择方法。与单一的特征选择方法相比,组合式方法能够进一步提高特征选择的速度和效果,从而提高故障诊断的精度及效率,因此组合式特征选择方法具有广阔的研究前景。

1.1.4　旋转机械故障智能分类方法研究现状

旋转机械故障诊断本质上是一个旋转机械运行状态分类识别的过程。随着计算机技术的迅速发展,如模糊推理、专家系统、人工神经网络和支持向量机等现代模式识别和人工智能理论在旋转机械故障诊断中逐渐广泛应用，使得旋转机械故障诊断技术逐步向智能化、自动化方向发展。其中，人工神经网络和支持向量机理论最成熟、应用最广泛。

1. 基于人工神经网络的旋转机械故障智能分类

人工神经网络是基于经验结构风险最小化原则建立的一种智能模式识别理论，可以模拟任意连续非线性函数和处理复杂的多模式问题，具有自学习、大规模并行处理和分布式信息存储等优良性能，因而在旋转机械故障智能分类中具有广泛应用。

夏勇等从振动信号生成的灰度图像中提取特征参数，并采用神经网络实现了内燃机气门机构故障的分类与识别；B. Samanta 等利用前馈(back-propagation，BP)神经网络对轴承故障进行诊断，并详细研究了不同信号处理方法对神经网络分类结果的影响；G. Wang 等采用径向基(radial-basic function，RBF)神经网络模型对轴承故障进行模式识别，结果证明了 RBF 神经网络良好的分类性能；A. K. Mahamad 等对 Elman 神经网络和前馈神经网络在轴承故障诊断中的分类性能进行了对比研究，结果表明 Elman 神经网络可以获得更好的分类结果；王成栋等采用概率神经网络对发动机缸盖振动信号的模糊函数图像进行分类识别，取得了理想的分类效果；L. Zhang 等提出一种基于多尺度熵特征描述和自适应模糊神经推理的轴承故障诊断方法，该方法能有效识别轴承故障类型和故障严重程度；N. Saravanan 等在采用小波变换提取故障特征参数的基础上，利用人工神经网络对齿轮故障状态进行了智能分类；C. Wang 等对发动机振动信号时频谱直接进行神经网络分类，取得了比较满意的故障识别效果；J. D. Wu 等对比研究了径向基神经网络、概率神经网络以及前馈神经网络在内燃机故障诊断中的分类性能，结果表明概率神经网络在运行速度和分类精度方面均有明显优势；W. H. Wang 提出采用一种 ENN-1 (extension neural network type-1)神经网络，并将其应用于发动机故障诊断，与 K 近邻分类器(K-nearest neighbors classifier，K-NNC)和传统神经网络相比，ENN-1 的诊断速度更快、精度更高。

章维一等提出一种基于实例学习的神经网络并应用于故障诊断，取得了较好的效果；程鹏等针对齿轮故障模式与特征参数之间存在复杂非线性关系，采用自组织映射-前馈复合神经网络建立了一种齿轮箱故障诊断模型，提高了齿轮故障诊断精度；李增芳等将组合神经网络应用于发动机故障诊断，有效提高了发动机故障诊断的效率和精度。陶品等针对构造型神经网络的增量学习方法开展了研究，提出一种双交叉覆盖的增量学习算法，提高了网络的泛化能力;张英堂等提出了一种多极限学习机在线集成学习方法,有效克服了单隐层神经网络输出结果不稳定和过学习等问题,提高了柴油机故障诊断精度;Q. H. Wang 等在对缸盖振动信号进行非负矩阵分解的基础上,采用神经网络集成的方法实现了柴油机气门机构故障的精确诊断。

人工神经网络虽然已在旋转机械故障诊断中取得可喜的研究成果,但是存在网络结构确定困难、收敛速度慢、欠学习和过学习等问题。另外,基于经验风险最小化原则设计的神经网络在模式分类之前需要大量的故障样本对其进行训练,而在工程实际中故障样本获取困难、数量有限,极大地限制了其分类性能和应用领域。

2. 基于支持向量机的旋转机械故障智能分类

支持向量机(support vector machine,SVM)是根据结构风险最小化原则提出的一种属于统计学习理论范畴的机器学习方法。SVM 通过引入最优分类超平面和核映射等技术,解决了传统方法所面临的小样本、非线性和高维数等问题。与人工神经网络相比,SVM 具有更好的泛化能力,即使在小样本情况下训练的分类器也具有很强的泛化性能,因此 SVM 在旋转机械故障智能诊断中取得了理想的应用效果。

B. Samanta 等对比研究了 SVM 和人工神经网络在齿轮振动信号分类中的应用,结果表明在不同采样频率和不同载荷下,SVM 的分类精度与人工神经网络相当,但 SVM 的训练速度明显快于人工神经网络;蔡蕾等将旋转机械故障诊断转化为时频谱识别问题,并采用 SVM 作为分类器进行智能识别;武华锋等提出了一种基于 SVM 的柴油机排气阀故障诊断模型,对比研究了三种不同核函数对模型性能的影响,指出线性核函数是最佳核函数;张英锋等采用超球支持向量机建立了一种以光谱数据为基础的综合传动磨损状态判别模型;康守强等在轴承振动信号经验模式分解的基础上,通过引入多类分类超球 SVM,实现了滚动轴承故障分类识别;H. Li 等采用时频谱的信息熵和重心两个特征参数作为 SVM 的输入,对轴承故障状态进行了有效识别。

徐喆等将超球思想和回归 SVM 结合,提出一种 SVM 的增量学习方法,在不降低预测精度的同时有效降低了大样本下 SVM 训练的计算复杂度;王自营等针对直推式 SVM 训练速度慢的问题,提出一种迭代式增量学习方法,并在训练中引入错误反馈和成对标记等措施以确保算法的收敛性和分类精度,旋转机械运行状态识别结果验证了算法的有效性和优越性;X. L. Zhang 等提出一种基于多变量集成的增量 SVM,有效解决了复杂背景下不同损伤程度的机车滚动轴承多故障诊断难题;A. Rojas 等研究了 SVM 的序贯最小优化训练算法和模型参数选择方法,轴承故障诊断结果表明所提方法提高 SVM 的训练效率;B. Samanta 等采用粒子群优化算法对近似 SVM 的模型参数进行优化,并与遗传算法进行了对比,结果表明了粒子群优化 SVM 的优越性;F. F. Chen 等通过采用混沌粒子群优化算法对多核 SVM 的模型参数进行优化,实现了滚动轴承复合故障的精确诊断;吴震宇等将蚁群优化的 SVM 引入内燃机故障诊断,有效提高了 SVM 的学习效率和诊断精度;X. Li 等利用改进的蚁群优化算法对 SVM 的模型参数进行选择,并应用于滚动轴承故障诊断,结果验证了所提参数优化方法的有效性;F. F. Chen 等针对齿轮箱故障诊断,利用免疫遗传算法对小波 SVM 模型参数进行优化,显著提高了 SVM 的泛化性能和齿轮箱故障诊断精度;李烨系统研究了 SVM 的集成学习方法;李海斌提出了一种基于 Boosting 算法的 SVM 集成故障诊断模型,并应用于柴油机故障诊断,应用结果表明了集成学习在柴油机故障诊断的可行性和有效性;Q. Hu 等采用 Adaboost 思想构建差异性 SVM,实现了旋转机械故障的 SVM 集成分类诊断;王自营等提出了一种基于自适应助推算法的 SVM 集成方法,并将其应用于某型装甲车辆柴油机故障诊断,获得了比单一 SVM 更好的故障诊断精度。

  SVM 的分类性能依赖于模型训练方法及参数选取,并且如何快速有效地对 SVM 进行训练和参数优化选择缺乏统一的理论指导。通过引入群智能优化算法、增量学习和集成学习等策略,可以有效改善 SVM 在旋转机械故障诊断中的分类性能。

1.2 广义时频分析理论研究及应用现状

  广义时频分析理论是指除传统时频分析理论以外的时频分析方法,包括分数阶傅里叶变换(FRFT)、自适应时频变换以及分数阶时频变换等理论方法。

1.2.1 分数阶傅里叶变换

  分数阶傅里叶变换能够将时域信号变换到不同分数阶傅里叶频域,最早由 V. Namias 于 1980 年从特征值和特征函数的角度提出。早期由于缺乏有效的快速算法和物理解释,分数阶傅里叶变换在信号处理领域一直没有得到足够重视,直到 20 世纪 90 年代才受到信号处理领域学者的广泛关注和研究。与傅里叶变换相比,分数阶傅里叶变换是一种统一的时频变换,适合处理工程中广泛存在的非平稳信号,并且多一个变换参数,在某些问题中能够得到更好的应用效果。

S. Ervin 等从数字实现算法、与时频联合分析技术的关系和工程应用等方面对分数阶傅里叶变换进行了详细研究和总结;罗蓬采用分数阶傅里叶变换对非平稳信号处理开展了深入研究,结果表明分数阶傅里叶变换在非平稳信号处理中具有明显优势;刘立洲等将傅里叶变换应用于齿轮故障诊断,并指出当分数阶次选择合适,分数阶傅里叶变换可以取得比傅里叶变换更好的诊断效果;李增芳等结合倒谱分析定义了一种分数阶倒谱,并应用于旋转机械故障诊断;梅检民等基于分数阶傅里叶变换,提出一种分数阶频域的单分量阶比双谱用来描述变速器早期微弱故障特征;张军将分数阶傅里叶变换引入步态特征提取,从步态数据中有效提取出了腿部摆动和手臂等细微多普勒特征;罗慧等采用分数阶傅里叶变换将可分性差的原始数据映射到最优分数阶空间,并结合类内-类间距准则和主成分分析(PCA)降维,提取出了可分性好的模拟电路故障特征参数;K. A. Pawan 等将分数阶傅里叶变换引入语音特征提取,并通过支持向量机实现了语音识别;黄宇等针对雷达信号特征分析,利用分数阶傅里叶变换提出一种 Chirp 基信号稀疏特征提取和分选识别方法;梅检民等采用分数阶傅里叶变换对多尺度 Chirp 基稀疏信号分解算法进行了改进,降低了搜索基函数的计算复杂度,能快速有效地处理非平稳工况下多分量非平稳信号。

1.2.2　自适应时频变换

小波变换理论虽然解决了非平稳信号的处理的难题,但是小波变换需要选择小波基函数,且小波基函数一旦确定,在信号分解的过程中就无法改变,对信号的处理结果依赖小波基函数和分解尺度的选择,不具有自适应性,自适应时频变换应运而生,它是经验模式分解、局部均值分解和变分模式分解等自适应时频分解方法的总称,具有良好的多分量信号自适应分解能力,近年来得到国内外学者的广泛关注和研究。

1. 经验模式分解

经验模式分解(EMD)是一种自适应时频分析方法,可以根据信号的局部时频特性对信号进行自适应分解,克服了小波变换在分析非平稳信号时需要人为确定母小波的缺陷,近年来在旋转机械振动信号特征提取中取得了广泛应用。

曹冲锋针对旋转机械系统具有非平稳特征,在旋转机械信号分析中引入EMD,并对其存在的端点效应、虚假模式等问题进行了深入研究;V. K. Rai 等提出了一种结合 EMD 和傅里叶变换的轴承故障诊断方法,并与 Hilbert 包络谱方法进行对比,结果表明了所提方法在轴承故障特征提取中的有效性;蔡艳平等在内燃机故障诊断中为消除伪维格纳分布中交叉项对故障诊断的影响,首先将振动信号进行 EMD,然后生成 EMD-WVD 时频谱,提取其不变矩特征作为故障诊断特征向量;汤宝平等采用独立分量分析对 EMD 模态混叠现象消除方法进行了研究,实现了混叠成分的有效分离;Z. H. Wu 等为有效消除 EMD 中模态混叠现象,通过引入噪声辅助数据分析方法,提出了一种新颖的集成 EMD 时频分析方法;王凤利等针对柴油机振动信号的非线性、非平稳性,采用集成 EMD 对振动信号分解来获取固有模式量,提取每个固有模式分量的形态学分形维数来描述柴油机的工作状态;沈虹等结合经验模式分解和 Gabor 变换,成功提取了能敏感反映曲轴轴承磨损状态的频带能量特征;张玲玲等引入集成经验模式分解,并与模糊 C 均值聚类结合,实现了曲轴轴承故障状态的准确识别。

2. 集合经验模式分解

Yu Yang 等对轴承振动信号进行 EMD,然后对部分 IMF 分量进行包络解调,提取特征频率的比值作为特征参数,并输入 SVM 进行故障分类;张梅军等提出了小波变换与 Kohonen 神经网络相结合的滚动轴承故障诊断新方法,该方法利用小波分析提取振动信号的尺度-能量谱,将提取的特征参数输入 Kohonen 神经网络识别轴承故障;于德介等将 EMD 方法应用于齿轮故障信号处理,对齿轮故障信号进行 EMD,对 IMF 分量进行 Hilbert 变换,对 IMF 分量的时频分布能量进行定量描述,作为齿轮故障的特征参数;Y. M. Zhan 等采用对齿轮箱振动信号建立 AR 模型,提取 AR 模型参数表征齿轮的运行状态,根据模型参数的变化诊断齿轮箱是否发生故障;Z. X. Li 等针对齿轮故障振动信号,首先利用小波变换对信号进行降噪,然后对降噪后的信号建立 AR 模型,提取故障特征参数;H. J. Su 等分别从时域提取奇异谱熵、从频域提取能量谱熵、利用小波分析提取小波能量谱熵和时频谱熵,并将这些特征参数融合组成混合熵,数学推理和实验说明了混合熵参数作为故障分类特征的可行性;李兵等提出首先对齿轮故障信号进行 EMD,然后采用 Shannon 熵和 Renyi 熵定量刻画 IMF 分量的能量和奇异值分布,构建齿轮不同故障的原始特征子集;J. D. Jiang 等采用关联维数作为齿轮故障信号的特征参数,并详细分析了如何优化参数,最后通过提取的特征参数准确地诊断了齿轮故障;L. Zhang 等提出了多尺度熵概念,在计算熵值时将尺度因子考虑在内,提取信号的多尺度熵参数,和单一尺度熵参数作比较,多尺度熵参数能够更好地描述信号特征,输入 ANFIS 分类器,提高轴承故障诊断准确率。赵志宏等利用小波包变换对信号进行分解,然后计算各个小波频带的样本熵,将各个频带的样本熵值作为特征参数输入 SVM,有效地诊断出轴承故障。

3. 局部均值分解

局部均值分解(local mean decomposition, LMD)是由 J. S. Smith 提出的一种较新的自适应时频分析工具,它可以将复杂信号从高频到低频自适应地分解为若干个有物理意义的乘积函数。与 EMD 相比,LMD 具有迭代次数少、端点效应不明显等优点。

程军圣等将 EMD 和 LMD 进行了对比研究,仿真信号分析结果表明了 LMD 的上述优点;王衍学等研究了 LMD 在旋转机械故障诊断中的应用,成功提取出转子碰磨特征和低速变载轧机的齿轮故障信息;程军圣等采用 LMD 对齿轮振动信号进行时频分析,然后通过峭度图和包络分析提取了齿轮信号中的故障信息;J. S. Cheng 等利用 LMD 获取振动信号的瞬时幅值,进而实现了齿轮和滚动轴承等旋转机械故障的准确辨识;W. Y. Li 等将局部均值分解理论引入风力发电机故障诊断,应用结果表明其在风力发电机故障诊断和状态监测中的可行性和有效性;J. S. Cheng 等提出了一种基于 LMD 的阶次跟踪技术,有效提取出了齿轮故障特征;张俊红等利用改进的 LMD 方法将柴油机缸盖信号分解为若干个乘积函数分量,然后提取故障特征参数作为 SVM 的输入,对柴油机故障进行了诊断;程军圣等针对 LMD 存在模态混叠的问题,提出一种噪声辅助的集合局部均值分解理论;Y. Yang 等采用集合局部均值分解理论对转子系统中局部摩擦冲击故障进行了有效诊断,同时验证了集合局部均值分解理论的有效性和优势;廖星智等提出了一种结合集合局部均值分解和最小二乘支持向量机的故障诊断算法,成功识别出了滚动轴承的不同故障状态。

4. 变分模式分解

由 D. Konstantin 等提出的变分模式分解(variational mode decomposition, VMD)是一种新的自适应时频分析理论。该方法通过完全非递归的方式实现信号的频域分解与各分量的有效分离,具有分解能力强、抗噪性能好和算法速度快等优点。

Y. X. Wang 等深入研究了 VMD 理论及其滤波特性,并将其应用于转子系统中摩擦冲击故障检测,取得了较好的应用效果;唐贵基等采用粒子群算法对变分模式分解的参数优化方法进行了研究;L. Salim 等针对心电图信号降噪问题,提出了一种基于 VMD 的离散小波阈值降噪方法,实例分析结果表明该方法比基于 EMD 的降噪方法有明显优势；W. Y. Liu 等采用去趋势波动分析方法研究了 VMD 产生的各分量与原信号的相关性，进而提出了一种基于 VMD 的信号滤波方法，取得了比 EMD 降噪和小波阈值降噪方法更好的滤波效果；C. Aneesh 等对经验小波变换和变分模式分解在电能质量扰动分类中的性能进行了比较，结果表明 VMD 能较好地提取扰动特征参数，从而获得较高的分类精度；马增强等结合 VMD 和 Teager 能量算子有效提取了滚动轴承故障特征参数；刘长良等提出了一种基于 VMD 和奇异值分解的滚动轴承故障特征提取方法，并采用模糊 C 均值聚类算法对轴承故障进行识别，取得了较好的效果；L. Salim 结合 VMD 和去趋势波动分析方法对国际金融市场发展趋势和 2008 年短期金融危机进行了成功预测；L. Salin 等在 VMD 的基础上，采用 PSO 权值优化的前馈神经网络对一天的商品价格进行了快速、准确预测；谢平等采用 VMD 对脑电信号和肌电信号进行分解，进而通过提取各 VMD 分量的传递熵对脑肌电信号的耦合关系进行了研究。

1.2.3 分数阶时频变换

分数阶时频变换是以分数阶傅里叶变换为基础，并结合传统时频变换技术而形成的一类广义时频分析方法。作为傅里叶变换的推广，分数阶傅里叶变换不仅是统一的时频变换方法，而且具有时频旋转特性。通过将分数阶傅里叶变换与传统时频变换有机结合，可以形成两类分数阶时频分析方法：一类是基于时频旋转特性的分数阶时频变换；另一类是基于广义形式的分数阶时频变换。

1. 基于时频旋转特性的分数阶时频变换

基于时频旋转特性的分数阶时频变换是根据分数阶傅里叶变换具有时频旋转特性，将分数阶傅里叶变换与传统时频分析技术有机结合而形成的混合时频变换，包括分数阶 Hilbert 变换、分数阶傅里叶变换域小波变换和分数阶经验模式分解等。

分数阶 Hilbert 变换对信号的异常分量非常敏感，最早由 A. W. Lohmann 等在 1996 年提出。李真真等采用分数阶 Hilbert 变换对罗音信号进行了特征提取，有效提高了罗音检测的正确率；李志农等结合分数阶傅里叶变换和经验模式分解，提出了一种分数阶经验模式分解，对传统经验模式分解无法分解的信号也能较好地分解；黄雨青对分数阶小波变换的定义和性质进行了详细阐述，并分别研究了基于分数阶傅里叶变换域小波变换的信号去噪方法和图像加密方法；路倩倩基于二维分数阶傅里叶变换和小波变换，研究了二维分数阶傅里叶变换域小波变换的实现算法,并应用于图像单一噪声和混合噪声的滤除,在有效去噪的同时极大限度地保留了图像的细节信息。

2. 基于广义形式的分数阶时频变换

基于广义形式的分数阶时频变换是根据分数阶傅里叶变换是傅里叶变换的广义形式,将以傅里叶变换为基础的传统时频变换进行推广而形成的新型时频变换,包括短时分数阶傅里叶变换、分数阶魏格纳分布和分数阶小波变换等。

平殿发等对短时分数阶傅里叶变换的性质进行了研究,并给出了窗函数和窗函数参数的选择依据,为短时分数阶傅里叶变换的应用研究提供了参考;唐江等结合雷达中对称三角线调频信号的特点,提出了一种基于分数阶高斯短时傅里叶变换的雷达信号参数估计方法,该算法能在低信噪比的条件下对信号参数进行精确估计;李英祥等通过短时傅里叶变换对线调频信号检测与分离,实现了多项式相位信号的准确检测;王晓燕等在非合作条件下,采用短时分数阶傅里叶变换有效解决了水声脉冲信号参数估计与检测的难题;刘立州等为有效抑制魏格纳分布中交叉项的干扰,提出一种分数阶魏格纳分布,并讨论了最优分数阶的选择,轴承故障诊断结果表明分数阶 WVD 优于WVD;D. Mendlovic 等于 1997 年首先提出了分数阶小波变换的概念,随后Y. Huang 于 1998 年提出了分数阶小波包变换的定义;黄思齐等深入研究了分数阶小波变换存在正交分数阶小波的条件、分数阶域传递函数、线性时变特性和分数阶小波变换的带通滤波性能;黄雨青等将分数阶小波包变换引入信号去噪,通过采用最优分数阶小波包变换将信号变换到时间–分数阶频域进行窄带通滤波,有效抑制噪声的同时,最大程度地保留了信号的细节信息。

综上可知,广义时频分析理论目前正处在快速发展阶段,并受到广大研究人员的研究与关注,在理论研究和应用研究方面均取得了丰硕的成果,但是广义时频分析理论在旋转机械振动信号分析方面的应用研究还比较少见。因此,将广义时频分析理论应用在旋转机械故障诊断领域,具有重大的理论研究价值和工程应用前景。

1.3　本书主要研究内容

本书在总结旋转机械故障诊断技术现有研究成果的基础上,以分数阶傅里叶变换、集合经验模式分解、变分模式分解和分数阶 S 变换等广义时频分析理论为主要技术手段,针对旋转机械状态监测与故障诊断中的振动信号预处理、特征提取、特征降维以及故障智能分类优化策略等问题开展了系统研究。全书内容结构框架如图1-1所示。首先对旋转机械振动信号预处理中信号滤波和微弱故障特征增强等方法进行研究；然后利用集合经验模式分解、正交变分模式分解和分数阶S变换等理论从不同角度提取振动信号的特征参数，通过设计一种组合式特征降维方法对提取的高维广义时频特征参数进行降维；最后从模型优化和集成学习两个方面对旋转机械故障的支持向量机智能分类优化策略进行研究。

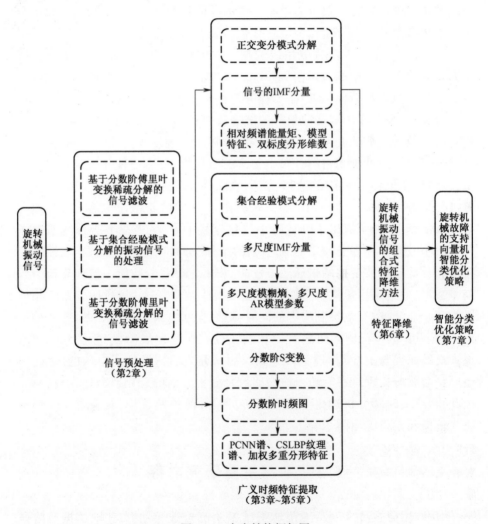

图1-1　内容结构框架图

全书章节内容安排如下。

第 1 章 绪论。首先介绍了旋转机械故障诊断的基本概念,然后系统阐述了旋转机械振动信号特征提取、特征降维和智能分类方法研究现状,总结了分数阶傅里叶变换、自适应时频变换和分数阶时频变换等广义时频分析理论的研究与应用现状,并明确了全书的主要研究内容和章节安排。

第 2 章 旋转机械振动信号采集与预处理方法。在介绍旋转机械振动信号采集的基础上,研究了旋转机械振动信号预处理方法。针对旋转机械振动信号滤波问题,提出一种基于分数阶傅里叶变换稀疏分解的信号滤波方法;通过解决 EMD 方法存在的缺陷以及在对信号分析过程中出现的问题,研究了基于集合经验模式分解(EEMD)的振动信号处理方法,提高了 EEMD 对信号分解的准确性,使分解得到的 IMF 分量更能反映信号的真实特征;为解决早期微弱故障信号分析难题,通过构造双时域变换,提出一种基于双时域变换的微弱故障特征增强方法。

第 3 章 基于正交变分模式分解的振动信号特征提取方法。研究了正交变分模式分解理论及其在旋转机械振动信号特征提取中的应用。首先介绍了变分模式分解理论,针对变分模式分解的 IMF 分量不严格正交的问题,提出一种正交变分模式分解理论,并采用正交变分模式分解对旋转机械振动信号进行了分析;然后从信号频带能量分布、时间序列建模和非线性分形三个角度对振动信号多分量特征提取方法进行研究,分别提出了基于正交变分模式分解(OVMD)的振动信号相对频谱能量矩特征提取方法、Volterra 模型特征提取方法和双标度分形维数估计方法。

第 4 章 基于 EEMD 的振动信号多尺度特征提取方法。介绍了模糊熵理论和 AR 模型理论,提出了基于 EEMD 的多尺度特征提取方法。将原始信号进行 EEMD,得到信号不同特征时间尺度的分量,分别从信号的复杂度和状态参数变化两个方面提取不同分量的多尺度特征参数。通过对实测轴承和齿轮振动信号分析,说明了多尺度模糊熵和多尺度 AR 模型能够从不同角度描述轴承和齿轮的不同故障状态。

第 5 章 基于分数阶 S 变换时频谱的振动信号特征提取方法。研究了分数阶 S 变换理论及其在旋转机械振动信号时频特征提取中的应用。首先针对非平稳信号时频分析,结合分数阶傅里叶变换与 S 变换,提出了一种分数阶 S 变换,并对分数阶 S 变换的快速实现算法和参数自动选择方法进行了研究;然后利用分数阶 S 变换对旋转机械振动信号进行分析,获取了振动信号的分数阶 S 变换时频谱;最后通过引入脉冲耦合神经网络、中心对称局部二值模式和多重分形理论,对分数阶 S 变换时频谱的统计特征、纹理特征和多重分形特征提取方法进行研究,分别提出了基于分数阶 S 变换时频谱的脉冲耦合神经网络(PCNN)谱、中心对称局部二值模式(CSLBP)纹理谱和加权多重分形特征提取方法。

第 6 章 旋转机械振动信号的组合式特征降维方法。针对旋转机械振动信号的广义时频特征降维问题,研究了振动信号特征参数的组合式特征降维方法。首先通过引入核映射技术,设计了一种核空间类内-类间距准则,针对局部保持投影(LPP)算法在实际旋转机械振动信号特征降维中的不足,研究了自适应半监督 LPP 算法;然后结合过滤式特征选择和流形学习的思想,提出了一种基于核空间类内-类间距准则和自适应半监督 LPP 算法的组合式特征降维方法,并以实测滚动轴承振动信号为例,验证了所提组合式特征降维方法的有效性。

第 7 章 旋转机械故障的支持向量机智能分类优化策略。为提高支持向量机在旋转机械故障诊断问题中的分类性能,从模型优化和集成学习两方面研究了支持向量机分类优化策略。引入社会情感优化算法(SEOA),从模型训练优化和参数优化两个角度研究了支持向量机模型优化方法,分别建立了基于 SEOA 的 SVM 训练优化模型和参数优化模型;设计了一个 Multi-SVM 层次上的支持向量机多类分类集成学习框架,提出了一种基于 D-S 证据理论的 SVM 多类分类集成学习方法。最后,建立了一种基于特征降维的旋转机械故障的 SVM 智能分类模型,并以滚动轴承振动信号为例,以广义时频特征参数为依据,研究了支持向量机智能分类优化策略在旋转机械故障分类中的应用效果。

结束语。总结归纳了全书研究内容,以及主要结论和创新点。

第2章 旋转机械振动信号
采集与预处理方法

　　旋转机械振动信号中蕴含着丰富的旋转机械运行状态信息,但是旋转机械设备通常工作在复杂恶劣的工况环境中,背景噪声较大,传感器采集的振动信号中不可避免地包含噪声,特别是强背景噪声下和发生早期故障时,振动信号中的故障特征十分微弱,常常淹没在背景噪声中。低信噪比的振动信号不仅不能有效反映设备的状态信息,反而会严重影响振动信号特征提取和分类结果的有效性和准确性。因此,在特征提取之前对采集的旋转机械振动信号进行预处理十分必要。

　　研究结果表明,分数阶傅里叶变换(FRFT)作为傅里叶变换的推广和统一的时频变换,非常适合处理工程中广泛存在的非平稳信号,在信号稀疏分解和信号滤波中可以取得较好的应用效果。经验模式分解(EMD)以其对信号非平稳特征的良好适应性和数据自身驱动性等优点,为振动信号的处理提供了新的思路。EMD方法被认为是对以傅里叶变换为基础的传统线性分析方法的一个重大突破,与以前的自适应时频分析和小波变换等方法相比,这种方法不需要信号的先验知识,而且是直观的、后验的和自适应的,因为基函数本身就是自适应地从原信号中得到。在小波变换基础上发展而来的广义 S 变换是一种较新的时频分析技术,克服了小波变换理论的不足,具有较好的自适应性和时频分析能力,已广泛应用于非平稳信号预处理。

　　因此,为了提高旋转机械振动信号的信噪比,减小噪声对振动信号特征提取和设备故障诊断结果的影响,本章通过引入分数阶傅里叶变换、经验模式分解和广义 S 变换,对旋转机械振动信号稀疏分解滤波、微弱特征增强等信号预处理方法进行研究,分别提出了基于分数阶傅里叶变换稀疏分解的振动信号滤波方法、基于集合经验模式分解的振动信号的处理方法和基于双时域变换的微弱故障特征增强方法,并利用仿真信号和实测振动信号对所提方法的有效性进行了分析。

2.1 旋转机械振动信号采集

信号采集是振动信号分析的基础,因此本节首先对旋转机械振动信号采集进行简要介绍。课题研究内容涉及的旋转机械振动信号包括滚动轴承信号、齿轮箱齿轮信号和柴油机滑动轴承信号3类。

2.1.1 滚动轴承信号

实验采用的滚动轴承信号选自美国凯斯西储大学电气工程实验室轴承试验中心的滚动轴承数据。该轴承数据采自如图 2-1 所示的滚动轴承振动试验台架,主要由三相感应电机、滚动轴承、扭矩传感器/译码器、自动校准联轴器、功率计、加速度传感器、风机和相关采集设备组成。测试轴承为 SKF 公司生产的型号为 6205-2RS 的深沟球轴承,主要参数如表 2-1 所列,安装在电机输出端轴承座上。振动加速度传感器安装在测试轴承座正上方的机壳上。试验载荷可由风机进行调节。

图 2-1 滚动轴承振动试验台

表 2-1 SKF 6205-2RS 轴承的主要参数 (mm)

内圈直径	外圈直径	厚度	滚动体直径	节径
25.00	52.00	15.00	8.182	44.20

试验采用电火花腐蚀的方式,在测试轴承的外圈、内圈和滚动体上分别加工不同深度的凹槽模拟了轴承的9种不同损伤程度的局部单点故障,并且在载荷为 0kW、0.75kW、1.5kW 和 2.2kW 的工况下,分别对包括正常状态在内的10种轴承状态的振动信号进行采集,采样频率为 12kHz。

为验证所提方法的有效性,本书仅选用了载荷为 2.2kW 工况下正常状态和凹槽深度分别为 0.053mm、0.018mm 的滚动轴承振动信号进行分析,其中凹槽深度为 0.018mm 的信号作为早期微弱故障信号。该工况下电机输出轴转速为 1758r/min,转频 $f_z = 29.3$Hz,根据表 2-1 给出的轴承参数可计算出测试轴承的外圈、内圈和滚动体故障的特征频率分别为 $f_o = 105.5$Hz、$f_i = 158.6$Hz 和 $f_b = 135.3$Hz。

选取信号样本长度为 2048 个点,则其中 4 种不同状态的滚动轴承振动信号如图 2-2 所示,其中故障信号的凹槽深度为 0.053mm。由图可以看出,滚动轴承振动信号包含由轴承损伤、齿轮啮合振动引起的冲击分量以及系统高频固有振动分量等,表现出明显的非线性非平稳特征。

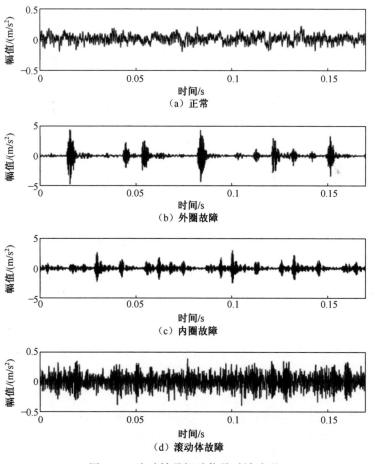

图 2-2 滚动轴承振动信号时域波形

2.1.2 齿轮箱齿轮信号

齿轮箱齿轮振动信号采自图2-3(a)所示的一个二级传动齿轮箱振动试验台架,该台架主要由二级传动圆柱减速器、可调速电机、磁粉阻尼器、联轴器和振动信号采集设备等部分组成。该减速器由齿数分别为25/50和18/91的两对齿轮副组成,选用的传感器为B&K4508振动加速度传感器,安装在6个轴承座正上方箱盖上。数据采集系统选用的A/D转换装置是BK公司生产的BK3560C型12通道信号采集卡,如图2-3(b)所示。

（a）振动试验台架

（b）数据采集系统

图2-3 齿轮箱振动试验台架与数据采集系统

试验中模拟和采集了齿轮在正常、中间轴齿根裂纹、中间轴齿面磨损、输出轴齿根裂纹和输出轴齿面磨损5种状态下的振动信号。输入轴转速为1491r/min,采样频率为6400Hz,每个样本的采样点数为1024个。图2-4给出了齿轮箱齿轮5种不同状态振动信号的时域波形。由图可以看出,齿轮振动信号是由齿轮机体振动、不同齿轮啮合振动等多种信号非线性叠加而成的复杂非平稳信号。

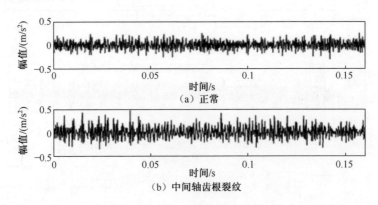

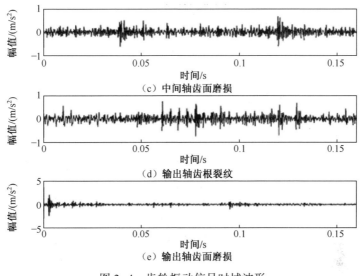

（c）中间轴齿面磨损

（d）输出轴齿根裂纹

（e）输出轴齿面磨损

图 2-4　齿轮振动信号时域波形

2.1.3　柴油机滑动轴承信号

柴油机滑动轴承数据来源于西南交通大学 S195-2 型柴油机摩擦磨损试验台,原理结构如图 2-5 所示。试验台主要由 S195-2 单缸四冲程柴油机、电涡流测功机、电荷放大器、数据采集设备和相关传感器等部件组成。试验选用的振动传感器为 B&K4370 振动加速度传感器,安装于汽缸中心线方向曲轴侧的机体壁上。

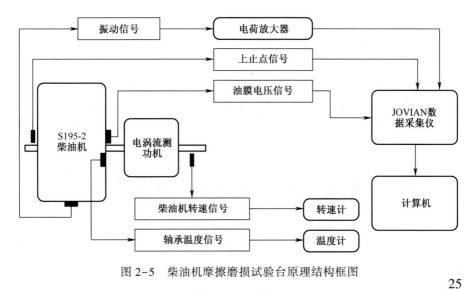

图 2-5　柴油机摩擦磨损试验台原理结构框图

试验轴承为曲轴输出端主轴承,试验中通过人为切断轴承的润滑油路模拟滑动轴承不同程度的摩擦故障,并利用图2-6所示电路粗略地判断滑动轴承摩擦故障的严重程度。图2-6中 R_1 为油膜电阻, R_2 为平衡电阻, U 表示 R_2 两端的电压。当小灯泡不亮时,表明电路不通, R_1 趋近于无穷大,轴与轴瓦未接触,轴承处于正常润滑状态;当小灯泡呈现不同程度光亮时,表明 R_1 不再是无穷大,轴与轴瓦出现局部接触,轴承处于不同程度的摩擦故障状态。特别地,当小灯泡达到最亮时, R_1 几乎为零,轴与瓦之间完全接触,轴承处于严重摩擦故障状态。

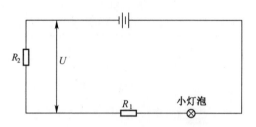

图2-6　滑动轴承摩擦故障状态判断电路

设置发动机转速 $n = 1500\mathrm{r/min}$,输出功率 $P = 4.62\mathrm{kW}$,采样频率为 $10\mathrm{kHz}$。试验采集的4种不同摩擦故障状态滑动轴承振动信号如图2-7所示。由图2-7可知,由于受到其他激励源的干扰,滑动轴承振动信号是由多源强烈冲击信号和微弱摩擦信号叠加而成的非线性非平稳信号,从时域波形很难直接判断出滑动轴承所处的摩擦故障状态。

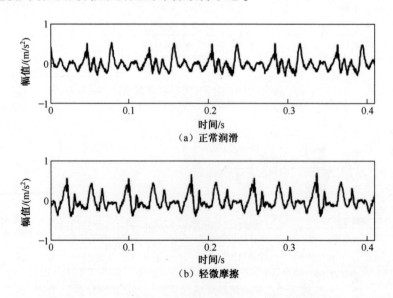

(a) 正常润滑

(b) 轻微摩擦

26

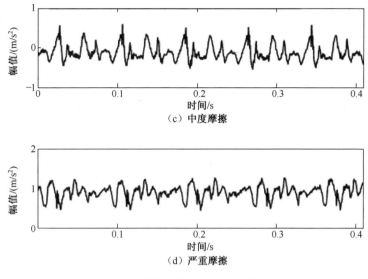

（c）中度摩擦

（d）严重摩擦

图 2-7　滑动轴承振动信号时域波形

2.2　基于分数阶傅里叶变换稀疏分解的振动信号滤波

信号稀疏分解的目的是在过完备基上寻求一个含有尽可能少非零分解系数的信号分解形式。由于分数阶傅里叶变换（FRFT）本质上是一种 Chirp 基稀疏分解，并且旋转机械振动信号和常见的高斯白噪声具有不同的统计特性，本节提出一种基于 FRFT 稀疏分解的振动信号滤波方法。

2.2.1　分数阶傅里叶变换及其特性

FRFT 是一种广义的傅里叶变换，能将信号从时域变换到分数阶频域。信号 $x(t)$ 的 FRFT 定义为

$$X_a(u) = F^a[x(t)] = \int_{-\infty}^{+\infty} x(t) K_a(t,u) \,\mathrm{d}t \tag{2-1}$$

式中：$K_a(t,u)$ 为变换核，表达式为

$$K_a(t,u) = \begin{cases} A_\alpha \mathrm{e}^{\mathrm{j}\pi(u^2\cot\alpha - 2ut\csc\alpha + t^2\cot\alpha)}, & \alpha \neq n\pi \\ \delta(t-u), & \alpha = 2n\pi \\ \delta(t+u), & \alpha = (2n-1)\pi \end{cases} \tag{2-2}$$

$A_\alpha = \sqrt{1 - \mathrm{j}\cot\alpha}$，$\alpha = a\pi/2$，$a$ 为变换阶次。

FRFT 具有良好的时频旋转特性。若将傅里叶变换看作把信号从时间域逆时针方向旋转 π/2 到频域,则 a 阶 FRFT 就是将信号从时间域逆时针方向旋转任意角度 α 到分数阶频域,并因此得到信号新的表示。当 $a=0$ 时,信号的 FRFT 结果为时域信号本身;当 $a=1$ 时,FRFT 即为传统傅里叶变换。

图 2-8 所示为在采样频率为 4096Hz 的条件下采集的线调频信号 $x(t)=\sin(100\pi t + 2000\pi t^2)$ 的时域波形及其频谱,信号的采样时间为 0.25s。图 2-9 给出了变换阶次范围为 $[0,1]$ 时 $x(t)$ 的 FRFT 幅值谱。观察图 2-8 和图 2-9 可以看出,线调频信号 $x(t)$ 无论在时域还是频域都没有表现出较好的能量聚集性;随着变换阶次的增大,FRFT 逐渐将线调频信号由时域旋转过渡到频域,并且在过渡过程中出现了明显的峰值。变换结果验证了 FRFT 的时频旋转特性,同时也表明信号 $x(t)$ 在某个确定的分数阶频域能表现出良好的能量聚集性。

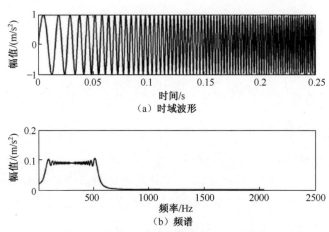

图 2-8　线调频信号的时域波形及其频谱

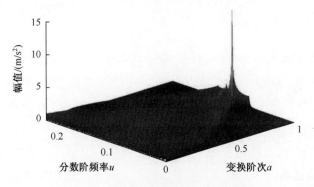

图 2-9　线调频信号的 FRFT 幅值谱

28

最后,简要介绍分数阶傅里叶逆变换和分数阶频域卷积定理。分数阶傅里叶逆变换定义为

$$x(t) = F^{-a}[X_a(u)] = \int_{-\infty}^{+\infty} X_a(u) K_{-a}(t,u)\,\mathrm{d}u \tag{2-3}$$

由于变换核 $K_{-a}(t,u)$ 是具有不同初始频率和调频率的 Chirp 基函数,因此 FRFT 的实质是对信号进行 Chirp 基稀疏分解。

分数阶频域卷积定理与频域中的卷积定理非常类似,是频域卷积定理的一种推广。假设函数 $f(t)$ 和 $g(t)$ 的分数阶卷积 $h(t)$ 的定义为

$$h(\tau) = f(t) \overset{a}{*} g(t)$$
$$= \frac{A_\alpha}{\sqrt{2\pi}} \mathrm{e}^{-jc_\alpha \tau^2} (f(t)\,\mathrm{e}^{jc_\alpha t^2}) * (g(t)\,\mathrm{e}^{jc_\alpha t^2}) \tag{2-4}$$

式中:$c_\alpha = \cot\alpha/2$;$*$ 为卷积符号。

令 $H_a(u)$、$F_a(u)$ 和 $G_a(u)$ 分别为 $h(\tau)$、$f(t)$ 和 $g(t)$ 的 a 阶 FRFT,则分数阶卷积定理可描述为

$$H_a(u) = \mathrm{e}^{-jc_\alpha u^2} F_a(u) G_a(u) \tag{2-5}$$

2.2.2　基于分数阶傅里叶变换稀疏分解的信号滤波方法

1. 振动信号稀疏分解滤波原理

假设有过完备字典 $G = \{g_1(t), g_2(t), \cdots, g_m(t)\}$,含噪振动信号 $y(t) = x(t) + n(t)$,其中 $g_i(t)$ 表示字典中的原子,m 为原子的个数,$x(t)$ 为真实信号,$n(t)$ 为高斯白噪声,则 $y(t)$ 在字典 G 上可表示为

$$y(t) = x(t) + n(t) = \sum_i < x(t), g_i^x(t) > g_i^x(t) + \sum_j < x(t), g_j^n(t) > g_j^n(t) + r(t)$$

$$\tag{2-6}$$

式中:$g_i^x(t)$ 和 $g_j^n(t)$ 分别为 $x(t)$ 和 $n(t)$ 的构成原子;$r(t)$ 为分解后的残差信号。

通常所选字典中的原子与真实信号的特征成分有强相关性,而与高斯白噪声有弱相关性,$x(t)$ 可由少数原子 $g_i^x(t)$ 进行线性稀疏表示,并且投影系数 $< x(t), g_i^x(t) >$ 较大,而 $n(t)$ 不能由少数原子 $g_j^n(t)$ 进行表示,并且投影系数 $< x(t), g_j^n(t) >$ 较小。同时,真实信号与高斯白噪声之间相互独立,$\{g_i^x(t)\}$ 与 $\{g_j^n(t)\}$ 具有正交或近似正交关系。因此,对含噪信号 $y(t)$ 在字典 G 上进行稀疏分解时,真实信号 $x(t)$ 中能量较大的特征成分将会首先被分解出来,然后是高斯白噪声 $n(t)$ 的构成成分。通过设计合适的稀疏分

解过程停止准则,找到真实信号分解结束与噪声分解开始的临界点,即可最大限度地保留真实信号的特征成分,达到含噪信号滤波的效果。

2. 基于 FRFT 的信号自适应稀疏分解滤波

由于旋转机械振动信号主要成分是调幅-调频信号,在某个给定的分数阶频域中可以表现出良好的能量聚集性,且 FRFT 的本质是对信号进行 Chirp 基稀疏分解,因此可以选择变换核 $K_a(t,u)$ 构造过完备字典 G 对振动信号进行稀疏分解滤波,即

$$G = \{ g_{a,u}(t) \mid g_{a,u}(t) = K_{-a}(t,u) \} \tag{2-7}$$

若定义 n 阶递推算子 R^n,其中 $R^0 y(t) = y(t)$,则根据匹配追踪的思想可以得到 $y(t)$ 的 N 阶稀疏表示,即

$$y(t) = \sum_{n=1}^{N} < R^{n-1}y(t), g_{a_n,u_n}(t) > g_{a_n,u_n}(t) + R^N y(t) = \sum_{n=1}^{N} s_n(t) + R^N y(t)$$
$$\tag{2-8}$$

式中:$s_n(t) = < R^{n-1}y(t), g_{a_n,u_n}(t) > g_{a_n,u_n}(t)$ 为分解出的第 n 个稀疏分量,主要是 $x(t)$ 的特征成分;$R^n y(t) = R^{n-1}y(t) - s_n(t)$ 为第 n 次递推后的剩余信号。令 $\hat{x}(t) = \sum_{n=1}^{N} s_n(t)$,则 $\hat{x}(t)$ 即为滤波结果。

通常情况下,过完备字典 G 非常庞大,基于匹配追踪的信号稀疏分解过程非常耗时。为此,借助分数阶傅里叶变换快速算法,采取在 (a,u) 二维平面内进行幅值搜索的方式实现信号自适应稀疏分解滤波,具体方法如下。

(1) 选择合适的变换阶次步长 Δa,取 $a = 0 : \Delta a : 1$ 分别对信号 $R^{n-1}y(t)$ 进行快速 FRFT,并在 (a,u) 二维平面内搜索最大幅值点 (a_n, u_n)。

(2) 对振动信号进行 a_n 阶快速 FRFT,此时第 n 个稀疏分量的能量主要集中在 a_n 阶 u 域上以 u_n 为中心的窄带内,而其他稀疏分量和噪声信号均不会出现明显的能量聚集现象。

(3) 在 a_n 阶 u 域内对信号 $R^{n-1}y(t)$ 进行带通滤波处理,有

$$S_{a_n}(u) = F^{a_n}(R^{n-1}y(t)) W(u - u_n) \tag{2-9}$$

式中:$S_{a_n}(u)$ 为带通滤波结果;$W(u - u_n)$ 为中心为 u_n 的窄带滤波器。由于时域中高斯函数经任意 FRFT 后仍然为高斯函数,只是相位、幅值和方差有所变化,所以选择高斯带通滤波器对 $R^{n-1}y(t)$ 进行处理。

(4) 对 $S_{a_n}(u)$ 作 a_n 阶快速分数阶傅里叶逆变换,并令 $\hat{s}_n(t) = F^{-a_n}(S_{a_n}(u))$,$R^n y(t) = R^{n-1}y(t) - \hat{s}_n(t)$,根据式(2-10)计算输出信噪比 $snr(n)$,即

$$\text{snr}(n) = 10 \lg \left(\frac{\sum_t | \sum_{j=1}^{n} \hat{s}_j(t) |^2}{\sum_t | R^n y(t) |^2} \right) \qquad (2-10)$$

(5)判断 $\text{snr}(n)$ 是否为最大值。若 $\text{snr}(n)$ 是最大值,令 $\hat{x}(t) = \sum_{j=1}^{n} \hat{s}_j(t)$,并输出 $\hat{x}(t)$ 作为信号滤波结果;否则,令 $n = n + 1$,返回到步骤(1)。

2.2.3 仿真信号分析

为测试基于 FRFT 的信号自适应稀疏分解滤波方法的效果,构造含噪仿真信号 $y(t) = x(t) + n(t)$,其中 $n(t)$ 为信噪比为 0.5dB 的高斯白噪声, $x(t)$ 为真实信号。 $x(t)$ 的表达式为

$$x(t) = \sin(75\pi t) + \sin(250\pi t) + 1.5\sin(10\pi t + 200\pi t^2) \quad (2-11)$$

由 $x(t)$ 的表达式可知, $x(t)$ 包含两个不同频率的谐波信号和一个调频率为 100 的调频信号组成。设置采样频率为 4096Hz,采样时间为 0.25s,则仿真信号 $y(t)$ 的时域波形和频谱如图 2-10 所示。

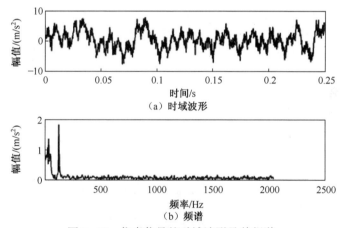

图 2-10 仿真信号的时域波形及其频谱

为了观察输出信噪比 $\text{snr}(n)$ 随稀疏分解迭代次数的变换,选择迭代次数为 10 次,滤波器窗口宽度为 0.001s,则输出信噪比 $\text{snr}(n)$ 的变化情况如图 2-11 所示。由图 2-11 可知,随着迭代次数的增加,输出信噪比 $\text{snr}(n)$ 呈现出先增大后减小的单峰值变化趋势,并且在 $n = 3$ 时取得最大值,这与 $x(t)$ 包含 3 个组成分量相一致。

图 2-12 给出了仿真信号自适应稀疏分解滤波结果。由图 2-12 可以发

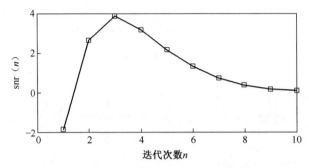

图 2-11　输出信噪比 snr(n) 的变化曲线

现,过滤后的仿真信号时域波形比较光滑,高斯白噪声得到了有效滤除和抑制,信噪比提高到了 3.85dB。对比图 2-12 与图 2-10 可知,基于 FRFT 的信号自适应稀疏分解滤波方法能够有效提取真实信号中的特征成分和滤除其中的干扰噪声,提高信号的信噪比。

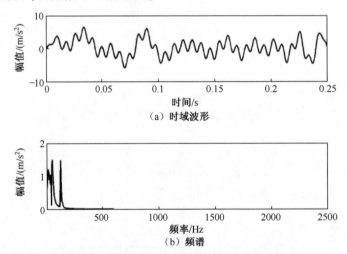

（a）时域波形

（b）频谱

图 2-12　滤波后的模拟信号的时域波形和频谱

2.2.4　信号稀疏分解滤波方法在振动信号滤波中的应用

将提出的基于 FRFT 的信号自适应稀疏分解滤波方法分别应用于含噪的滚动轴承外圈故障、齿轮箱中间轴齿根裂纹和滑动轴承中度摩擦故障 3 种振动信号,以分析其在实际旋转机械振动信号滤波中的效果。

图 2-13 和图 2-14 分别为滚动轴承外圈故障信号滤波前、后的时域波形及其频谱。由图 2-13 可知,轴承外圈故障信号的冲击成分比较明显,同时夹杂着严重的干扰噪声;滚动轴承振动信号属于高频调制信号,其能量主要集

中在 2500~4000Hz 内。由图 2-14 可知,滤波后轴承外圈故障信号中有用冲击成分得到有效保留,而低频和高频干扰噪声得到明显抑制,取得了较好的滤波效果。

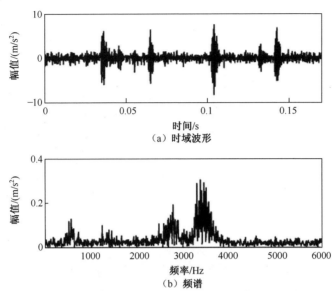

图 2-13　滤波前外圈故障信号的时域波形及其频谱

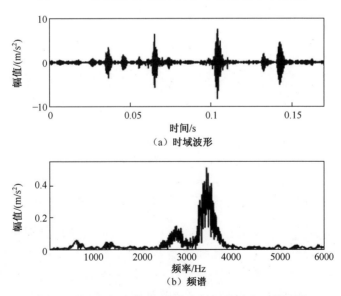

图 2-14　滤波后外圈故障信号的时域波形及其频谱

图 2-15 所示为齿轮箱中间轴齿根裂纹信号的时域波形及其频谱。由时

域波形和频谱可以看出,振动信号中包含严重的高斯白噪声,频率成分比较复杂。利用 FRFT 对中间轴齿根裂纹信号进行稀疏分解滤波的结果如图 2-16 所示。对比图 2-16 与图 2-15 可以发现,滤波后中间轴齿根裂纹信号的频谱比较简单,信号中高斯白噪声得到较好的滤除。

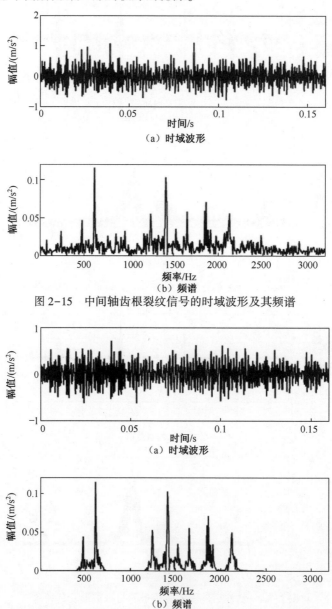

图 2-15 中间轴齿根裂纹信号的时域波形及其频谱

图 2-16 滤波后中间轴齿根裂纹信号的时域波形及其频谱

图 2-17 和图 2-18 分别为滑动轴承中度摩擦故障信号滤波前、后的时域波形及其频谱。由图 2-17 可知,中度摩擦振动信号也包含明显的冲击成分,同时受到十分严重的噪声污染;信号的能量主要集中在低频部分,中、高频部分主要为干扰噪声。由图 2-18 可知,滤波后中度摩擦故障信号中有用冲击成分得到有效保留,而中、高频干扰噪声得到较好的抑制,滤波效果比较明显。

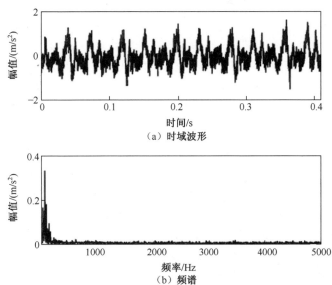

（a）时域波形

（b）频谱

图 2-17　滤波前中度摩擦故障信号的时域波形及其频谱

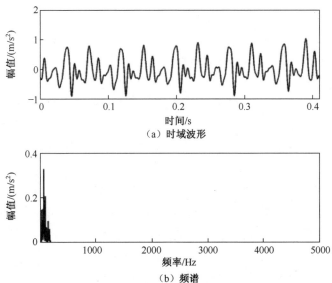

（a）时域波形

（b）频谱

图 2-18　滤波后中度摩擦故障信号的时域波形及其频谱

应用研究结果表明,基于 FRFT 的信号自适应稀疏分解滤波方法结合了 FRFT 和稀疏分解思想在信号处理中的优势,能够有效滤除旋转机械振动信号中的干扰噪声,提高振动信号的信噪比,是一类新的有效的旋转机械振动信号滤波方法。

2.3 基于集合经验模式分解(EEMD)的振动信号的处理

虽然 EMD 在信号处理方面显示出较好的优越性,但是由于自身分解规则的限制,EMD 方法存在一些缺陷,比如,在分解过程中出现模态混叠现象和一些多余的本征模态函数(IMF)分量(一般称为伪分量),这是将 EMD 方法应用于振动信号和故障诊断中有待解决的重要问题。本节首先介绍 EMD 方法的基本原理,然后针对 EMD 过程中存在的模态混叠现象,采用辅助白噪声的集合经验模式分解(ensemble empirical mode decomposition,EEMD)方法消除模态混叠现象;针对 EEMD 产生多余的 IMF 分量的问题,利用 K–S 检验的方法去除无用的 IMF 分量。由于噪声信号会影响 EEMD 的准确性,采用奇异值差分谱方法最大限度地消除信号中的噪声,最后将 EEMD 方法应用于实测齿轮箱轴承故障和齿轮故障的振动信号,并采用包络解调分析方法分析信号的频谱,得到齿轮和轴承的故障特征频率。

2.3.1 EMD 方法的基本原理

EMD 方法的实质是根据数据的特征时间尺度来获得本征波动模式,并以此为基函数对数据进行分解,把各种波动模式从数据中提取出来,从而将非平稳、非线性信号分解成一系列表征信号特征时间尺度的 IMF。每个 IMF 分量需满足以下两个条件。

(1) 在整个数据序列中,极值点个数(包括极大值点和极小值点)和过零点个数相等或最多只相差一个。

(2) 在任一时间点,其局部极大值点和局部极小值点确定的上、下包络线的均值为零。

EMD 方法的分解过程如下。

(1) 首先确定原始信号 $x(t)$ 所有的局部极值点,然后把全部局部极大值点用 3 次样条曲线连接形成上包络线;同样把全部局部极小值点也用 3 次样条曲线连接起来形成下包络线,使信号的所有数据点都位于上、下包络线之间。上、下包络线的均值组成的数据序列记为 $m_1(t)$。

（2）从原始信号 $x(t)$ 中减去其上、下包络线的均值序列 $m_1(t)$，得到

$$h_1(t) = x(t) - m_1(t) \qquad (2-12)$$

检测 $h_1(t)$ 是否符合 IMF 分量的两个判定条件。如果 $h_1(t)$ 满足，就得到 $x(t)$ 的第一个 IMF 分量。如果不满足 IMF 的条件，把 $h_1(t)$ 作为待处理信号，重复步骤（1），直到循环 k 次后得到

$$h_{1k}(t) = h_{1(k-1)}(t) - m_{1k}(t) \qquad (2-13)$$

其中，$h_{1k}(t)$ 满足 IMF 的两个判定条件。记为

$$c_1(t) = h_{1k}(t) \qquad (2-14)$$

那么，$c_1(t)$ 称为第一个满足 IMF 判定条件的分量。

这个过程就像一个筛子，逐步把信号中所含有的最精细的模态分离出来。IMF 分量的两个判定条件是理论上的，实际的信号数据很难满足。因此，在实际信号处理中，为了保证分解得到的本征模态分量能够反映物理实际的幅度与频率调制信息，必须要确定筛分停止的准则。

Y. Huang 等提出了仿柯西收敛准则，筛选过程停止的条件准则可以通过限制两个连续的处理结果之间标准差的大小来实现。标准差 SD 通过两个连续的处理结果计算得出，即

$$SD = \sum_{t=0}^{T} \frac{e(t)^2}{r(t)^2} = \sum_{t=0}^{T} \frac{|h_{1(k-1)}(t) - h_{1k}(t)|^2}{(h_{1(k-1)}(t))^2} < \varepsilon \qquad (2-15)$$

式中：T 为离散信号序列的总时间长度；ε 一般设定为 $0.2 \sim 0.3$。

（3）从原始信号 $x(t)$ 中将 $c_1(t)$ 分离出来后，得到剩余序列 $r_1(t)$，即

$$r_1(t) = x(t) - c_1(t) \qquad (2-16)$$

将 $r_1(t)$ 作为新的原始数据重复上述步骤，依次得到 $x(t)$ 的满足 IMF 判定条件的分量 $c_2(t), c_3(t), \cdots, c_n(t)$，则有

$$r_2(t) = r_1(t) - c_2(t)$$
$$\vdots \qquad (2-17)$$
$$r_n(t) = r_{n-1}(t) - c_n(t)$$

当剩余分量 $r_n(t)$ 成为一个单调函数不能再从中提取满足 IMF 判断条件的基本模式分量时，筛选过程结束。这样由上述分解过程可以得到

$$x(t) = \sum_{i=1}^{n} c_i(t) + r_n(t) \qquad (2-18)$$

因此，通过 EMD 可以把任意一个信号分解成 n 个基本模式分量和一个残余分量的加和，本征模态函数分量 $c_1(t), c_2(t), c_3(t), \cdots, c_n(t)$ 分别是信号从高频段到低频段不同的成分，残余分量显示了信号的平均变化趋势。

为了说明 EMD 的分解结果,对式(2-19)所示的仿真信号 $x(t)$ 进行 EMD,采样频率为 1000Hz,采样时间为 1s。仿真信号的时域波形和 EMD 的分解结果如图 2-19 所示。

$$x(t) = \sin(6\pi t) + 4\sin(30\pi t) + [1 + \sin(10\pi t)]\sin(100\pi t)$$

$$(2-19)$$

该仿真信号由两个正弦信号和一个调幅信号组成,对其进行 EMD 后得到 4 个 IMF 分量和一个残余分量。从图 2-19 中可以看出,第 1 个 IMF 分量对应着调幅信号,且仍然保持调幅的特征;第 2 个 IMF 分量对应频率为 15Hz 的正弦信号,第 3 个 IMF 分量对应着仿真信号 $x(t)$ 中特征时间尺度最大的分量,即 3Hz 的正弦信号;第 4 个 IMF 分量为产生的多余分量,将在后续的小节中进行详细讨论。通过以上分析,可以得出 EMD 方法能够将信号分解为从高频到低频有序排列的 IMF 分量,得到原始信号不同特征时间尺度的描述。从 EMD 的分解原理可知,EMD 方法具有自适应性、分解完备性、IMF 分量近似正交性和调制性等性质。

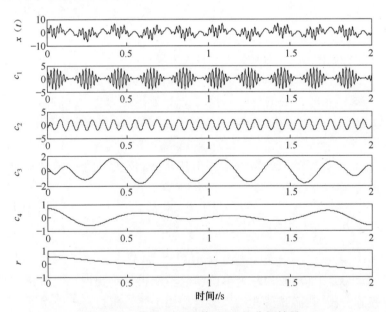

图 2-19 信号 $x(t)$ 及其 EMD 的分解结果

EMD 方法在信号处理方面表现出来的性质和特点使其得到了较好的应用,但是由于 EMD 方法本身是一个基于"经验"的分解方法,EMD 方法也存在一些缺陷,如分解过程中的模态混叠现象和产生多余的 IMF 分量,分解的基函数依赖信号本身,会受到信号中噪声的影响。因此,需要对 EMD 方法进行改进,以克服和减少这些缺陷在信号处理中的影响,提高 EMD 方法在旋转机械故障诊断中的应用效果。

2.3.2 基于 EEMD 方法的模态混叠分析

1. 模态混叠现象分析

EMD 方法中的模态混叠现象是指不能根据信号本身的时间特征尺度对信号中的不同模态成分进行有效分离,造成单一的 IMF 分量中包含特征时间尺度差异较大的多个信号成分或是特征时间尺度相近的信号成分被分到不同的 IMF 分量中。由于 EMD 方法依赖于信号数据本身,所以当信号中存在间歇成分、脉冲干扰和噪声等异常事件时,便会产生模态混叠现象。模态混叠造成 IMF 分量不能正确反映信号的特征时间尺度,所以应予以消除。为了阐述模态混叠现象,仿真一个由正弦波和小幅冲击信号组成的信号 $x(t)$,采样频率为 1000Hz,采样时间为 2s。

$$x(t) = \sin(40\pi t) + x_0(t) \tag{2-20}$$

式中:$x_0(t)$ 为周期脉冲衰减信号,频率为 5Hz,每个周期的脉冲衰减函数为 $\mathrm{e}^{-1000t} \cdot \sin(1200\pi t)$ 。

仿真信号如图 2-20 所示。

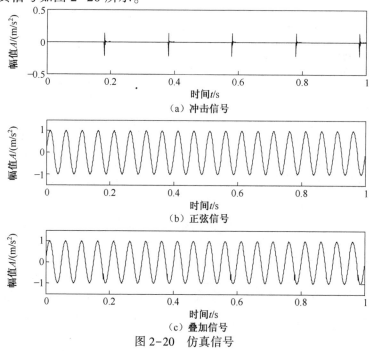

（a）冲击信号

（b）正弦信号

（c）叠加信号

图 2-20　仿真信号

对该信号进行 EMD,分解结果如图 2-21 所示。

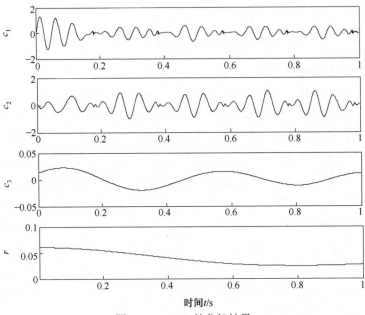

图 2-21 EMD 的分解结果

从 EMD 的分解结果可以看到,IMF1 和 IMF2 发生了严重的模态混叠,正弦波和冲击信号完全混在了一起,无法区分。

2. 基于 EEMD 的模态混叠消除

EEMD 方法的基本原理是在原始信号中叠加高斯白噪声,利用高斯白噪声频域均匀分布的统计特性改变极值点的特性,使信号在不同尺度上具有连续性,从而消除 EMD 方法的模态混叠。同时由于白噪声零均值的性质,对得到的 IMF 分量多次平均,最大程度地消除加入的辅助白噪声。EEMD 方法的具体步骤如下。

(1)设定总体平均次数 M 和加入的高斯白噪声的幅值(白噪声标准差一般为原始信号标准差的 0.1~0.4 倍)。

(2)在原始信号 $x(t)$ 中加入均值为零、标准差为常数的高斯白噪声 $n_i(t)$,即

$$x_i(t) = x(t) + n_i(t) \tag{2-21}$$

(3)对 $x_i(t)$ 进行 EMD,得到若干个 IMF 分量 $c_{ij}(t)$ 和一个残余分量 $r_i(t)$。其中 $c_{ij}(t)$ 表示第 i 次加入高斯白噪声后,经 EMD 得到的第 j 个 IMF 分量。

（4）重复步骤（2）和（3）M 次,将以上步骤得到的对应 IMF 分量进行总体平均,消除加入高斯白噪声的影响,得到最终的 IMF 分量。

$$c_j(t) = \frac{1}{M} \sum_{i=1}^{M} c_{ij}(t) \qquad (2-22)$$

式中:$c_j(t)$ 为信号经过 EEMD 得到的第 j 个 IMF 分量。

在试验中,IMF 分量的个数由 M 次分解过程中得到的 IMF 分量最少的个数确定。M 越大,加入的高斯白噪声的总体平均越趋近于零。

EEMD 方法通过引入正态分布的白噪声,平滑了信号中存在的异常成分,保证了信号自身时间分解尺度的连续性,从而在很大程度上抑制了 EMD 的分解过程中的模态混叠现象,使分解得到的 IMF 分量更好地凸显信号的真实特征。对图 2-20 中的仿真信号进行 EEMD,验证 EEMD 的性能。从理论上讲,重复次数 M 越大效果越好,但时间也会越长,所以综合考虑,M 设为 100,辅助白噪声标准差设为原始信号标准差的 0.2 倍。分解结果如图 2-22 所示。从图 2-22 中可以看出冲击信号和正弦信号被完全分解出来,IMF1 为冲击信号,IMF2 为正弦信号,对比图 2-21 可以得到,EEMD 方法能够消除 EMD 中存在的模态混叠现象。

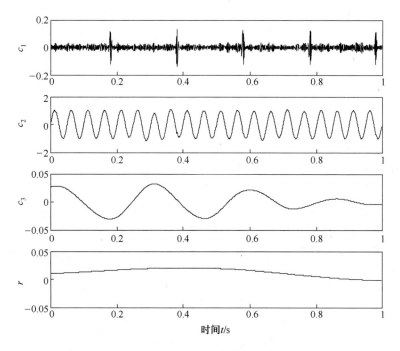

图 2-22　EEMD 的分解结果

2.3.3 基于 K-S 检验的伪分量识别

1. 伪分量产生原因分析

虽然 EEMD 方法克服了模态混叠现象,但是 EEMD 方法的基础是 EMD 的基本原理,所以 EEMD 仍然是根据信号的极值分解生成 IMF 分量,若信号局部极值点改变时,信号经 EEMD 会产生一些多余的 IMF 分量,比如高频噪声分量和一些低频分量,影响对信号特征的分析判断。这些多余的分量可以称为伪分量。伪分量产生的原因可分为两个方面:一方面,由于 EEMD 方法本身的限制,如筛选停止准则、IMF 分量的严格定义等,有时会导致 EEMD 存在过分解的现象,产生伪分量;另一方面,信号中噪声的混入同样会导致一些高频噪声和低频分量的产生。

下面以式(2-20)所示信号为例,阐述伪分量产生的现象。为了说明两个方面的原因对 EEMD 产生的影响,对式(2-20)所示的仿真信号叠加均值为 0、方差为 1 的高斯白噪声,EEMD 的分解结果如图 2-23 所示。从图中可以看出,由于噪声的影响,产生了更多的 IMF 分量。IMF1 和 IMF2 分量为高频噪声分量,IMF3 对应信号中的调幅信号,IMF4 对应 15Hz 的正弦信号,IMF7 对应 3Hz 的正弦信号,IMF5 和 IMF6 均为多余的 IMF 分量。可见,EEMD 的分解过程中会不可避免地出现伪分量。

2. 基于 K-S 检验的伪分量识别

在使用 EEMD 方法进行信号预处理或特征提取过程中,人们往往根据经验或先验知识选择某几个有用的 IMF 分量进行研究,但这显然是一种粗略的估计方法,缺少理论依据。根据 K-S 检验的性质,采用 K-S 检验来识别 EEMD 中的伪分量。

K-S 检验是概率统计理论中的一种分布拟合优度检验方法。它属于非参数统计方法,通过计算两个样本经验分布函数的差异来描述这两个统计样本的相似程度。对于这两个样本的总体分布中的任何一种差异,如位置差异、离散度差异、偏斜度差异等,K-S 检验都是非常敏感的。

设 $(X_1, X_2, \cdots, X_{n_1})$ 是具有连续分布函数 $F(x)$ 的总体 X 中的一个样本,$(Y_1, Y_2, \cdots, Y_{n_2})$ 是具有连续分布函数 $G(x)$ 的总体 Y 中的一个样本,欲检验假设

$$H_0: F(x) = G(x) \leftrightarrow H_1: F(x) \neq G(x) \qquad (2-23)$$

设 $F_{n_1}(x)$ 和 $G_{n_2}(x)$ 分别是这两个样本所对应的经验分布函数,即

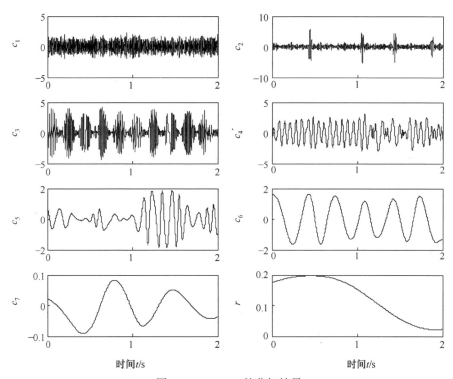

图 2-23 EEMD 的分解结果

$$F_{n_1}(x) = P\{X_i \leqslant x\} = \frac{i}{n_1} \tag{2-24}$$

$$G_{n_2}(x) = P\{Y_j \leqslant x\} = \frac{j}{n_2} \tag{2-25}$$

式中：X_i 和 Y_j 分别为样本 X 和样本 Y 的顺序统计量；n_1 和 n_2 分别为样本 X 和样本 Y 的数据点总数。

作统计量 D

$$D = \max_{-\infty < x < +\infty} |F_{n_1}(x) - G_{n_2}(x)| \tag{2-26}$$

式中：D 为两个样本所对应经验分布函数的最大距离。统计量 D 所对应的两个样本的概率相似程度由可靠性分布函数 Q_{ks} 表示，即

$$p(D) = Q_{ks}(\lambda) = 2\sum_{j=1}^{\infty}(-1)^{j-1}e^{-2j^2\lambda^2} \tag{2-27}$$

$$\lambda = \left(\sqrt{n_e} + 0.12 + \frac{0.11}{\sqrt{n_e}}\right) \tag{2-28}$$

$$n_e = \frac{n_1 n_2}{n_1 + n_2} \tag{2-29}$$

通过以上公式可以得到,当两个样本相似度很高时,则 $D \to 0$, $p(D) \to 1$;反之,则 D 值较大, $p(D) \to 0$。

K-S 检验原理表明,K-S 检验能够得到两个样本的相似程度,利用 K-S 检验的这一性质,计算原始信号经 EEMD 后得到的 IMF 分量和原始信号的相似度。真实的 IMF 分量与原始信号具有较大的相关性,相似度较高,而多余的 IMF 分量是由于 EEMD 过程中的缺陷所导致产生的,与原始信号的相似度很低,所以通过分析每个 IMF 分量与原始信号的相似度,能够识别出有用的 IMF 分量,通过对相似度高的分量进行处理分析,得到原始信号的特征信息。

利用 K-S 检验计算图 2-23 所示仿真信号的每个 IMF 分量和原始信号的相似度,计算结果如表 2-2 所列。

表 2-2 各 IMF 分量与原始信号的 K-S 相似度值

IMF 分量	IMF1	IMF2	IMF3	IMF4	IMF5	IMF6	IMF7
$p(D)$	0.0506	0.0192	0.1370	0.3432	0.0039	0.0011	0.1025

通过比较每个 IMF 分量和原始信号的 K-S 相似度,可以得到 IMF3、IMF4 和 IMF7 分量与原始信号的相似度较高,而其他 IMF 分量与原始信号的相似度很小,通过对比可以看出,分量 IMF3、IMF4 和 IMF7 与原始信号的 K-S 相似度值相较于其他分量和原始信号的 K-S 相似度值,有一或两个数量级的差距,所以可以判断分量 IMF3、IMF4 和 IMF7 为有用分量。从分解的结果看,IMF3 分量对应仿真混合信号中的调幅信号成分,IMF4 分量对应频率为 15Hz 的正弦信号成分,IMF7 分量对应频率为 3Hz 的正弦信号成分,仿真结果说明了 K-S 检验的有效性。

2.3.4 基于奇异值差分谱的振动信号预处理

旋转机械设备工作环境复杂恶劣,所以实际采集到的机械振动信号包含强烈的噪声,而噪声会导致 EEMD 出较多的 IMF 分量,且分解出的每个 IMF 分量还会包含干扰成分,造成 EEMD 的精确度下降。因此,为了更好地应用 EEMD 方法对旋转机械振动信号进行分析处理,需要对采集的振动信号进行预处理,以减小噪声干扰,提高 EEMD 的准确性,使分解得到的 IMF 分量更能反映信号的真实特征。

奇异值分解(singular value decomposition,SVD)能够将信号分解为一系列线性分量的叠加,具有零相移、波形失真小等优点,广泛地应用于机械振动信号的分析与处理。奇异值分解在对信号进行降噪时,关键在于如何合理地选择奇异值来重构信号,本节利用有用信号和噪声信号在奇异值上表现的不同,根据奇异值差分谱图中最大峰值的位置自动确定合理的奇异值阶次重构信号,更好地保留有用信号信息,消除噪声信号。

1. 奇异值差分谱理论

若 A 是 $m×n$ 的矩阵(假设 $m>n$),A 的秩为 $r(r<n)$,则存在正交阵 U 和 V,使得式(2-30)成立,即

$$A = UDV^{\mathrm{T}} \tag{2-30}$$

式中:$U = [u_1, u_2, \cdots, u_m] \in \mathbf{R}^{m×m}$,$V = [v_1, v_2, \cdots, v_n] \in \mathbf{R}^{n×n}$,对角阵 $D = \begin{bmatrix} S & 0 \\ 0 & 0 \end{bmatrix}$,$S = \mathrm{diag}(\sigma_1, \sigma_2, \cdots, \sigma_r)$,$\sigma_1, \sigma_2, \cdots \sigma_r$ 连同 $\sigma_{r+1} = \cdots = \sigma_n = 0$ 都为 A 的奇异值,并且 $\sigma_1 \geqslant \sigma_2 \geqslant \cdots \geqslant \sigma_r > 0$,$U$ 和 V 的列向量 u_i 和 v_i 分别为 A 的左、右奇异向量。所以,式(2-30)又可以表示为

$$A = \sum_{i=1}^{r} \sigma_i u_i v_i^{\mathrm{T}} \tag{2-31}$$

由式(2-31)可得,矩阵 A 也可以说是以非零奇异值为权重,相对应的左、右奇异向量做外积后的加权和,可见奇异值的选取是矩阵 A 重构的关键。

假设采集到的离散信号 $X = [x(1), x(2), \cdots, x(N)]$,$x(i) = s(i) + u(i)$,$s(i)$ 为有用信号,$u(i)$ 为噪声信号,利用信号 X 可以构造 Hankel 矩阵为

$$A = \begin{pmatrix} x(1) & x(2) & \cdots & x(n) \\ x(2) & x(3) & \cdots & x(n+1) \\ \vdots & \vdots & & \vdots \\ x(N-n+1) & x(N-n+2) & \cdots & x(N) \end{pmatrix} \tag{2-32}$$

其中,$1 < n < N$,若令 $m = N - n + 1$,则 $A \in \mathbf{R}^{m×n}$,矩阵 A 也可称为重构吸引子轨道矩阵,可写为

$$A = \sum_{i=1}^{r} \sigma_i u_i v_i^{\mathrm{T}} = \sum_{i=1}^{r} A_i \tag{2-33}$$

其中,$r = \min(m, n)$,$A_i = \sigma_i u_i v_i^{\mathrm{T}}$。所以,每个奇异值对应一个 A_i 分量,A_i 中数据为

$$A_i = \begin{pmatrix} x_i(1) & x_i(2) & \cdots & x_i(n) \\ x_i(2) & x_i(3) & \cdots & x_i(n+1) \\ \vdots & \vdots & & \vdots \\ x_i(N-n+1) & x_i(N-n+2) & \cdots & x_i(N) \end{pmatrix} \qquad (2-34)$$

由 Hankel 矩阵结构特点可得,将其第一行和最后一列的数据首尾相接,可以得到长度为 N 的离散分量信号 P_i,这样,按照此种分解方法就构成了对原始信号的分解。

$$X = \sum_{i=1}^{r} P_i \qquad (2-35)$$

所以,SVD 的实质是将原始信号分解为一系列分量的线性叠加,这种线性叠加可以方便地选取合适分量重构信号,而且叠加不会产生相位偏移,所以问题的关键是如何选取合适的有用分量。

观察 Hankel 矩阵,下一行的数据比上一行滞后一个数据点。对于无噪声信号,由于相邻两行具有相关性,这种信号构造的 Hankel 矩阵是一种病态矩阵,即前面 k 个奇异值较大,后面的接近于零,奇异值有明显的突变,而对于噪声信号,相邻两行数据没有相关性,其构造的 Hankel 矩阵的奇异值没有明显的突变,所以可以用奇异值差分谱描述含噪信号的奇异值突变,从而选取有效阶次的奇异值重构信号。

设 C 为奇异值由大到小形成的序列,$C = [\sigma_1, \sigma_2, \cdots, \sigma_r]$。定义
$$b_i = \sigma_i - \sigma_{i+1} (i = 1, 2, \cdots, r-1) \qquad (2-36)$$
则 b_i 构成序列 $B = [b_1, b_2, \cdots, b_{r-1}]$,序列 B 即为奇异值的差分谱。差分谱图反映了相邻奇异值之间的变化情况,最大峰值处代表了奇异值序列的最大突变,由于有用信号和噪声的相关性不同而导致两种信号在奇异值上表现出最大的差异,这个最大突变点也反映了有用信号和噪声信号的分界,所以,利用奇异值差分谱能够自动地确定重构信号的阶次重构信号,从而最大限度地消除噪声。

2. 仿真信号分析

仿真信号采用式(2-20)所示的信号,采样频率和采样时间不变。为了验证该方法的消噪能力,叠加均值为 0、方差为 8 的高斯白噪声,叠加白噪声和未叠加白噪声的仿真信号时域波形如图 2-24 所示。从图中可以看出,由于噪声过大,信号原来的波形已经完全淹没在噪声中。

对加噪信号进行 EEMD,分解结果的时域波形和频谱如图 2-25 所示。对含有强烈噪声的信号,其 EEMD 的分解结果得到了 9 个 IMF 分量和一个残余

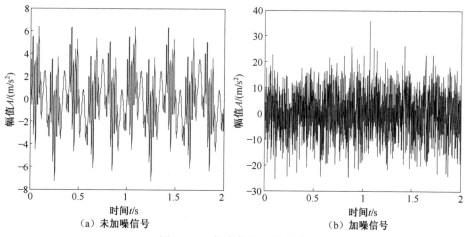

（a）未加噪信号 时间t/s

（b）加噪信号 时间t/s

图 2-24　仿真信号时域波形

分量。和添加方差为一白噪声的噪声信号 EEMD 的分解结果相比，又多分解出了两个多余的 IMF 分量，包括一个高频噪声信号和一个低频信号。从图 2-25 和图 2-23 中的对比可以看出，当噪声强烈时，分解的 IMF 分量中也不可避免地包含了噪声，一个调幅信号和两个正弦信号的 IMF 分量频谱中除了主频外，还含有干扰频率，造成 IMF 分量的物理意义不够清楚明确，因此，为了提高 EEMD 的分解质量，需要对信号进行去噪预处理。

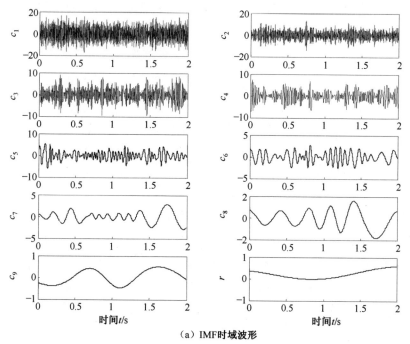

（a）IMF时域波形

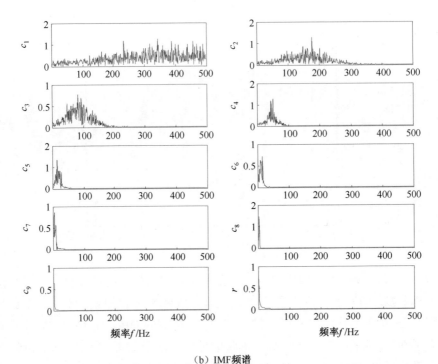

（b）IMF频谱

图 2-25　加噪信号 EEMD 的分解结果

利用仿真信号构造 Hankel 矩阵,进行相空间重构。信号的离散数据点为 2000 个,为了充分利用信号数据,构造行数为 1000 行、列数为 1000 列的最大阶数的 Hankel 矩阵。对该 Hankel 矩阵进行奇异值分解,得到 1000 个奇异值。奇异值序列和奇异值差分谱如图 2-26 和图 2-27 所示。

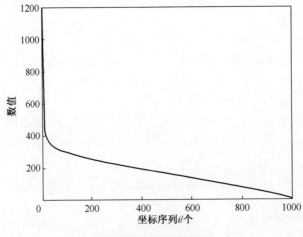

图 2-26　奇异值序列

48

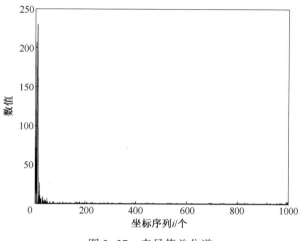

图 2-27　奇异值差分谱

由图 2-26 可以看出奇异值序列呈现下降趋势,而且在奇异值序列前部下降明显,但无法确定奇异值的阶次重构信号。由图 2-27 可以看出奇异值的突变情况,由于突变主要发生在奇异值序列的前部,为了清楚显示,将奇异值差分谱的前 100 个数据局部放大,如图 2-28 所示。从图 2-28 中可以清晰地看到第 10 个坐标点的峰值最大,这样根据奇异值差分谱理论可以自动地确定重构信号奇异值的阶次为 10,完成对原始信号的重构。作为对比,这里也选取了奇异值差分谱第二大峰值处,即奇异值阶次为 6 以及奇异值阶次为 16 时进行信号重构,重构结果如图 2-29 所示。

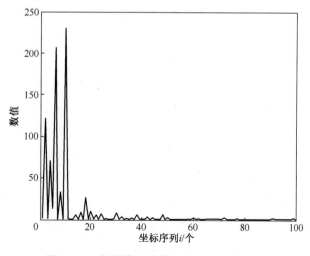

图 2-28　奇异值差分谱的前 100 个数据点

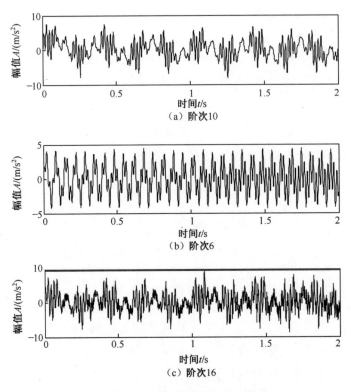

图 2-29　不同阶次的重构信号波形

　　从图 2-29 中可以得到,对比原始无噪信号,当重构阶次为 6 时,重构信号发生了波形畸变,导致重构信号丢失了原始信号的部分信息,当重构阶次为 16 时,重构信号中仍残存了一些噪声,无法达到充分降噪的目的。根据奇异值差分谱自动确定的降噪阶次即阶次为 10,在最大限度地消除噪声的同时,还能够保留原始信号基本完整的信息特征。对重构阶次为 10 的重构信号进行 EEMD,分解结果的时域波形和频谱如图 2-30 所示。

　　从图 2-30 中可以看出,对重构信号进行 EEMD,得到了 5 个 IMF 分量和一个残余分量,由于噪声得到了消除,IMF 分量中高频噪声分量被完全去除,IMF 分量中的噪声也基本被去除,调幅信号和两个正弦信号分量的频谱图主频率突出,干扰频率大大减少,EEMD 效果得到了较好的改善。作为对比,将降噪后的信号进行 EMD,分解结果如图 2-31 所示。由于噪声没有完全消除干净,EMD 得到的 IMF 分量中出现了模态混叠现象,分量 IMF2 和 IMF3 的频谱图中均出现了 15Hz 的频率,15Hz 的正弦信号被分解到了两个 IMF 分量中,即出现了模态混叠现象。而采用 EEMD 方法对重构信号进行分解,分量

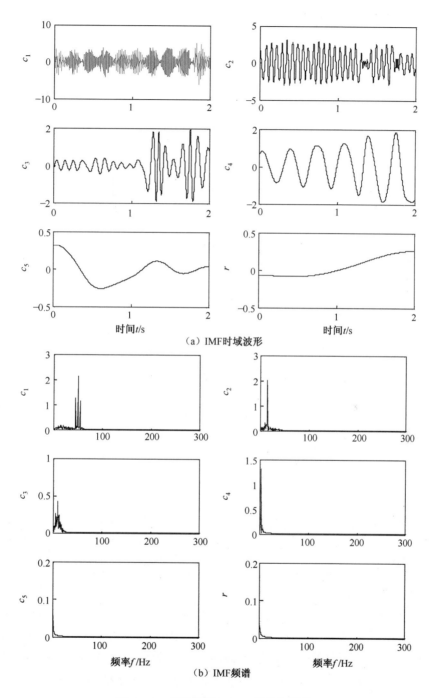

（a）IMF时域波形

（b）IMF频谱

图 2-30　重构信号 EEMD 的分解结果

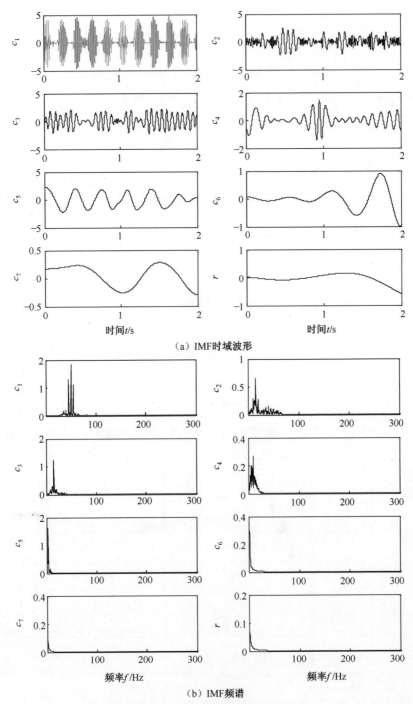

（a）IMF时域波形

（b）IMF频谱

图 2-31　重构信号 EMD 的分解结果

IMF1 为调幅信号,分量 IMF2 为 15Hz 的正弦信号,分量 IMF4 为 3Hz 的正弦信号,15Hz 的正弦信号只存在于分量 IMF2 中,信号的模态混叠得到了消除。

2.3.5 基于 EEMD 方法的齿轮箱振动信号处理流程

上述几个小节对 EEMD 方法进行了分析,对 EEMD 方法在信号处理中存在的一些问题进行了探讨并提出了相应的改进方法,而且通过仿真信号进行了验证。将上述方法应用于齿轮箱振动信号处理,处理流程如图 2-32 所示。具体步骤如下:首先利用采集到的振动信号进行相空间重构,得到重构吸引子轨道矩阵,对重构吸引子轨道矩阵进行奇异值分解,得到相应数量的奇异值。根据奇异值差分谱自动选择合理的阶次重构信号,完成对原始振动信号的降噪处理。由于 EEMD 方法能够消除 EMD 方法中模态混叠现象,对重构信号进行 EEMD 得到若干 IMF 分量和一个残余分量。利用 K-S 检验的性质计算每个 IMF 分量和重构信号的相似度,将相似度较高的 IMF 分量作为主要包含故障的有用信号分量。旋转机械振动信号多为调制信号,所以对主要包含故障的有用信号分量作包络解调分析,可以得到清晰、准确的故障特征频率。此外,采用相关理论对有用信号分量作进一步特征提取,可以获得描述设备不同故障状态的特征参数,用于旋转机械故障智能化诊断。

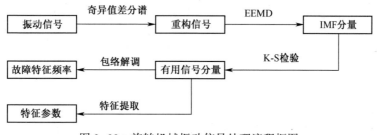

图 2-32 旋转机械振动信号处理流程框图

2.3.6 EEMD 方法在振动信号处理中的应用

1. 滚动轴承信号

实测轴承数据是在滚动轴承故障试验台上采集到的。试验中,电动机转速控制在 1772r/min 左右,采样频率为 12kHz,分别采集了正常信号、轴承外圈故障、内圈故障和滚动体故障 4 种状态的振动信号数据。本节以轴承内圈故障为例,对基于 EEMD 的振动信号处理方法的有效性进行分析验证。根据轴承内圈故障计算公式和轴承型号参数,计算得到轴承内圈故障频率为 160.0Hz。

图 2-33 给出了轴承内圈故障信号的时域波形及其频谱,对于滚动轴承而言,当其内圈有损伤时,其时域信号会产生周期性冲击,由于受到轴承共振调制的影响,其特征频率以调制的现象主要集中在中、高频率段。从图 2-33 中可以看出,采集到的振动信号受到噪声的污染,频率图中其频率范围遍布整个频带,干扰频率严重。图 2-34 所示为对信号进行包络解调后的频谱图。信号的包络谱同样受到噪声的影响,从包络谱中无法看到轴承内圈故障的特征频率。

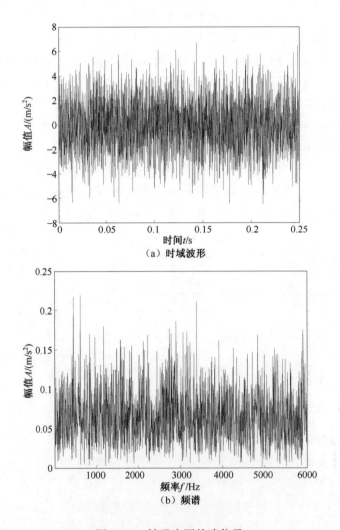

（a）时域波形

（b）频谱

图 2-33　轴承内圈故障信号

按照上述信号处理的流程图和步骤,对采集到的振动信号进行相空间重

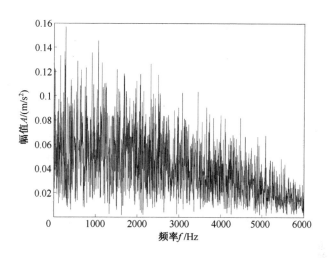

图 2-34　轴承内圈故障信号的包络谱

构,构造 Hankel 矩阵。由于振动信号的数据点数为 3000 点,为了充分地利用数据,构造行数为 1500 行、列数为 1500 列的最大的 Hankel 矩阵,即重构吸引子轨道矩阵。对该矩阵进行奇异值分解,得到 1500 个奇异值。图 2-35 和图 2-36 分别给出了奇异值序列图和奇异值差分谱图。

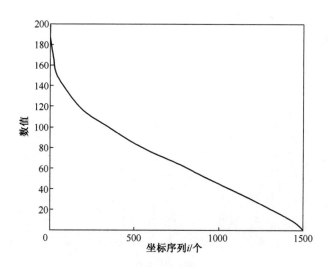

图 2-35　奇异值序列

从图 2-35 中可以看出奇异值序列的变化趋势,但无法确定合理的奇异值阶次来重构信号。通过奇异值差分谱图,根据最大峰值出现的位置自动确

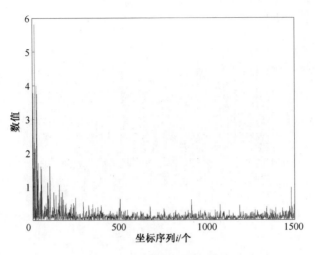

图 2-36　奇异值差分谱

定阶次重构信号,在能够保留信号中故障信息的同时,最大限度地消除噪声。同样,为了清楚地显示,将奇异值差分谱的前 200 个数据局部放大,如图 2-37 所示。从图 2-37 中可以清晰地看到第 14 个坐标点的峰值最大,因此确定重构信号的阶次为 14,完成信号的重构,重构信号的时域波形和包络谱如图 2-38 所示。

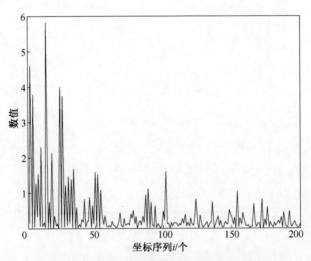

图 2-37　奇异值差分谱的前 200 个数据点

从图 2-38 中可以看出大部分噪声得到了消除,其包络谱中能够看到轴承内圈故障频率及其倍频,但包络谱图中还存在一些幅值较大的干扰频率,

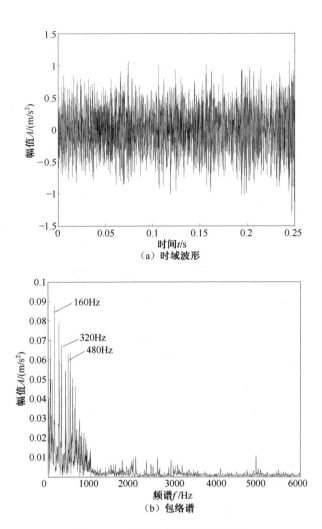

（a）时域波形

（b）包络谱

图 2-38　轴承内圈故障重构信号

无法准确提取轴承故障频率。因此,对重构信号进行 EEMD,得到信号不同特征时间尺度描述的 IMF 分量。其中,辅助白噪声标准差设为重构信号标准差的 0.2 倍,M 设为 100。然后计算每个 IMF 分量和重构信号的 K-S 相似度,计算结果如表 2-3 所列。由于分量 IMF7、IMF8 和 IMF9 的相似度值非常小,因此近似为零。

表 2-3　各 IMF 分量与重构信号的 K-S 相似度值

IMF 分量	IMF1	IMF2	IMF3	IMF4	IMF5	IMF6	IMF7	IMF8	IMF9
$p(D)$	0.3401	0.1011	0.0845	0.0334	0.0016	0.0005	0	0	0

由表 2-3 可以得到,分量 IMF1 与重构信号的 K-S 相似度最高为 0.3401,分量 IMF2、IMF3 和 IMF4 与重构信号的相似度值比其他分量和重构信号的相似度也高出 1~2 个数量级,而其他分量与重构信号的相似度值很低,尤其是分量 IMF7、IMF8 和 IMF9 的相似度值基本为 0。因此,分量 IMF5~IMF9 为多余的 IMF 分量。由于分量 IMF1 与重构信号的 K-S 相似度最高,从故障特征频率分析角度考虑,选择分量 IMF1 进行分析。IMF1 的时域波形和包络谱如图 2-39 所示。

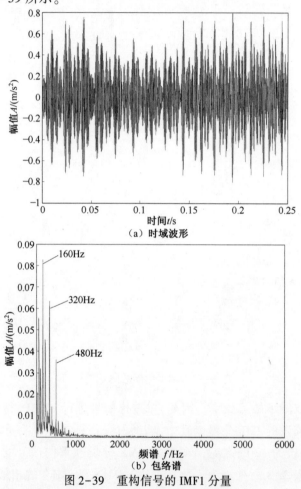

(a) 时域波形

(b) 包络谱

图 2-39　重构信号的 IMF1 分量

从时域图中可以看到振动信号中已有比较明显的振动冲击特征,信号中的故障信息已经突显出来,对其进行包络解调,从包络谱图中可以清晰地看到轴承内圈故障频率 160Hz 及其 2 倍频和 3 倍频,而且干扰频率很少。作为对比,将轴承内圈故障信号直接进行 EMD,得到 10 个 IMF 分量和一个残余分

58

量,利用 K-S 检验计算每个 IMF 分量和原始轴承内圈故障信号的相似度值,分量 IMF1 与原始信号的相似度值最高,选择分量 IMF1 分析,图 2-40 给出了其时域波形和包络谱。

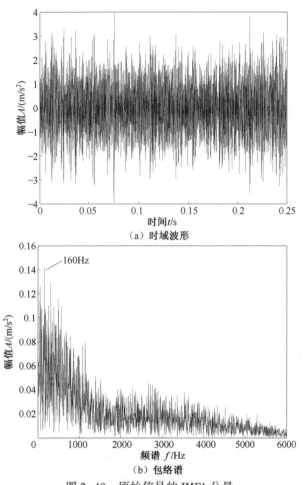

（a）时域波形

（b）包络谱

图 2-40　原始信号的 IMF1 分量

从图 2-40 中可看到 IMF1 分量中还包含大量的噪声信号,包络谱中虽然出现了轴承内圈故障频率 160Hz 的频率线,但噪声干扰很严重,难以准确地提出轴承故障特征频率和辨别轴承故障的基本特征。通过对比可知,利用基于 EEMD 的振动信号处理方法对滚动轴承振动信号处理后,能够准确、清晰地提取出轴承故障特征频率,获得更好的分析结果。

2. 齿轮箱齿轮信号

试验中采集了齿轮 5 种状态下的振动信号,即正常状态、中间轴齿轮齿根裂纹故障、中间轴齿轮齿面磨损故障、输出轴齿轮齿根裂纹故障和输出轴齿轮齿面磨损故障。本节以中间轴齿轮齿面磨损故障振动为例,对所提信号处理方法进行分析和验证。通过公式计算可以得到,齿轮啮合频率为621Hz,中间轴齿轮故障频率为12.5Hz。采集到的振动信号时域波形和频谱如图2-41所示。

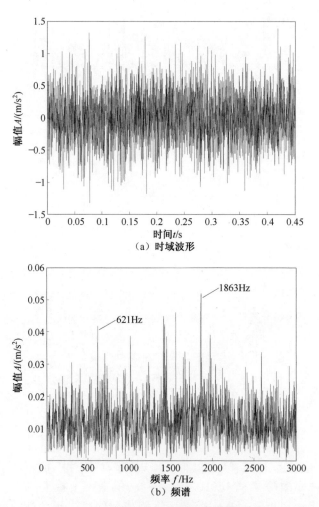

图 2-41　中间轴齿轮齿面磨损故障信号

在齿轮振动信号中,当齿轮轮齿发生故障时如齿面磨损,其振动信号通常为调制信号,载波成分为齿轮啮合频率成分,齿轮故障频率成分为调制波成分。观察图2-41,由于受到背景噪声的干扰,从时域波形中基本上看不到齿轮的故障信息,从频域图上虽然可以看到齿轮啮合频域621Hz及其3倍频

60

1863Hz,但是干扰频率严重,啮合频率的边频带簇非常杂乱。对齿轮信号进行 Hilbert 包络解调,得到图 2-42 所示的包络谱。从图中可以看到,包络谱中虽然包含齿轮故障频率 12.5Hz 及其倍频,但其他频率成分能量也很高,而且噪声很严重,难以准确地提取到齿轮的故障特征频率。

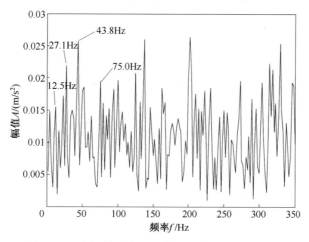

图 2-42　中间轴齿轮齿面磨损故障信号的包络谱

　　同样地,对齿轮信号进行相空间重构,根据采样点数为 3072 点、构造行数为 1536 行、列数为 1536 列的最大 Hankel 矩阵,对该矩阵进行奇异值分解,得到 1536 个奇异值,奇异值序列和奇异值差分谱序列如图 2-43 和图 2-44 所示。通过奇异值差分谱图,根据最大峰值出现的位置自动确定阶次重构信号,在能够保留信号中故障信息的同时,最大限度地消除噪声。从图 2-45 所

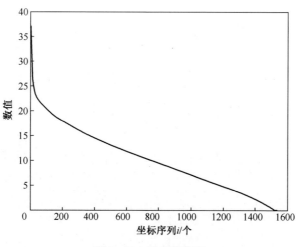

图 2-43　奇异值序列

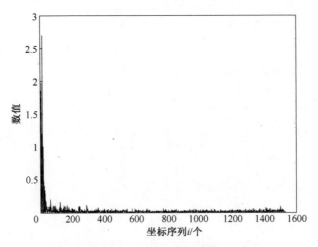

图 2-44　奇异值差分谱序列

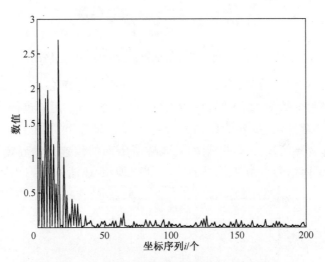

图 2-45　奇异值差分谱的前 200 个数据点

示奇异值差分谱的前 200 个数据局部放大图中得到最大峰值出现处是第 16 个坐标点,所以重构信号的奇异值阶次为 16,从而完成信号的重构。

重构信号的时域波形和包络谱如图 2-46 所示。由图可知,大部分噪声得到了消除,从其包络谱中能够看到齿轮故障频率及其倍频,但包络谱图中还是存在一些幅值较大的干扰频率,无法准确提取轴承故障频率。对重构信号进行 EEMD,从不同时间尺度描述信号的特征,分解得到 10 个 IMF 分量和一个残余分量。其中,辅助白噪声标准差设为重构信号标准差的 0.2 倍,M

设为 100,计算每个 IMF 分量和重构信号的 K-S 相似度,计算结果如表 2-4 所列。由于分量 IMF7、IMF8、IMF9 和 IMF10 的相似度值非常小,因此近似为零。

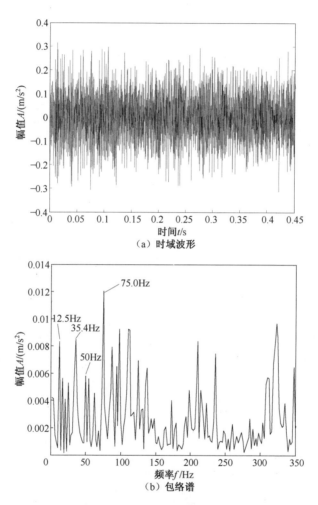

图 2-46 中间轴齿轮齿面磨损故障重构信号

表 2-4 各 IMF 分量与重构信号的 K-S 相似度值

IMF 分量	IMF1	IMF2	IMF3	IMF4	IMF5	IMF6	IMF7	IMF8	IMF9	IMF10
$p(D)$	0.4743	0.1226	0.0912	0.0633	0.0010	0.0005	0	0	0	0

    由表可得,前 4 个 IMF 分量和重构信号的 K-S 相似度较高,包含故障信号的有用信息,后 6 个分量和重构信号的相似度均较低,可以视为多余的 IMF

分量。分量 IMF1 和重构信号的相似度最高为 0.4743,说明 IMF1 反映了振动信号的主要特征。因此,从频谱分析角度考虑,选择分量 IMF1 进行分析,IMF1 分量的时域波形和包络谱如图 2-47 所示。

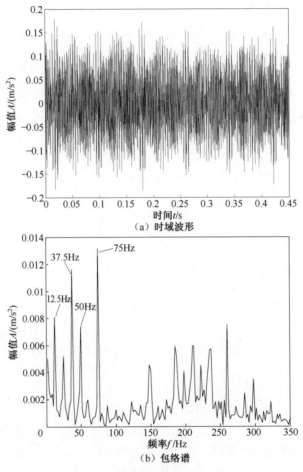

图 2-47 重构信号的 IMF1 分量

从时域波形中可以看到齿轮故障信号的冲击调幅特征,对其进行包络解调,从包络谱图中可以清晰地看到齿轮故障频率 12.5Hz 及其倍频,而且干扰频率很少。作为对比,将齿轮故障信号直接进行 EMD,得到 10 个 IMF 分量和一个残余分量,利用 K-S 检验计算每个 IMF 分量和齿轮故障信号的相似度值,分量 IMF1 与原始信号的相似度值最高,选择分量 IMF1 分析,图 2-48 给出了其时域波形和包络谱。由图可得,直接对信号进行 EMD,得到的 IMF1 分量中还包含大量的噪声信号,包络谱中虽然出现了齿轮故障频率 12.5Hz 及

64

其倍频的频率线,但噪声干扰很严重,难以准确地提出齿轮故障特征频率和辨别齿轮故障的基本特征。

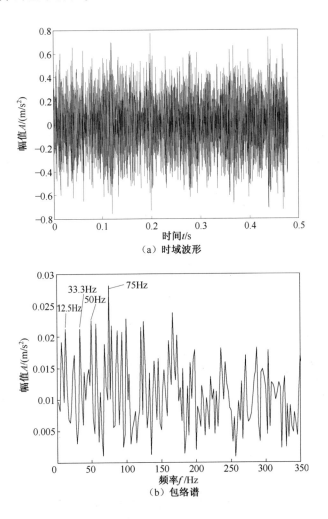

图 2-48　原始信号的 IMF1 分量

2.4　基于双时域变换的微弱故障特征增强

在旋转机械状态发生变化初期,故障特征十分微弱,常常淹没在其他运动部件、机体振动信号和背景噪声中,导致传统的包络谱方法很难对其准确分析。如何从振动信号中提取微弱故障特征进行分析,是旋转机械故障诊断的难题之一。鉴于目前还没有非常有效的早期微弱故障信号处理方法,本节结合广义 S 变换和傅里叶逆变换,推导出一种双时域变换,并基于双时域变换提出一种旋转机械振动信号微弱故障特征增强法。

2.4.1 结合傅里叶逆变换和广义 S 变换的双时域变换

1. 广义 S 变换

广义 S 变换是 S 变换的推广,具有比小波变换和 S 变换更好的时频分辨性能。一维时间信号 $x(t)$ 的广义 S 变换可表示为

$$\text{GST}(\tau,f) = \int_{-\infty}^{+\infty} x(t)w(\tau-t)e^{-2\pi ft}dt \tag{2-37}$$

式中:$w(\cdot)$ 为高斯窗函数,表达式为

$$w(t) = \frac{|f|^p}{\sqrt{2\pi}}e^{-f^{2p}t^2/2} \tag{2-38}$$

式中:p 为窗函数调整参数。

广义 S 变换的本质是采用标准差为信号频率 f 的 p 次方倒数的高斯窗函数取代短时傅里叶变换中的固定窗函数,使广义 S 变换的时窗宽度能够随着信号频率 f 的增大而减小,对高频信号具有较高的时间分辨率,对低频信号具有较高的频率分辨率,表现出较好的时频聚集性能。

与 S 变换相比,广义 S 变换的优势在于可以根据时频聚集性度量准则自适应地调整参数 p 的取值,从而获得信号最佳的二维时频表示。当 $p=1$ 时,广义 S 变换退化为 S 变换。

2. 双时域变换

广义 S 变换可以将一维时间信号映射到二维时频面内,而傅里叶逆变换可以实现频域向时域的转换。因此,在信号进行广义 S 变换后,再对不同时刻的广义 S 变换结果进行傅里叶逆变换,可以得到信号的双时域表示。结合广义 S 变换和傅里叶逆变换的双时域变换可用以下数学公式进行描述,即

$$\text{BTDT}(\tau_1,\tau_2) = \int_{-\infty}^{+\infty} \text{GST}(\tau_1,f)e^{2\pi f\tau_2}df \tag{2-39}$$

如式(2-39)所示,双时域变换可以将一维时间信号映射为双时域中的二维时间序列,并且对信号的局部变化非常敏感。因此,双时域二维时间序列可以有效描述信号的时域局部化特征,为轴承信号微弱故障特征增强提供了理论基础。

与广义 S 变换相似,双时域变换的调整参数 p 也可根据前面提到的时频聚集性度量准则自适应地选取,以获得信号最佳的双时域变换效果。

2.4.2　基于双时域变换的微弱特征增强方法

由于双时域变换能够有效描述信号的时域局部化特征,因此可以利用双时域二维时间序列提取旋转机械振动信号中的微弱故障特征成分,以实现信号微弱故障特征增强。具体方法如下。

(1) 对含有微弱故障特征成分的旋转机械振动信号进行双时域变换,获取信号的双时域二维时间序列。

(2) 根据双时域变换的能量分布特点,提取双时域二维时间序列主对角元素构建新的一维时域信号,该信号即为故障特征增强后的旋转机械振动信号。

2.4.3　仿真信号分析

为了验证基于双时域变换的微弱故障特征增强方法的可行性和有效性,构造仿真信号模拟滚动轴承微弱故障信号。仿真信号由式(2-40)所示的谐波信号 $x_1(t)$、模拟冲击信号 $x_2(t)$ 和标准差为 0.05 的高斯白噪声叠加而成,即

$$x_1(t) = \sin(2\pi f_1 t + \varphi_1)$$
$$x_2(t) = 0.2\exp(-840t)\sin(2\pi f_2 t + \varphi_2) \tag{2-40}$$

式中:t 为信号采样时刻;f_1 和 f_2 为载波频率,$f_1 = 25\text{Hz}$,$f_2 = 1024\text{Hz}$;φ_1 和 φ_2 为初始相位,$\varphi_1 = 0$,$\varphi_2 = \pi/2$。

采样频率 $f_s = 2048\text{Hz}$,采样时长 $T = 1\text{s}$。$x_2(t)$ 的采样时间为 $64/f_s$,故障特征频率 $f_f = 64\text{Hz}$。

图 2-49 所示为仿真信号的时域波形及其 Hilbert 包络谱。由图可知,仿真信号中的故障特征成分微弱,几乎淹没在背景噪声和幅值较大的谐波信号中,在时域中很难识别。通过 Hilbert 包络解调后,包络谱中故障特征频率 64Hz 依然不明显,因此微弱故障成分受谐波信号和噪声信号干扰严重,无法直接根据包络谱进行故障分析。

图 2-50 所示为采用双时域变换得到的二维时间序列。由图 2-50 可以看出,信号的能量主要集中在双时域图的主对角线附近,主对角线上元素值的变化能够有效反映信号的时域局部特性。

利用所提微弱故障特征增强方法从图 2-50 中获取的增强后振动信号的时域波形及其包络谱如图 2-51 所示。与原仿真信号相比,增强后振动信号中的故障特征成分比较明显。进一步,经过 Hilbert 包络解调后,包络谱中出

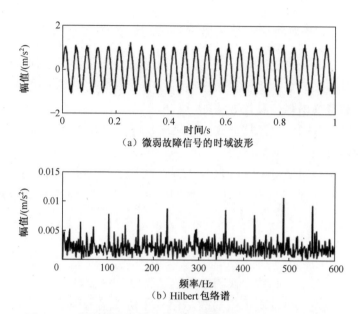

（a）微弱故障信号的时域波形

（b）Hilbert 包络谱

图 2-49　仿真微弱故障信号的时域波形及其 Hilbert 包络谱

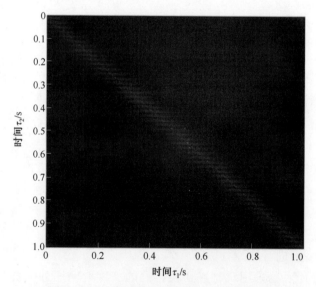

图 2-50　仿真微弱故障信号的二维时间序列

现了明显的故障特征频率 64Hz 及其 2 倍频和高倍频,同时高频成分和噪声干扰得到了有效抑制。仿真结果表明,微弱故障特征增强方法能有效增强振动信号中的微弱成分和抑制背景噪声。

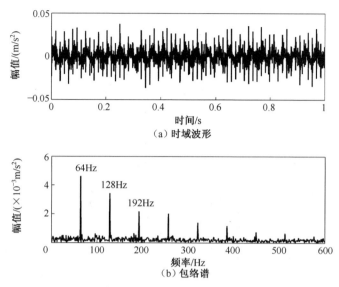

图 2-51　增强后仿真微弱故障信号的时域波形及其包络谱

2.4.4　双时域变换在振动信号微弱故障特征增强中的应用

利用所提的微弱故障特征增强方法分别对所采集的 3 种滚动轴承早期微弱故障信号进行处理,结果如图 2-52 至图 2-57 所示。

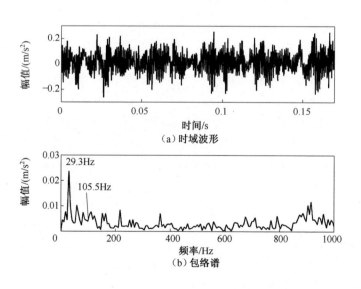

图 2-52　外圈微弱故障信号的时域波形及其包络谱

图 2-52 所示为轴承外圈微弱故障信号的时域波形及其包络谱。由于外圈故障微弱,在轴承微弱故障信号的包络谱中,转频 29.3Hz 比较明显,而外圈故障特征频率 105.5Hz 不明显,淹没在其他频率成分中。采用所提方法增强后的外圈微弱故障信号如图 2-53 所示。时域波形中由于外圈故障引起的冲击信号非常明显,增强后信号的包络谱中出现了明显的滚动轴承外圈故障特征频率 105.5Hz 及其 2 倍频 211.2Hz。

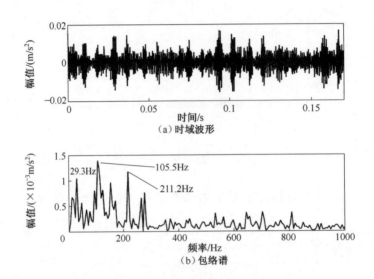

图 2-53　增强后外圈微弱故障信号的时域波形及其包络谱

图 2-54 所示为轴承内圈微弱故障信号的时域波形及其包络谱。由图可以看出,在微弱故障信号包络谱中,转频 29.3Hz 及其 2 倍频 58.6Hz 比较明显,同时出现了与内圈故障特征频率 158.6Hz 相近的频率 158.2Hz。由于故障冲击成分微弱,特征频率 158.2Hz 不是很明显,所以不能准确判定轴承是否出现了内圈故障。经所提方法增强后的内圈微弱故障信号如图 2-55 所示。时域波形中由内圈故障引起的冲击信号比较明显,增强后信号的包络谱中特征频率 158.2Hz 的相对幅值明显增加,而轴承的转频及其 2 倍频的相对幅值有所降低,表现出明显的轴承内圈故障特征。

图 2-56 所示为轴承滚动体微弱故障信号的时域波形及其包络谱。由图可知,由于滚动体故障引起的冲击成分十分微弱,与滚动体故障特征频率 135.3Hz 相近的频率 135.2Hz 完全淹没在机体振动信号和背景噪声中,难以识别。经所提方法增强后的滚动体微弱故障信号如图 2-57 所示。增强后信

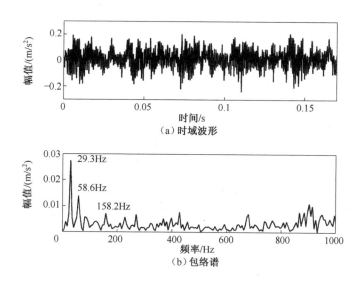

图 2-54　内圈微弱故障信号的时域波形及其包络谱

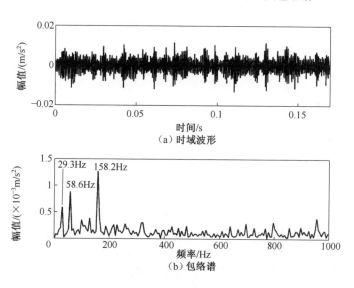

图 2-55　增强后内圈微弱故障信号的时域波形及其包络谱

号包络谱中频率 135.2Hz 的相对幅值虽然有所增加,但受低频信号干扰严重。由此可知,由于滚动体故障引起的冲击成分比外圈和内圈故障引起的冲击成分微弱得多,受其他振动和噪声干扰严重,因此所提双时域微弱信号增强方法只能在一定程度上增强滚动体微弱故障特征。

综上可知,基于双时域变换的微弱故障特征增强方法具有可行性和有效

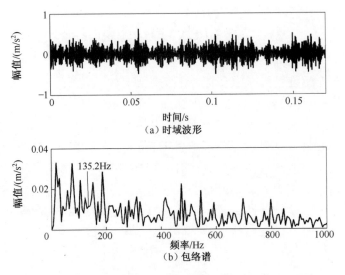

图 2-56　滚动体微弱故障信号的时域波形及其包络谱

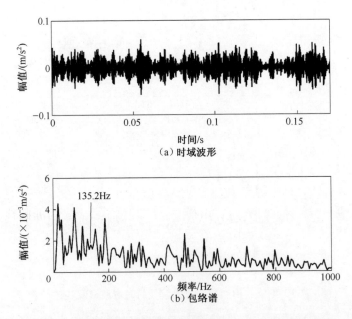

图 2-57　增强后滚动体微弱故障信号的时域波形及其包络谱

性,能够显著增强旋转机械振动信号中的微弱故障特征,可以为早期微弱故障信号特征提取和分类提供可靠的数据支持。

2.5 本 章 小 结

本章在介绍旋转机械振动信号采集的基础上,研究了旋转机械振动信号预处理方法,具体内容如下。

(1)针对旋转机械振动信号中不可避免地包含噪声的问题,通过引入分数阶傅里叶变换和信号稀疏分解的思想,提出了一种基于分数阶傅里叶变换稀疏分解的信号滤波方法。仿真信号分析和实例应用结果表明,该滤波方法结合了分数阶傅里叶变换和稀疏分解思想在信号处理中的优势,能够有效滤除旋转机械振动信号中的干扰噪声,提高旋转机械振动信号的信噪比。

(2)针对旋转机械早期微弱故障信号分析难题,首先结合广义 S 变换和傅里叶逆变换构造了一种双时域变换,然后提出了一种基于双时域变换的振动信号微弱故障特征增强方法。仿真信号和实测微弱故障信号分析结果表明,所提微弱故障特征增强方法能有效增强旋转机械振动信号中的微弱故障成分。

(3)针对 EMD 模态混叠的问题,研究了基于 EEMD 的模态混叠消除方法,通过在 EMD 的分解过程中添加适量的辅助白噪声,利用正态分布白噪声的二进尺度分解特性,有效地抑制 EMD 方法中的模态混叠现象。虽然 EEMD 方法消除了 EMD 方法的模态混叠现象,但是 EEMD 方法中仍然存在会产生伪分量的问题,为此提出采用 K-S 检验法计算各个 IMF 分量与原始信号的相似度,利用相似度指标识别分解得到的 IMF 分量的真伪。针对 EEMD 方法受噪声的影响,研究了基于奇异值差分谱的信号预处理方法,利用奇异值差分谱的最大峰值自动选取奇异值重构原始信号,既去除了信号中的大量噪声,又保留了与信号特征有关的有用信息,从而提高 EEMD 的准确性,使分解得到的 IMF 分量更能反映信号的真实特征。应用于滚动轴承和齿轮箱齿轮的振动信号分析,准确得到了轴承和齿轮的故障频率。

第3章 基于正交变分模式分解的振动信号特征提取方法

以故障特征频率来诊断旋转机械设备故障的方式本质上需要人工识别频谱,这就要求工程技术人员掌握一定的理论基础知识;否则无法实现旋转机械故障的智能诊断。而且,计算旋转机械部件,如滚动轴承和齿轮箱齿轮的故障特征频率,需要知道它们的几何参数、转速等信息。若实际工程应用中无法知道这些参数信息,则难以计算故障频率。对于齿轮箱齿轮和柴油机滑动轴承上的故障,若故障是不同类型,但故障发生在同一根轴上,两种故障类型的齿轮故障频率是一样的,难以区分不同故障类型。因此,需要提取有效特征参数定量表示旋转机械设备不同故障状态的运行情况,作为故障模式识别的输入参数,从而自动智能地判断旋转部件是否发生故障且发生了哪种类型故障。

由于旋转机械设备工作是各种复杂运动合成的结果,其表面振动是由机体固有振动和不同激励源激发的振动叠加而成。当设备出现局部故障时,由旋转机械振动产生的振动信号往往表现为非线性、非平稳的多分量信号。例如,滚动轴承振动信号包含由轴承损伤、齿轮啮合振动引起的冲击分量,以及系统高频固有振动分量等;柴油机滑动轴承振动信号包含轴颈与轴承、活塞与缸壁、进排气阀与阀座碰撞产生的冲击分量以及轴颈与轴承摩擦磨损产生的微弱摩擦信号等。

分析非平稳多分量信号的有效途径之一是将信号分解为有限个单分量信号,然后对各单分量信号分别进行处理,进而提取原信号的特征参数。选择合适的信号分解方法对多分量信号进行分解,从而得到具有物理意义的单分量信号,是多分量信号分析和处理的关键。目前,比较常用的非平稳信号分解方法主要是离散小波(包)变换和经验模式分解(EMD)。然而,上述两者均存在明显不足:离散小波(包)变换不具有自适应性,并且信号分析结果受小波基的选择影响很大;EMD具有自适应性,但是缺乏严格的数学基础,抗噪能力差,存在模态混叠现象。

由 D. Konstantin 等提出的变分模式分解（VMD）是一种新的自适应时频分析理论。与 EMD 相比，该理论有严格的数学基础，并且可以通过一种完全非递归的方式实现信号的频域分解与各分量的有效分离，具有分解能力强、抗噪性能好和算法速度快等优点。

为了有效提取旋转机械振动信号的多分量特征，本章将 VMD 引入旋转机械振动信号分析过程。首先针对 VMD 后各个分量非严格正交的问题，提出了一种正交变分模式分解（orthogonal variational mode decomposition，OVMD）理论，并采用最大相关最小冗余准则（maximum relevance minimum redundancy，mRMR）对 OVMD 中分量个数参数确定方法进行了研究。然后，基于振动信号的 OVMD，依次从信号频带能量分布、时间序列建模和非线性分形 3 个角度对振动信号多分量特征提取方法进行了研究。

3.1　正交变分模式分解

变分模式分解（VMD）作为一种广义时频分析，虽然能够通过完全非递归的方式对一维信号进行自适应分解，且信号分解能力强、抗噪性能好、算法速度快，但是由 VMD 产生的本征模式函数分量之间不存在严格的正交性，导致 VMD 信号不可避免地会产生频率混叠和频带能量泄漏等现象。为此，本节首先简要介绍 VMD 基本理论，然后结合主成分分析坐标变换方法，提出一种正交变分模式分解，最后对 OVMD 中分量个数参数选择问题进行研究。

3.1.1　变分模式分解

VMD 是建立在 Wiener 滤波、Hilbert 变换、解析信号、频率混合和外差解调等概念基础上的一种新的自适应时频变换方法，具有十分严格的数学基础，其分解过程本质上是一个特殊变分模型的迭代求解过程。VMD 理论可以分为变分模型的建立和求解两部分。

1. 变分模型的建立

在 EMD 理论中，极值点个数和过零点个数相等或最多只相差一个，并且在任意时间点，由局部极大值点和局部极小值点所确定的上、下包络线的均值为零的信号分量被定义为本征模式函数（IMF）。为了建立信号分解的变分模型，VMD 理论摒弃上述定义，而将 IMF 重新定义为调幅-调频（amplitude modulation-frequency modulation，AM-FM）信号，即

$$u_k(t) = A_k(t)\cos(\varphi_k(t)) \tag{3-1}$$

式中：$A_k(t)$ 和 $\varphi_k(t)$ 分别为 $u_k(t)$ 的瞬时幅值和瞬时相位，$\varphi_k(t)$ 为非减函数，即瞬时角频率 $\omega_k(t) = \mathrm{d}\varphi_k(t)/\mathrm{d}t \geqslant 0$。与 $\varphi_k(t)$ 相比，$A_k(t)$ 和 $\omega_k(t)$ 的变化比较缓慢，即在较小的时间范围内，$u_k(t)$ 可以看作是一个幅值和频率不变的谐波信号。

在上述定义的基础上，VMD 假设输入信号 $x(t)$ 是由有限个中心频率不同、带宽有限的 IMF 组成，将信号分解问题转化到变分模型框架下进行处理。在各 IMF 分量之和等于输入信号 $x(t)$ 的约束下，寻求每个本征模态函数分量的估计带宽之和的最小值。变分模型的建立步骤如下。

（1）Hilbert 变换。对每个 IMF 分量 $u_k(t)$ 进行 Hilbert 变换，并为获得 $u_k(t)$ 的单边频谱，构造解析信号，即

$$\left(\delta(t) + \frac{j}{\pi t} \right) * u_k(t) \qquad (3-2)$$

式中：$\delta(t)$ 为狄利克雷函数；$*$ 为卷积符号。

（2）频率混合。给各 IMF 分量的解析信号混合一个预先估计的中心频率 $\mathrm{e}^{-j\omega_k t}$，将每个 IMF 分量的频谱移动到基频带上，即

$$\left[\left(\delta(t) + \frac{j}{\pi t} \right) * u_k(t) \right] \mathrm{e}^{-j\omega_k t} \qquad (3-3)$$

（3）估计带宽。通过计算式（3-3）解调信号梯度的 L_2 范数，估计各 IMF 分量的带宽。

（4）建立最优化模型。引入约束条件 $\sum\limits_{k=1}^{K} u_k(t) = x(t)$，最终构建以下最优化变分模型，即

$$\min_{\{u_k\},\{\omega_k\}} \left\{ \sum_{k=1}^{K} \| \partial_t \left[\left(\delta(t) + \frac{j}{\pi t} \right) * u_k(t) \right] \mathrm{e}^{-j\omega_k t} \|_2^2 \right\} \qquad (3-4)$$

式中：K 为 IMF 分量个数；$\{u_k\} = \{u_1, u_2, \cdots, u_K\}$、$\{\omega_k\} = \{\omega_1, \omega_2, \cdots, \omega_K\}$ 为 u_k 的频率中心。

2. 变分模型的求解

为了求取上述变分模型的最优解，VMD 首先引入二次惩罚因子 α 和拉格朗日乘子 $\lambda(t)$，构造扩展拉格朗日函数 $L(\{u_k\}, \{\omega_k\}, \lambda)$，如式（3-5）所示，将约束问题转化为非约束问题。其中，二次惩罚因子能在含高斯噪声的情况下确保信号的重构精度，而拉格朗日乘子可以保证模型约束条件的严格性。

$$L(\{u_k\}, \{\omega_k\}, \lambda) = \alpha \sum_{k=1}^{K} \| \partial_t \left[\left(\delta(t) + \frac{j}{\pi t} \right) * u_k(t) \right] \mathrm{e}^{-j\omega_k t} \|_2^2 +$$

$$\| x(t) - \sum_{k=1}^{K} u_k(t) \|_2^2 + \langle \lambda(t), x(t) - \sum_{k=1}^{K} u_k(t) \rangle \quad (3-5)$$

在此基础上,利用乘法算子交替方向法(alternate direction method of multipliers, ADMM),交替迭代更新 $\{u_k\}$、$\{\omega_k\}$ 和 λ,寻找扩展拉格朗日函数的鞍点,即为式(3-4)所示变分模型的最优解,从而将输入信号 $x(t)$ 分解为 K 个带宽有限的 IMF 分量。VMD 算法的具体流程如图 3-1 所示,其中 τ 和 e 分别为更新因子和允许误差。关于 $\{u_k\}$ 和 $\{\omega_k\}$ 的详细更新算法可参考相关文献,在此不再赘述。

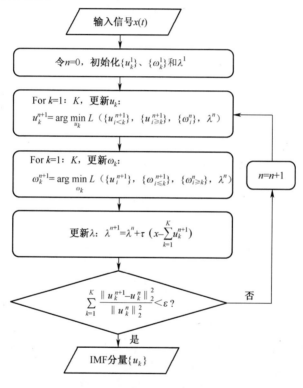

图 3-1　VMD 算法流程框图

3.1.2　变分模式分解的正交化

正交变分模式分解的目的是获得正交的 IMF 分量,其本质是变分模式分解的正交化。OVMD 包括 VMD 和 IMF 分量正交化两个过程,其中 IMF 分量的正交化是实现 OVMD 的关键。

Gram-Schmidt 正交化和正交坐标变换是两种常见的信号正交化方法。

正交坐标变换法便于理解和编程,因此在正交变分模式分解中选择正交坐标变换方法对 IMF 分量进行正交化。

主成分分析作为一种广泛应用的正交坐标变换方法,能够根据二阶统计信息把多维数据变换到数据最大方差集方向上,并利用一组相互正交的主元分量对原始数据进行表示。假设 VMD 将一维信号 $x(t)$ 分解成 K 个 IMF 分量,即 $x(t) = \sum_{k=1}^{K} u_k(t)$,构建分量矩阵

$$\boldsymbol{U} = [u_1(t), u_2(t), \cdots, u_K(t)] \tag{3-6}$$

式中: $\boldsymbol{U} \in R^{N \times K}$, N 为信号 $x(t)$ 的数据长度。

根据下式计算分量矩阵 $\boldsymbol{U}$ 的协方差矩阵为

$$\sum_U = \frac{1}{n} \boldsymbol{U}^\mathrm{T} \boldsymbol{U} \tag{3-7}$$

对协方差矩阵 $\sum_U$ 进行正交对角化,获得 K 个特征值 $\lambda_1 \geqslant \lambda_2 \geqslant \cdots \geqslant \lambda_K$,及其对应的单位正交特征向量 $p_1, p_2, \cdots, p_K$,定义正交 IMF 分量 $\{\widetilde{u_k}\}$ 为

$$[\widetilde{u}_1(t), \widetilde{u}_2(t), \cdots, \widetilde{u}_K(t)] = \boldsymbol{UP} = \boldsymbol{P\Lambda P}^\mathrm{T}\boldsymbol{P} = \boldsymbol{P\Lambda} = [\lambda_1 p_1, \lambda_2 p_2, \cdots, \lambda_K p_K] \tag{3-8}$$

式中: $\boldsymbol{P}$ 为 $p_1, p_2, \cdots, p_K$ 构成的正交阵; $\boldsymbol{P}^\mathrm{T} = \boldsymbol{P}^{-1}$; $\boldsymbol{\Lambda} = \mathrm{diag}(\lambda_1, \lambda_2, \cdots, \lambda_K)$ 。

信号 $x(t)$ 的 OVMD 的分解结果为

$$x(t) = \widetilde{u}_1(t) + \widetilde{u}_2(t) + \cdots + \widetilde{u}_K(t) \tag{3-9}$$

3.1.3 OVMD 最优参数确定方法

正交变分模式分解中分量个数参数 K 对信号分解结果影响较大。若参数 K 选取不同,则信号分解结果就会截然不同。因此,利用 VMD 对旋转机械振动信号进行分解时,需要合理选取分量个数参数 K 的取值。

理论上,信号的理想分解结果应该是各 IMF 分量与原信号均有较大的相关性,从而较好地继承原信号特征,同时各 IMF 分量之间存在较小的信息冗余,使分解结果清晰简洁。因此,利用最大相关最小冗余准则(mRMR)自适应地选取 OVMD 中的参数 K 。

最大相关最小冗余准则本质上是一种特征选择方法,核心思想是利用互信息计算特征参数与分类目标间的相关性和特征之间的冗余性。

假设 OVMD 将振动信号 $x(t)$ 分解为 K 个正交 IMF 分量 $\{\widetilde{u}_k\} = \{\widetilde{u}_1,$ $\widetilde{u}_2,\cdots,\widetilde{u}_K\}$ ，定义 K 个分量的相关性 D 为

$$D = \frac{1}{K} \sum_{\widetilde{u}_i \in \{\widetilde{u}_k\}} I(\widetilde{u}_i, x) \tag{3-10}$$

式中：$I(u_i, x)$ 为 $u_i(t)$ 与 $x(t)$ 之间的互信息。

同理，可定义 K 个分量的冗余性 R 为

$$R = \frac{2}{K(K-1)} \sum_{\widetilde{u}_i, \widetilde{u}_j \in \{\widetilde{u}_k\}, \text{且} i \neq j} I(\widetilde{u}_i, \widetilde{u}_j) \tag{3-11}$$

综上，可得最大相关最小冗余准则为

$$\max(M), \quad M = D - \beta R \tag{3-12}$$

式中：M 为 mRMR 准则函数；β 为调节因子。相对于冗余性而言，IMF 分量与原信号之间的相关性更为重要，因此本书中选择 $\beta = 0.6$。

也就是说，利用 OVMD 对振动信号分解时，选取 mRMR 准则函数最大值对应的 K 值作为分量个数参数的最优取值。

3.1.4 仿真信号分析

为了分析正交变分模式的分解性能和抗干扰能力，构造包含噪声的仿真信号 $x(t)$ 为

$$x(t) = x_1(t) + x_2(t) + x_3(t) + \text{sn}(t) \tag{3-13}$$

式中：$x_1(t)$、$x_2(t)$ 和 $x_3(t)$ 分别为频率 10Hz、50Hz 和 75Hz 的正弦谐波信号，$x_1(t)$ 和 $x_3(t)$ 的幅值为 1，$x_2(t)$ 的幅值为 1.5；$\text{sn}(t)$ 为幅值 0.05 的随机白噪声。

设置信号的采样频率为 4096Hz，采样时间为 0.5s，则仿真信号 $x(t)$ 及其各分量的时域波形如图 3-2 所示。

图 3-3 所示为仿真信号的 EMD 的分解结果。由图 3-3 可知，EMD 将仿真信号分解成 7 个 IMF 分量和 1 个残余分量。其中，IMF1 分量主要是随机白噪声；IMF5 与 10Hz 正弦谐波分量有较好的对应关系；IMF2 和 IMF3 分量虽然与 50Hz 和 75Hz 两个正弦谐波分量对应，但是 EMD 无法将两个正弦谐波分量进行有效分离，产生了严重的频率混叠现象，并且受噪声干扰，波形也出现了明显失真；IMF4、IMF6、IMF7 和 R 这 4 个分量与仿真信号没有较好的对应关系，是信号分解时产生的虚假分量。

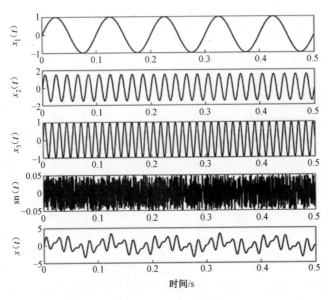

图 3-2 仿真信号及其各分量时域波形

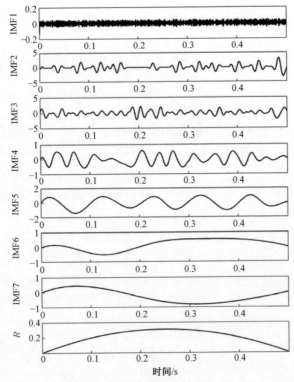

图 3-3 仿真信号 EMD 的分解结果

选择 $K=4$、$\alpha=2000$,分别采用 VMD 和 OVMD 对仿真信号 $x(t)$ 进行分解,结果如图 3-4 和图 3-5 所示。由图 3-4 和图 3-5 可知,VMD 和 OVMD 的分解结果十分相似,均能准确地将仿真信号的 3 个正弦谐波分量和 1 个随机白噪声分量很好地分离开,其中 IMF1、IMF2 和 IMF3 分别与正弦谐波分量 $x_1(t)$、$x_2(t)$ 和 $x_3(t)$ 对应,IMF4 与随机白噪声分量对应。

对比图 3-3 至图 3-5 可知,由于 EMD 的抗噪性能较差,且对频率满足 $f_1 < f_2 < 2f_1$ 的两个分量无法有效分离,导致仿真信号的 EMD 的分解结果中出现了许多虚假分量,并且存在严重的频率混叠现象。相反,VMD 和 OVMD 的分解结果中都没有出现频率混叠现象和波形失真,而准确地将 4 个分量分离出来。由此表明,OVMD 与 VMD 类似,具有较强的信号分解能力和抗噪性能。

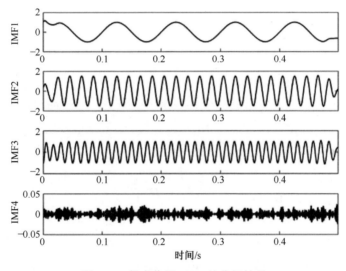

图 3-4 仿真信号 VMD 的分解结果

为了定量分析 OVMD 产生的 IMF 分量之间的正交性,引入正交性指标 IO,表达式如式(3-14)所示。显然,当且仅当 $\widetilde{u}_i(t)$ 与 $\widetilde{u}_j(t)$ 正交时,正交性指标 IO 取值为 0。

$$\mathrm{IO}\left[\widetilde{u}_i(t),\widetilde{u}_j(t)\right] = \frac{\displaystyle\sum_{t=0}^{N-1}\widetilde{u}_i(t)\widetilde{u}_j(t)}{\displaystyle\sum_{t=0}^{N-1}\widetilde{u}_i^{\,2}(t) + \sum_{t=0}^{N-1}\widetilde{u}_j^{\,2}(t)} \qquad (3-14)$$

表 3-1 给出了 VMD 和 OVMD 各自 IMF 分量之间的正交性指标。其中,

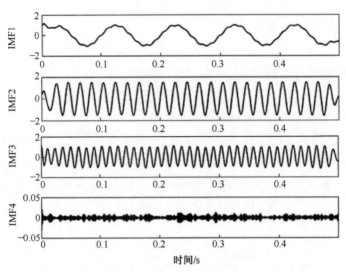

图 3-5　仿真信号 OVMD 的分解结果

上三角数据是 VMD 所得各 IMF 分量之间的正交性指标,下三角数据为 OVMD 所得各 IMF 分量之间的正交性指标。对比表 3-1 中的数据可以看出, VMD 产生的 IMF 分量之间的正交性较差,而 OVMD 产生的 IMF 分量之间的正交性非常好,其正交性指标在 10^{-17} 数量级以上,几乎严格正交。仿真试验结果表明了正交变分模式分解理论的有效性和良好的信号分解性能。

表 3-1　IMF 分量之间的正交性指标

IMF 分量	IMF1	IMF2	IMF3	IMF4
IMF1	—	4.0508×10^{-3}	1.9312×10^{-3}	1.0355×10^{-5}
IMF2	-9.6217×10^{-18}	—	9.6707×10^{-3}	8.9561×10^{-6}
IMF3	-5.6422×10^{-17}	4.9019×10^{-17}	—	1.7663×10^{-5}
IMF4	3.1228×10^{-20}	1.7258×10^{-20}	1.1302×10^{-20}	—

3.2　旋转机械振动信号的正交变分模式分解

3.2.1　滚动轴承信号

以滚动轴承外圈故障信号为例进行分析。根据最大相关最小冗余准则,选取 $K=5$,对图 2-2(b)中轴承外圈故障信号进行 OVMD。

图 3-6 和图 3-7 分别展示了 OVMD 的分解结果的时域波形和频谱。观

82

察图 3-6 和图 3-7 可知，OVMD 将轴承外圈故障信号分解成 5 个不同频率成分 IMF 分量，各分量相互独立，不存在明显的模态混叠的现象。

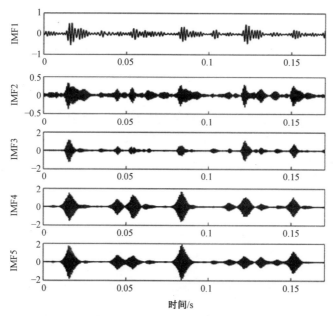

图 3-6　外圈故障信号 OVMD 的分解结果的时域波形

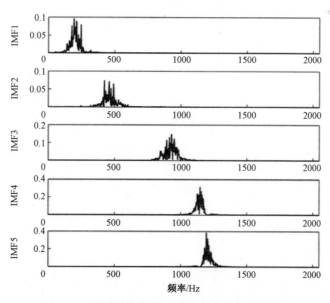

图 3-7　外圈故障信号 OVMD 的分解结果的频谱

作为对比,图 3-8 给出了轴承外圈故障信号的 EMD 的分解结果。由图 3-8 可以看出,EMD 将外圈振动信号分解成了 7 个 IMF 分量和 1 个残余分量。IMF2 与 IMF3 以及 IMF4 与 IMF5 均存在明显的频率混叠现象;IMF6、IMF7 和 R 这 3 个分量与原信号联系较小,显然是分解出来的虚假分量。

与 OVMD 结果相比,EMD 的分解结果较差,OVMD 对滚动轴承振动信号具有较好的分解能力,更加适合于滚动轴承振动信号分解。

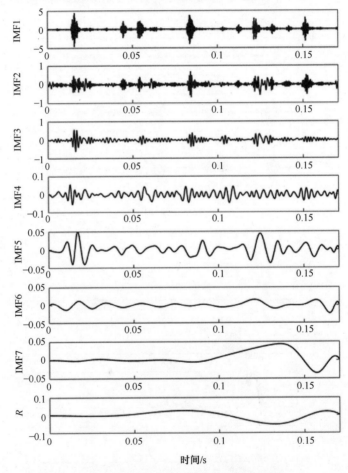

时间/s

图 3-8 外圈故障信号 EMD 的分解结果

3.2.2 柴油机滑动轴承信号

以柴油机滑动轴承轻微摩擦故障信号为例进行分析。根据最大相关最小冗余准则,选取 $K=3$,对图 2-7(b)中滑动轴承轻微摩擦故障信号进行 OVMD。

图 3-9 与图 3-10 分别展示了图 2-7(b)所示轻微摩擦故障信号 OVMD

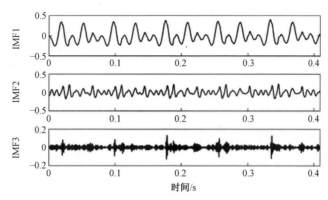

图 3-9 轻微摩擦故障信号 OVMD 的分解结果

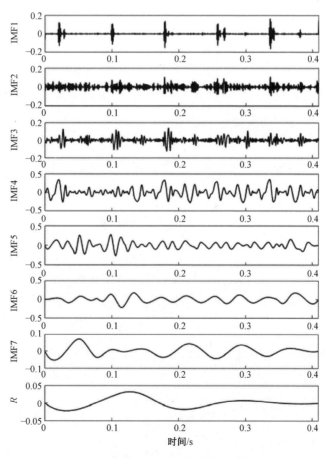

图 3-10 轻微摩擦故障信号 EMD 的分解结果

和 EMD 的分解结果。由图 3-9 所示的时域波形可以看出,轻微摩擦故障信号被 OVMD 成为 3 个分量,各分量分别代表故障信号的不同频率成分。其中,IMF1 分量主要为系统强烈的冲击信号,IMF2 分量为微弱的低频摩擦信号,IMF3 分量为微弱的高频摩擦信号。结果表明 OVMD 能将滑动轴承轻微摩擦故障信号中的冲击信号和摩擦信号成功分离开。与 OVMD 的分解结果相比,EMD 的分解结果很不理想。由图 3-10 可知,EMD 将轻微摩擦故障信号也分解成为 7 个 IMF 分量和 1 个残余分量,产生了许多虚假分量,不利于后续滑动轴承振动信号特征提取。因此,OVMD 比 EMD 更加适用于柴油机滑动轴承摩擦故障信号分解。

3.3 基于 OVMD 的振动信号相对频谱能量矩特征提取

由于不同故障状态下振动信号的时域波形和频谱各不相同,经 OVMD 后,各 IMF 分量的能量分布和频率成分也必然存在差异。为此,本节在振动信号 OVMD 的基础上,从频带能量分布的角度定义和提取相对频谱能量矩特征,并将其作为描述振动信号自身及其各 IMF 分量频带能量信息的特征参数。

3.3.1 相对频谱能量矩的定义

首先定义频谱能量矩的概念。若令振动信号 $x(t) = \tilde{u}_0(t)$,则振动信号及其 IMF 分量的频谱能量矩 M_k 可用统一表达式进行描述,即

$$M_k = \int_0^{+\infty} \omega \, |U_k(\omega)|^2 \mathrm{d}\omega \qquad (3-15)$$

式中:ω 为频率变量;$U_k(\omega)$ 为 $\tilde{u}_k(t)$ 的频谱函数,$k = 0, 1, \cdots, K$。

为消除振动信号能量信息对各 IMF 分量特征参数的影响,同时缩小不同特征之间的数量级差异,在频谱能量矩的基础上进一步定义相对频谱能量矩特征 m_k,即

$$
\begin{cases}
m_k = \dfrac{1}{M_{\max}} \int_0^{+\infty} \omega \, |U_k(\omega)|^2 \mathrm{d}\omega, & k = 0 \\[4mm]
m_k = \dfrac{\displaystyle\int_0^{+\infty} \omega \, |U_k(\omega)|^2 \mathrm{d}\omega}{\displaystyle\int_0^{+\infty} \omega \, |X(\omega)|^2 \mathrm{d}\omega}, & k = 1, 2, \cdots, K
\end{cases}
\qquad (3-16)
$$

式中:$X(\omega)$ 为 $x(t)$ 的频谱函数;$M_{\max}$ 为所有振动信号样本中 M_0 的最大值。

相对频谱能量矩特征不仅能反映振动信号自身及其 IMF 分量的频率信息，也能反映它们的能量信息，因此，相对频谱能量矩是一个用于刻画信号能量和频率的综合特征，它可以全面、准确地描述旋转机械振动信号的频带能量特性。

3.3.2 相对频谱能量矩特征提取结果及性能分析

1. 滚动轴承信号

在 OVMD($K=5$)的基础上，根据式(3-16)提取滚动轴承 4 种不同状态下振动信号的相对频谱能量矩特征。部分样本特征提取结果如表 3-2 所列，其中每种轴承状态包含两个样本。观察表 3-2 可以发现，相同状态下信号的相对频谱能量矩比较接近，表现出明显的类内聚合性；不同状态下信号的相对频谱能量矩存在较大的差异，表现出较好的类间分散性。由此可知，基于 OVMD 的相对频谱能量矩能有效描述滚动轴承的不同状态。

表 3-2　滚动轴承振动信号的相对频谱能量矩

状　态	m_0	m_1	m_2	m_3	m_4	m_5
正常	0.0029	0.0481	0.2157	0.0539	0.5264	0.0026
	0.0029	0.0371	0.2637	0.0496	0.5104	0.0028
外圈故障	0.9891	0.0054	0.0056	0.0732	0.3137	0.3328
	0.9942	0.0051	0.0056	0.0867	0.3329	0.3053
内圈故障	0.3900	0.0054	0.0052	0.1335	0.4054	0.1817
	0.3899	0.0059	0.0048	0.1243	0.4205	0.1805
滚动体故障	0.0254	0.0302	0.0941	0.0705	0.5733	0.0183
	0.0264	0.0293	0.0906	0.0592	0.5822	0.0182

为了分析相对频谱能量矩参数的敏感性，从试验采集的 4 种不同状态滚动轴承振动信号样本中各选择 10 个样本，共 40 个样本进行研究。40 个样本的相对频谱能量矩如图 3-11 所示，图中样本 1~10 号为正常样本、11~20 号为外圈故障样本、21~30 号为内圈故障样本和 31~40 号为滚动体故障样本。

由图 3-11 可知，随着滚动轴承故障状态的变化，振动信号自身和 IMF5 分量的相对频谱能量矩的变化相似，均呈现先增大后减小的趋势，正常状态与滚动体故障状态表现出一定的相似性，数值较小且难以准确区分，但两者与滚动轴承外圈、内圈故障状态存在较大差别，可以有效辨别；IMF1 和 IMF2 分量的相对频谱能量矩的变化类似，均呈现先减小后增大的趋势，外圈和内圈故障状态的特征参数取值几乎为 0，难以准确区分，但两者与滚动轴承正

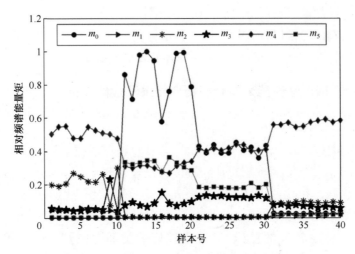

图 3-11　滚动轴承相对频谱能量矩敏感性分析

常、滚动体故障状态存在较大差别,可以有效区分;IMF3 和 IMF4 分量的相对频谱能量矩的波动性较大、差异性相对较小,因此对滚动轴承状态的变化不太敏感。综上可知,m_0、m_1、m_2、m_3、m_4 和 m_5 具有不同的敏感性,其中 m_0、m_1、m_2 和 m_5 的敏感性和可区分性较好。

2. 柴油机滑动轴承信号

在 OVMD($K=3$)的基础上,根据式(3-16)提取 4 种不同状态柴油机滑动轴承振动信号的相对频谱能量矩特征。部分样本的特征提取结果如表 3-3 所列,其中每种状态滑动轴承振动信号包含两个样本。观察表 3-3 可以发现,相同摩擦故障状态信号的相对频谱能量矩比较接近,表现出一定的类内相似性;不同状态信号的相对频谱能量矩存在较大的差异,表现出明显的类间分散性。由此可知,基于 OVMD 的相对频谱能量矩能有效描述柴油机滑动轴承的不同状态。

表 3-3　滑动轴承振动信号的相对频谱能量矩

状　态	m_0	m_1	m_2	m_3
正常润滑	0.6340	0.6933	0.1232	0.0662
	0.6205	0.7258	0.1241	0.0634
轻微摩擦	0.8579	0.3929	0.2031	0.0974
	0.8723	0.4249	0.1890	0.0950
中度摩擦	0.7626	0.0957	0.5044	0.1438
	0.7789	0.1123	0.4775	0.1537

（续）

状 态	m_0	m_1	m_2	m_3
严重摩擦	0.5317	0.0684	0.4565	0.1460
	0.5441	0.0724	0.4471	0.1593

　　对试验采集的 30 个柴油机滑动轴承振动信号样本的特征提取结果进一步研究,分析相对频谱能量矩参数的敏感性。图 3-12 给出了 30 个样本的相对频谱能量矩提取结果,其中 1~6 号为正常润滑状态样本,7~14 号为轻微摩擦故障状态样本,15~22 号为中度摩擦故障状态样本,23~30 号为严重摩擦故障状态样本。

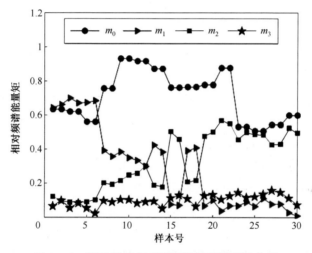

图 3-12　滑动轴承相对频谱能量矩敏感性分析

　　由图 3-12 可知,随着摩擦故障程度的加重,振动信号自身的相对频谱能量矩 m_0 呈现出先增大后减小的趋势,正常润滑状态与严重摩擦故障状态、轻微摩擦故障状态与中度摩擦故障状态均表现出一定的相似性,难以准确区分,但前两者与后两者表现出较大差别,可以有效辨别;IMF1 分量的相对频谱能量矩 m_1 呈现整体减小的趋势,IMF2 分量的相对频谱能量矩 m_2 呈现整体增大的趋势,两者对滑动轴承状态的变化都比较敏感;m_1 和 m_2 在滑动轴承处于中度摩擦故障状态时表现出强烈的波动性,与滑动轴承在该状态下轴与轴瓦接触不稳定、处于断断续续摩擦相关;IMF3 分量的相对频谱能量矩 m_3 的波动性较小,对滑动轴承状态的变化不太敏感。综上可知,m_0、m_1、m_2 和 m_3 具有不同的敏感性和可区分性,其中前 3 个特征的敏感性和可区分性较好。

3.3.3 振动信号分类效果

1. 滚动轴承信号

为了测试所提取特征参数在滚动轴承振动信号分类中的效果,采用 Matlab 模式识别工具箱中的 K 近邻分类器($K=1$)对试验采集的 80 个滚动轴承振动信号样本进行分类,样本情况及分类结果如表 3-4 所列。同时提取原始信号及 OVMD 后的 5 个 IMF 分量的相对能量特征构造对比试验。

由表 3-4 可知,基于 OVMD 的相对频谱能量矩特征获得的平均分类精度为 96.25%,比相对能量特征对应的 88.75% 提高了 7.5%。利用相对频谱能量矩特征能准确辨别外圈故障和滚动体故障两种状态的振动信号,而利用相对能量特征只能准确识别外圈故障信号。分类结果表明,仅利用相对能量特征不能很有效地识别滚动轴承不同状态的振动信号,而基于 OVMD 提取的相对频谱能量矩特征由于同时蕴含了信号的频率信息和能量信息,能够更准确地对滚动轴承振动信号进行分类识别。

表 3-4 滚动轴承振动信号分类结果

特征参数	相对频谱能量矩				相对能量			
	正常	外圈故障	内圈故障	滚动体故障	正常	外圈故障	内圈故障	滚动体故障
样本个数/个	20	20	20	20	20	20	20	20
正确分类个数/个	18	20	19	20	16	20	17	18
分类精度	90%	100%	95%	100%	80%	100%	85%	90%
平均分类精度	96.25%				88.75%			

2. 柴油机滑动轴承信号

根据 3.3.2 节中相对频谱能量矩特征提取及性能分析结果,选择 m_0、m_1 和 m_2 这 3 个特征参数应用于滑动轴承振动信号分类。同时提取原始信号及 OVMD 后的 IMF1、IMF2 分量的相对能量特征构造对比试验。

图 3-13 给出了基于 OVMD 的相对频谱能量矩特征和基于 EMD 的相对能量特征(同样用 m_0、m_1 和 m_2 表示)的三维分布情况。对比图 3-13(a)和图 3-13(b)可知,与相对能量特征相比,基于 OVMD 的相对频谱能量矩特征具有更好的类内聚合性和类间分散性。

采用 K 近邻分类器($K=1$)对试验采集的 30 个样本进行分类识别,分类结果如表 3-5 所列。由表 3-5 可知,基于 OVMD 的相对频谱能量矩特征获得的平均识别精度为 93.3%,比相对能量特征对应的 73.3% 提高了 20%。利用

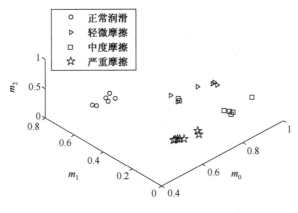

（a）相对频谱能量矩

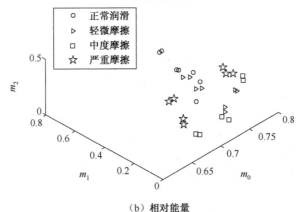

（b）相对能量

图 3-13　滑动轴承振动信号特征参数分布

相对频谱能量矩特征能准确识别正常润滑、轻微摩擦和严重摩擦 3 种状态的振动信号,而利用相对能量特征仅能准确识别正常润滑状态信号。分类结果表明,基于 OVMD 提取的相对频谱能量矩特征由于同时蕴含了信号的频率信息和能量信息,能够比相对能量特征更加准确地对滑动轴承振动信号进行分类。

表 3-5　滑动轴承振动信号分类结果

特征参数	相对频谱能量矩				相对能量			
	正常润滑	轻微摩擦	中度摩擦	严重摩擦	正常润滑	轻微摩擦	中度摩擦	严重摩擦
样本个数/个	6	8	8	8	6	8	8	8
正确分类个数/个	6	8	6	8	6	7	4	5
分类精度	100%	100%	75%	100%	100%	87.5%	50%	62.5%
平均分类精度	93.3%				73.3%			

3.4 基于 OVMD 的振动信号 Volterra 模型特征提取

旋转机械振动信号本质是与设备健康状态相关的时间序列。时间序列的参数化建模可以根据系统动态数据建立能较准确反映数据所蕴含动态关系的数学模型,从而揭示系统结构和规律。若采用 OVMD 对非平稳旋转机械振动信号进行分解得到 K 个平稳的本征模式函数分量,则每个 IMF 分量代表着振动信号不同频率成分,信号的时间序列特征完全可以由 K 个 IMF 分量来描述。

Volterra 预测模型就像一个信息凝聚器,采用该模型对各 IMF 分量进行非线性建模,可将 IMF 分量蕴含的时间序列信息都凝聚于模型参数向量中。因此,提出一种基于 OVMD 的振动信号 Volterra 模型特征提取方法,对 OVMD 后各 IMF 分量建立 Volterra 预测模型,并择优选取部分 Volterra 模型参数用于描述振动信号时间序列特征。

3.4.1 基于相空间重构的 Volterra 预测模型

1. 相空间重构

相空间重构是建立 Volterra 预测模型的基础。对于一个单输入单输出的非线性离散系统,假设系统的输入为时间序列 $x(1),x(2),\cdots,x(n)$,可以采用 Takens 等提出的延迟坐标法对系统进行相空间重构。该重构相空间中的点可描述为

$$X(n) = \left[x(n),x(n-\tau),\cdots,x(n-(m-1)\tau) \right] \tag{3-17}$$

式中:m 和 τ 分别为系统嵌入维数和时间延迟。

Takens 定理表明,若系统嵌入维数 $m \geq 2d+1$,d 为系统的动力学维数,则相空间重构的系统与原系统在拓扑意义上等价,两个相空间中的混沌吸引子具有微分同胚的性质。因此,利用相空间重构理论可以根据非线性系统的当前状态预测下一时刻的状态,这为时间序列预测提供了理论基础。

系统嵌入维数和时间延迟参数的估计是相空间重构的关键。目前,可同时估计这两个参数的方法有 C-C 方法和时间窗口法等。C-C 方法具有计算简单、估计准确和抗噪性能好等优点,因此对旋转机械振动信号进行相空间重构时,采用 C-C 方法估计系统的嵌入维数 m 和时间延迟参数 τ,具体步骤如下。

(1) 计算时间序列 $\{x(i)\}$ $(i=1,2,\cdots,N)$ 的标准差 σ。

(2) 将时间序列 $\{x(i)\}$ 划分成 t 个不交叉的子序列,子序列的长度均为 $[N/t]$,$[\ ]$ 表示取整。

（3）计算各子序列的统计量 $S(k, r_j, t)$ 和差量 $\Delta S(k, t)$, $r_j = j\sigma/2$,其他符号含义及具体计算过程见相关参考文献。

（4）根据式（3-18）计算所有子序列统计量 $S(k, r_j, t)$ 和差量 $S(k, r_j, t)$ 的均值 $\bar{S}(t)$ 和 $\Delta\bar{S}(t)$,以及 $S_{\text{cor}}(t)$ 为

$$
\begin{cases}
\bar{S}(t) = \dfrac{1}{16}\sum_{j=2}^{4}\sum_{m=2}^{5} S(k, r_j, t) \\[2mm]
\Delta\bar{S}(t) = \dfrac{1}{4}\sum_{m=2}^{5} \Delta S(k, t) \\[2mm]
S_{\text{cor}}(t) = \Delta\bar{S}(t) + |\bar{S}(t)|
\end{cases}
\tag{3-18}
$$

（5）搜索 $\Delta\bar{S}(t)$ 关于 t 的第一个极小值点 τ_d ,以及 $S_{\text{cor}}(t)$ 的最小值点 τ_w 。τ_d 即为时间延迟 τ ,由 $m = 1 + \tau_w/\tau_d$ 可求得嵌入维数 m 。

2. 时间序列的 Volterra 预测模型

时间序列预测本质上是一个动力系统的逆问题,即根据动力系统的状态构建系统的动力学模型 F ,有

$$
y(n) = x(n + T) = F(X(n))
\tag{3-19}
$$

式中: T 为向前预测步长, $T > 0$ 。

Volterra 模型是一种非线性预测模型,能够很好地逼近模型 F ,广泛应用于工程中的非线性系统建模。若非线性系统的输入为 $X(n)$,输出为 $y(n)$,则该系统的 Volterra 级数展开式为

$$
\begin{cases}
y(n) = h_0 + \sum_{k=1}^{p} y_k(n) \\[2mm]
y_k(n) = \sum_{i_1, i_2, \cdots, i_k = 0}^{M-1} h_k(i_1, i_2, \cdots, i_k) \prod_{j=1}^{k} x(n - i_j\tau)
\end{cases}
\tag{3-20}
$$

式中: $h_k(i_1, i_2, \cdots, i_k)$ 为 k 阶 Volterra 核; p 为级数的阶数; M 为记忆长度。

Volterra 级数属于无穷级数,实际应用比较困难。T. W. S. Chow 等指出工程上大部分非线性系统都可用二阶的 Volterra 级数来描述,因此选择二阶的 Volterra 级数构建时间序列预测模型,即

$$
y(n) = h_0 + \sum_{i_1=0}^{M-1} h_1(i_1) x(n - i_1\tau) + \sum_{i_1, i_2 = 0}^{M-1} h_2(i_1, i_2) x(n - i_1\tau) x(n - i_2\tau)
\tag{3-21}
$$

令 $W(n) = [h_0, h_1(0), h_1(1), \cdots, h_1(M-1), h_2(0,0), h_2(0,1), \cdots,$

$h_2(M-1, M-1)]^T$, $\pmb{Z}(n) = [1, x(n), x(n-\tau), \cdots, x(n-(M-1)\tau),$
$x^2(n), x(n)x(n-\tau), \cdots, x^2(n-(M-1)\tau)]^T$,则式(3-21)可以改写为

$$y(n) = \pmb{Z}^T(n)\pmb{W}(n) \tag{3-22}$$

利用归一化最小均方自适应算法对式(3-22)进行求解,即获得时间序列的 Volterra 预测模型,实现对模型 F 的非线性逼近。模型参数向量 $\pmb{W}(n)$ 蕴含着系统状态的重要信息,是信号分类和系统故障诊断的重要依据。

3.4.2　基于 OVMD 的 Volterra 模型特征提取方法

基于 OVMD 的 Volterra 模型特征提取方法如下。

(1)利用最大相关最小冗余准则自动选取 OVMD 中的参数 K。

(2)对每个轴承振动信号 $x(t)$ 进行 OVMD 自适应分解,得到 K 个 IMF 分量 $\widetilde{u}_k(t)$。

(3)采用 C-C 方法估计各 IMF 分量 $\widetilde{u}_k(t)$ 的嵌入维数 m 和时间延迟参数 τ,并对 $u_k(t)$ 进行相空间重构。

(4)选取记忆长度 $M = m$,在重构相空间中对 $u_k(t)$ 建立二阶 Volterra 自适应预测模型。

(5)依据式(3-23)所示的类内-类间距准则对模型参数进行优选,J_b 越大表明对应模型参数的区分性能越好,从而得到描述旋转机械振动信号的 Volterra 模型特征参数:

$$J_b = \frac{(S_b - S_w)}{\sqrt{S_w^2 + (S_b - S_w)^2}} \tag{3-23}$$

式中:S_b 和 S_w 分别为样本的类内散度和类间散度。

3.4.3　Volterra 模型特征提取结果及性能分析

1. 滚动轴承信号

在提取 Volterra 模型特征过程中,对滚动轴承振动信号的 IMF 分量选取统一的相空间重构参数,即 $m = 3$,$\tau = 3$。同时,选择记忆长度 $M = m = 3$,对所有滚动轴承振动信号的 IMF 分量在重构的相空间中建立二阶 Volterra 自适应预测模型。由于二阶 Volterra 自适应预测模型的参数向量 $\pmb{W}(n)$ 有 10 个元素,且 OVMD 的分量个数参数 $K = 5$,所以每个轴承振动信号会产生 $10 \times 5 = 50$ 个模型参数。为引入对比,对各滚动轴承振动信号 EMD 的分解结果的前 5 个 IMF 分量也建立二阶 Volterra 自适应预测模型。

图 3-14 所示为根据 40 个信号样本计算得到的类内-类间距准则函数 J_b 由大到小随模型参数的变化情况。对比 OVMD 与 EMD 对应的两条曲线可知,除前 7 个和后 9 个模型参数的区分性能相当以外,OVMD 的中间 34 个模型参数的区分性能优于 EMD。此外,OVMD 对应的曲线中 J_b 大于 0.99 的有 11 个参数,而 EMD 仅有 4 个。由此说明,不同模型特征参数具有不同的区分能力,采用 OVMD 得到的模型特征参数的区分性能明显优于采用 EMD 得到的模型特征参数。

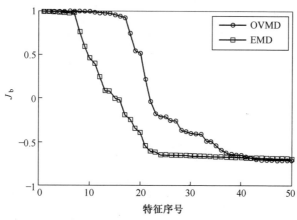

图 3-14　模型特征参数性能比较

取 $J_b>0.99$,对经 OVMD 得到 Volterra 模型特征参数进行优选,最终从每个振动信号中提取出 11 个 Volterra 模型特征参数。部分特征提取结果如表 3-6 所列,其中每种滚动轴承状态包含两个样本,模型参数符号上标代表 IMF 分量序号。观察表 3-6 可知,所提取特征参数具有较好的类内聚合性和类间分散性,为滚动轴承信号准确分类奠定了良好基础。

表 3-6　结合 OVMD 的 Volterra 模型特征

模型参数	$h_1^5(1)$	$h_1^3(1)$	$h_1^5(0)$	$h_1^4(0)$	$h_1^4(2)$	$h_1^5(2)$	$h_1^1(1)$	$h_1^2(0)$	$h_1^2(2)$	$h_1^2(0)$	$h_1^3(2)$
正常	-0.7869	3.3512	-2.4403	-0.0121	-0.6919	1.0623	0.2144	-0.4888	0.2548	0.1334	1.4935
	-0.7863	3.1072	-2.7276	-0.0169	-0.6949	1.0567	0.2168	-0.4873	0.2625	-0.0806	1.4952
外圈故障	-1.4955	-0.8800	-0.0979	-0.2016	-0.5738	0.4152	0.0281	-0.6985	0.1103	-0.4153	1.3393
	-1.4913	-0.8755	-0.1047	-0.2124	-0.5737	0.4213	0.0241	-0.6995	0.1105	-0.4288	1.3430
内圈故障	-0.5933	0.3424	0.0072	-0.0755	-0.5847	0.2579	0.0279	-0.7848	0.0451	-0.1122	1.3562
	-0.5954	0.3466	0.0114	-0.0647	-0.5871	0.2346	0.0203	-0.8080	0.0525	-0.0439	1.3590
滚动体故障	-1.0167	-0.7608	-0.1015	-0.0521	-0.5309	0.5421	0.2311	-0.5291	0.0642	0.0323	1.2805
	-1.0242	-0.7234	-0.0845	-0.0562	-0.5311	0.5382	0.2379	-0.5267	0.0480	0.0895	1.2657

2. 柴油机滑动轴承信号

对柴油机滑动轴承振动信号进行 Volterra 模型特征提取时,各信号的 IMF 分量选取统一的相空间重构参数,即 $m = 3, \tau = 18$。同时,选择记忆长度 $M = m = 3$,对所有滑动轴承振动信号的 IMF 分量在重构的相空间中建立二阶 Volterra 自适应预测模型。由于二阶 Volterra 自适应预测模型的参数向量 $W(n)$ 有 10 个元素,且 OVMD 的分量个数参数 $K=3$,所以每个滑动轴承振动信号会得到 $10 \times 3 = 30$ 个模型参数。为引入对比,对各柴油机滑动轴承振动信号 EMD 的分解结果的前 3 个 IMF 分量也建立二阶 Volterra 自适应预测模型。

图 3-15 是根据 30 个滑动轴承信号样本计算得到的类内-类间距准则函数 J_b 由大到小随模型参数的变化情况。对比图 3-15 中两条曲线可知,虽然 EMD 的中间 15 个模型参数的区分性能稍微好于 OVMD,但是 OVMD 的前 11 个及后 4 个模型参数的区分性能明显优于 EMD;同时,OVMD 对应的曲线中 $J_b>0$ 的有 6 个参数,而 EMD 仅有 3 个。因此,从整体而言,不同模型特征参数的区分性能不同,利用 OVMD 得到的模型特征参数优于利用 EMD 得到的模型特征参数。

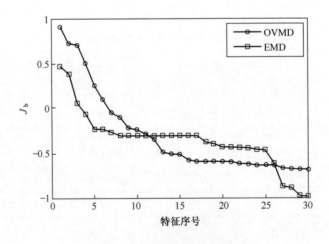

图 3-15　模型特征参数性能比较

取 $J_b>0$,对经 OVMD 得到 Volterra 模型特征参数进行选择,最终提取出 Volterra 模型特征参数如表 3-7 所列,其中每种滑动轴承状态包含两个样本,模型参数符号上标同样代表 IMF 分量序号。观察表 3-7 可知,每个滑动轴承信号提取出了 6 个模型特征,各参数均表现出较好的类内聚合性和类间分散性,为柴油机滑动轴承信号准确分类奠定了基础。

表 3-7　结合 OVMD 的 Volterra 模型特征

模型参数	h_0^2 /($\times10^{-4}$)	$h_2^3(1,1)$ /($\times10^{-4}$)	$h_1^2(1)$ /($\times10^{-4}$)	$h_1^2(2)$ /($\times10^{-4}$)	$h_2^3(0,2)$ /($\times10^{-4}$)	$h_2^2(1,1)$ /($\times10^{-4}$)
正常润滑	8.8488	−1.4162	2.1029	−1.4705	0.5825	3.7612
	8.8418	−1.4111	2.1052	−1.4713	0.5804	3.7496
轻微摩擦	24.915	0.8660	20.733	−10.401	0.3254	−8.0537
	24.860	0.8666	20.711	−10.434	0.3249	−8.0529
中度摩擦	8.6848	0.1299	1.7734	−1.2179	−0.0567	0.5268
	8.6541	0.1230	1.7695	−1.2205	−0.5676	0.5245
重度摩擦	37.556	2.5366	30.666	−15.335	−1.1888	−4.0991
	37.451	2.5391	30.567	−15.308	−1.1906	−4.1044

3.4.4　振动信号分类效果

1. 滚动轴承信号

为测试所提取特征参数在滚动轴承振动信号分类中的效果,从 4 种状态的滚动轴承信号中分别随机选取 40 个样本进行试验,其中 20 个样本构造训练集,剩余 20 个样本构造测试集,并采用 Matlab 模式识别工具箱中 K 近邻分类器($K=1$)、朴素贝叶斯分类器(Naïve Bayes classifier,NBC)和支持向量机(SVM)分别对滚动轴承振动信号进行分类识别,其中 SVM 核函数选择高斯核函数,核参数和惩罚因子通过网格搜索的方法进行选择。同时,选取基于 EMD 的 Volterra 模型参数中 $J_b > 0.9$ 的特征参数构造对比试验。为了降低试验结果的随机性,试验重复 5 次,每次参与试验的样本均重新随机选取。

表 3-8 给出了 5 次试验的平均分类结果。由表 3-8 可以看出,基于 OVMD 提取的模型参数的平均分类精度达到 96.50%,比基于 EMD 提取的模型参数的分类精度高 6.83%;就相同分类器而言,基于 OVMD 提取的模型参数的分类效果均好于基于 EMD 提取的模型参数。分类结果表明,与 EMD 相比,OVMD 更加适用于提取滚动轴承振动信号的 Volterra 模型特征。

表 3-8　滚动轴承振动信号分类结果　　　　　　　　(%)

分类器	K-NNC	NBC	SVM	平均分类精度
OVMD+Volterra	96.00	96.25	97.25	96.50
EMD+Volterra	92.50	83.50	93.00	89.67

2. 柴油机滑动轴承信号

以基于 OVMD 的 Volterra 模型特征为输入,采用 K 近邻分类器($K=1$)、朴素贝叶斯分类器(NBC)和支持向量机(SVM)分别对试验采集的 30 个柴油机滑动轴承振动信号进行分类识别。同时,选取基于 EMD 的 Volterra 模型参数中 $J_b>0$ 的特征参数构造对比试验。由于滑动轴承振动信号只有 30 个,样本规模较小,分类试验时采取"留一法"策略构造训练集和测试集,即从 4 种状态的滑动轴承信号中各随机选择一个样本构造测试集,剩余样本构造训练集。为了降低试验结果的随机性,试验重复 50 次,每次参与试验的样本均重新随机选取。

表 3-9 给出了 50 次试验的平均分类结果。由表 3-9 可以看出,基于 OVMD 提取的模型参数的平均分类精度达到 92.83%,比基于 EMD 提取的模型参数的分类精度高 10.5%;就相同分类器而言,基于 OVMD 提取的模型参数的分类效果也都好于基于 EMD 提取的模型参数。分类结果表明,OVMD 比 EMD 更加适用于提取柴油机滑动轴承振动信号的 Volterra 模型特征。

表 3-9　滑动轴承振动信号分类结果　　　　　　(%)

分类器	K-NNC	NBC	SVM	平均分类精度
OVMD+Volterra	90.5	93.0	95.0	92.83
EMD+Volterra	72.5	80.0	94.5	82.33

3.5　基于 OVMD 的振动信号双标度分形维数估计

分形维数是分形理论的重要参数之一,可以有效描述信号的非线性、自相似性和复杂性,在旋转机械振动信号分析中广泛应用。目前,常用的分形维数估计方法主要为盒计数(box counting,BC)法、去趋势波动分析(detrended fluctuation analysis,DFA)法和形态学覆盖(morphological covering,MC)法等 3 种。这些方法或多或少都存在一些不足。例如,BC 方法在大尺度上存在过计数和在小尺度上存在欠计数的问题,导致估计的分形维数总是偏小;DFA 方法估计分形维数时,受残差序列趋势去除方法影响较大。

因此,为了更准确地估计信号的分形维数,本节提出一种基于 OVMD 的信号分形维数估计方法,并以滚动轴承信号为例对旋转机械振动信号的分形特性进行研究。在此基础上,针对振动信号表现出的双标度分形特性,研究了振动信号双标度分形维数估计方法。

3.5.1 基于 OVMD 的信号分形维数估计方法

1. 基本原理

众所周知,如果把正方体的边长 L 增大为原来的 k 倍,那么它的二维测度表面积 S 和三维测度体积会分别增大到原来的 k^2 倍和 k^3 倍,即正方体的边长 L、表面积 S 和体积 V 存在以下关系,即

$$L \propto S^{1/2} \propto V^{1/3} \tag{3-24}$$

显然,上述关系可以推广到一般情况,即如果 Y 是一个具有 D 维测度的变量,则 Y 应该满足式(3-25)。根据式(3-25)的测度关系,可以估计分形体的分形维数。

$$L \propto S^{1/2} \propto V^{1/3} \propto Y^{1/D} \tag{3-25}$$

OVMD 产生的 IMF 分量本质上是一种多变量时间序列,每个旋转机械振动信号通过 OVMD 均可得到一个多变量时间序列。在多维测度空间中,某一时间段内多变量时间序列所占据的空间可以利用所谓的多维超体体积进行度量。

分形理论主要用于描述非线性系统或自然界中具有结构自相似的不规则和不光滑的分形几何体。对于时间序列信号而言,这种自相似性主要体现在信号的时域波形中。由式(3-25)可知,若以时间尺度作为测量尺度,则时间尺度 ε 和多维超体的体积 V 应该存在以下幂律关系,即

$$\varepsilon \propto V^{1/D} \tag{3-26}$$

式中:D 为多维测度空间维数。由于旋转机械振动信号具有明显的分形特性,上述幂律关系中的 D 即为振动信号的分形维数。

2. 多维超体体积计算

设振动信号的长度为 N,利用时间尺度 ε 将振动信号的各正交 IMF 分量 $\widetilde{u}_k = \{\widetilde{u}_k(0), \widetilde{u}_k(1), \cdots, \widetilde{u}_k(N-1)\}$ 划分成 p 个区间,其中 $p = [(N-1)/\varepsilon]$,符号 $[\ ]$ 表示取整。对于任意区间,将 $\widetilde{u}_k$ 的最大值与最小值之差定义为多维超体在该区间的边长,即多维超体在第 k 维空间中的边长可描述为

$$L_k(q) = \max_{(q-1)\varepsilon \leqslant t \leqslant q\varepsilon} \{\widetilde{u}_k(t)\} - \min_{(q-1)\varepsilon \leqslant t \leqslant q\varepsilon} \{\widetilde{u}_k(t)\} \tag{3-27}$$

式中:$L_k(q)$ 为多维超体在第 q 个区间的第 k 维空间中的边长,$q = 1, 2, \cdots, p$。

在此基础上,多维超体的体积计算式为

$$V(\varepsilon) = \frac{1}{\varepsilon^K} \sum_{q=1}^{p} \prod_{k=1}^{K} L_k(q) = \frac{1}{\varepsilon^K} \sum_{q=1}^{p} \prod_{k=1}^{K} \left(\max_{(q-1)\varepsilon \leqslant t \leqslant q\varepsilon} \{\widetilde{u}_k(t)\} - \min_{(q-1)\varepsilon \leqslant t \leqslant q\varepsilon} \{\widetilde{u}_k(t)\} \right)$$

$$\tag{3-28}$$

式中：$V(\varepsilon)$ 为时间尺度 ε 下多维超体的体积。通过改变时间尺度 ε 的大小，最终可以得到一个多维超体体积序列。

3. 分形维数估计

根据式(3-26)，振动信号的分形维数 D 可定义为

$$D = \lim_{\varepsilon \to 0} \frac{\ln V(\varepsilon)}{\ln \varepsilon} \tag{3-29}$$

式(3-29)为数学中的极限问题，工程实际中很难求解。为此，引入最小二乘法(least square method, LSM)将上述极限问题转化为线性拟合问题进行处理，从而求取分形维数 D 的近似值。首先对 ε 和 $V(\varepsilon)$ 进行对数变换，并绘制双对数曲线($\ln \varepsilon$, $\ln V(\varepsilon)$)，然后采用 LSM 对双对数曲线($\ln \varepsilon$, $\ln V(\varepsilon)$)进行一阶线性拟合。拟合直线的斜率即为分形维数 D 的近似估计 $\hat{D}$，即

$$\hat{D} = \frac{n \sum_{i=1}^{n} \ln \varepsilon_i \ln V(\varepsilon_i) - \sum_{i=1}^{n} \ln \varepsilon_i \sum_{i=1}^{n} \ln V(\varepsilon_i)}{n \sum_{i=1}^{n} (\ln \varepsilon_i)^2 - \sum_{i=1}^{n} [\ln V(\varepsilon_i)]^2} \tag{3-30}$$

式中：$[\varepsilon_1, \varepsilon_2, \cdots, \varepsilon_i]$ 为时间尺度序列，$i = 1, 2, \cdots, n$。

4. 仿真信号分析

为了评估所提分形维数估计方法的性能，选取分数布朗运动(fractional Brownian motion, FBM)信号作为标准分形信号进行研究。同时引入盒计数(BC)法和去趋势波动分析(DFA)法两种方法作为对比。

FBM 信号本质上是一个具有平稳增量的自相似性和零均值高斯随机过程。如果两个 FBM 信号相互独立，则它们具有以下特性，即

$$E(b_H(t) b_H(s)) = \sigma^2 (|t|^{2H} + |s|^{2H} - |t-s|^{2H}) \tag{3-31}$$

式中：E 为数学期望；$b_H(t)$ 和 $b_H(s)$ 分别为两个相互独立的 FBM 信号；t 和 s 均为时间变量；σ^2 为 $b_H(t)$ 和 $b_H(s)$ 的方差；H 为 Hurst 指数，$0 < H < 1$；$b_H(t)$ 的分形维数完全由 Hurst 指数决定，其理论分形维数 $D = 2 - H$。

试验中利用 Matlab 分形工具箱中 fbmlevinson.m 函数生成 FBM 信号，信号的采样频率和采样时间分别为 4096 Hz 和 0.5s。图 3-16 所示为函数生成的 5 个具有不同分形维数的 FBM 信号。观察图 3-16 可知，随着分形维数的增加，FBM 信号的波形变得越来越复杂。

表 3-10 给出了采用 3 种方法对 FBM 信号分形维数进行估计的结果，包括估计值和相对误差。由于 FBM 信号的随机性，试验中每个给定的 Hurst 指数均生成了 5 个 FBM 信号。表 3-10 中相应的数据为 5 个 FBM 信号的平均结果。

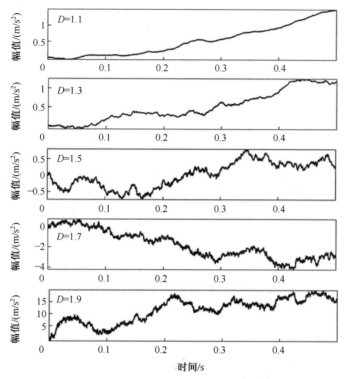

图 3-16　具有不同分形维数的 FBM 信号

表 3-10　FBM 信号分形维数估计结果

理论值 D	BC		DFA		OVMD	
	估计值	相对误差/%	估计值	相对误差/%	估计值	相对误差/%
1.1	1.0799	1.82	1.2367	12.43	1.1152	1.38
1.2	1.1027	8.11	1.1811	1.58	1.1954	0.38
1.3	1.1981	7.84	1.3114	0.87	1.3189	1.45
1.4	1.2608	9.94	1.4474	3.38	1.3202	5.70
1.5	1.3385	10.77	1.7220	14.80	1.3793	8.05
1.6	1.4129	11.69	1.6539	3.37	1.4746	7.83
1.7	1.4112	16.99	1.5895	6.50	1.5975	6.03
1.8	1.4075	21.80	1.6654	7.48	1.6980	5.66
1.9	1.4121	25.68	1.5353	19.19	1.7878	5.91
平均误差/%	12.74		7.73		4.71	

由表 3-10 可以看出;就平均相对误差和最大相对误差而言,OVMD 的估

计结果最好,平均相对误差为 4.71%,小于 BC 法的 12.74% 和 DFA 的 7.73%,同时最大相对误差仅为 8.05%。由于 BC 法在大尺度上存在过计数和在小尺度上存在欠计数的问题,对于所有 FBM 信号,BC 法估计的分形维数总是偏小,并且随着 FBM 信号波形复杂度的增加,分形维数的相对误差也增加,最大误差达到 25.68%。DFA 法估计的结果比 BC 法估计的结果稍好,但是由于 DFA 法估计分形维数时受残差序列趋势去除方法影响较大,而目前没有成熟的理论合理选取残差序列趋势去除方法,它的相对误差在 0.87% ~ 19.19% 之间,平均相对误差 7.73% 仍然很大。仿真试验结果表明,基于 OVMD 法的分形维数估计方法整体上优于 BC 法和 DFA 法。

3.5.2　振动信号的双标度分形维数估计

1. 振动信号的双标度分形特性

下面以滚动轴承振动信号为例,研究旋转机械振动信号的双标度分形特性。

由 3.5.1 节可知,采用 OVMD 理论估计分形维数时,每个振动信号都会得到一条双对数曲线。图 3-17 展示了 4 种不同状态滚动轴承振动信号的双对数曲线及其拟合结果,其中黑色实心圆点为 $(\ln\varepsilon, \ln V(\varepsilon))$ 散点图,星形点组成的直线表示在所有尺度上采用 LSM 拟合的结果。观察图 3-17 可以发现,点 $(\ln\varepsilon, \ln V(\varepsilon))$ 在二维空间并不呈现线性分布,在所有尺度上进行直线拟合的误差非常大,所估分形维数不能准确描述振动信号的分形特征;随着时间尺度逐渐增大,双对数曲线斜率会出现一个突变点(BC 法和 DFA 法不存在类似突变点),突变点两边均表现出近似的线性关系,表明振动信号具有明显的双标度分形特性。

为了较好地对旋转机械振动信号进行描述和分类,在采用 OVMD 法研究振动信号分形特性的基础上,提出双标度分形维数的概念,并用于描述振动信号的分形特性。由图 3-17 可以看出,双对数曲线中的突变点将时间尺度划分为小尺度和大尺度两部分,定义小尺度和大尺度上分形维数为双标度分形维数。需要注意的是,由于双标度分形维数在物理意义上与分形维数存在本质区别,振动信号双标度分形维数的取值不一定满足"大于等于几何维数 1 且小于等于拓扑维数 2"的限制条件。

图 3-17 同时给出了小尺度和大尺度双对数曲线的线性拟合结果,其中绿色直线代表小尺度拟合结果,蓝色直线代表大尺度拟合结果。与在所有尺度上的拟合结果相比,小尺度和大尺度拟合结果能够较好地拟合振动信号的双对数曲线。采用两个双标度分形维数可以比分形维数更准确地描述振动

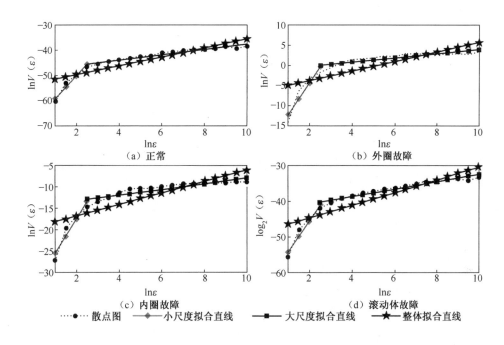

图 3-17　$(\ln\varepsilon,\ln V(\varepsilon))$ 双对数曲线及其线性拟合结果

信号的分形特性。

2. 双标度分界点的选取方法

如何选择小尺度和大尺度的分界点是估计双标度分形维数的关键。为了实现自动选取标度分界点,提出了一种分界点自适应选取方法,具体过程如下。

(1) 对于时间尺度序列 $[\varepsilon_1,\varepsilon_2,\cdots,\varepsilon_n]$,利用 ε_i 初步将时间尺度划分为小尺度和大尺度两部分, $i = 2,3,\cdots,n-1$。

(2) 采用最小二乘法分别对小尺度和大尺度双对数曲线进行线性拟合,拟合直线分别记为 l_S 和 l_L。

(3) 计算整体拟合误差 $e(i) = e_S(i) + e_L(i)$,其中 $e_S(i)$ 和 $e_L(i)$ 分别为小尺度和大尺度的拟合误差。

(4) 搜索 $e(i)$ 的最小值 $e_{\min}$,选择该最小值对应的时间尺度为最终分界点。

上述分界点对应拟合直线 l_S 和 l_L 的斜率,即为振动信号的双标度分形维数。

3.5.3 双标度分形维数提取结果及性能分析

1. 滚动轴承信号

从 4 种状态的滚动轴承振动信号中各选取 40 个样本,共 160 个样本进行研究。图 3-18 首先给出了采用所提 OVMD 法、BC 法和 DFA 法提取的分形维数。

从图 3-18 可以看出,在相同滚动轴承状态下,BC 法估计的结果总体上小于其他两个子图中的结果,同时不同轴承状态下信号的分形维数比较相似,不足以准确描述信号的复杂性,特别是正常状态和内圈故障状态的信号很难区分开。由 DFA 估计的 3 种故障状态振动信号的分形维数几乎相同,只有正常状态的信号能够被准确地从所有轴承振动信号中区分出来。在图 3-18(c)中,虽然 3 种故障状态信号的分形维数存在较大的差异,分形维数估计结果优于图 3-18(a)和图 3-18(b)所示结果,但是正常状态和滚动体故障状态信号的分形维数差异不明显,很容易混淆。结果表明,无论何种方法估计的分形维数,都很难准确描述和完全区分滚动轴承振动信号。

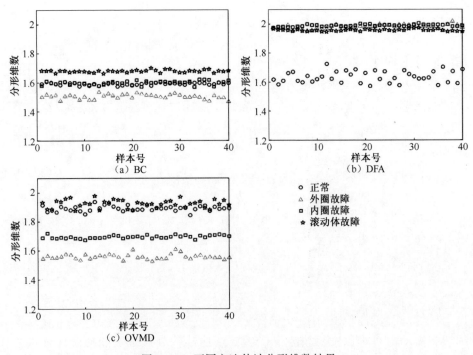

图 3-18 不同方法估计分形维数结果

采用 OVMD 法估计的双标度分形维数如图 3-19 所示。观察图 3-19 可知,小尺度双标度分形维数不能准确辨别外圈故障信号、内圈故障信号和滚动体故障信号;大尺度双标度分形维数不能有效区分正常状态信号和滚动体故障信号,也不能有效区分外圈故障信号和内圈故障信号;联合小尺度和大尺度双标度分形维数可以比较准确地将不同状态的滚动轴承振动信号区分开。结果表明,与分形维数和单个双标度分形维数相比,采用两个双标度分形维数可以较好地表达滚动轴承振动信号的分形特性。

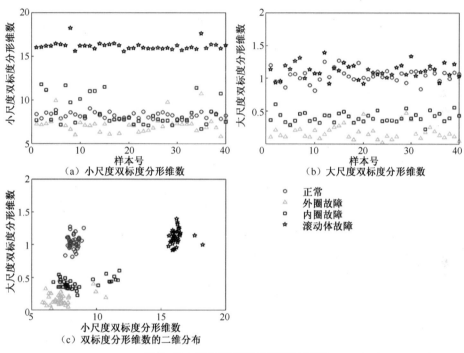

图 3-19　双标度分形维数估计结果

2. 柴油机滑动轴承信号

为方便比较,对试验采集的 30 个柴油机滑动轴承振动信号,首先采用不同分形维数估计方法提取分形特征,结果如图 3-20 所示。

从图 3-20 可以看出,在相同滑动轴承状态下,BC 法估计的分形维数波动性较小,但是不同轴承状态振动信号的分形维数几乎相同,不能有效反映振动信号的复杂性。由 DFA 法估计的分形维数波动性大、差异性小,导致不同状态振动信号难以准确辨别。OVMD 法估计的分形维数能准确区分正常润滑和重度摩擦状态的滑动轴承信号,表明 OVMD 法优于 BC 法和 DFA 法。

然而,无论何种方法估计的分形维数都很难区分轻微摩擦和中度摩擦状态的滑动轴承信号。

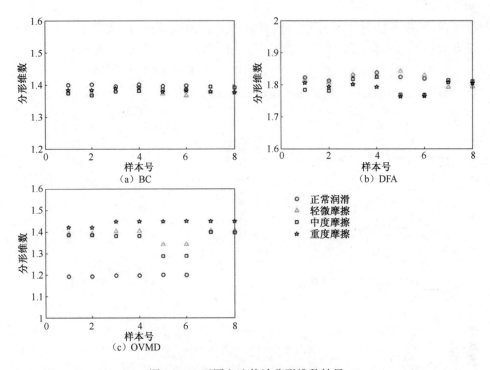

图 3-20　不同方法估计分形维数结果

采用 OVMD 法提取的双标度分形维数如图 3-21 所示。观察图 3-21 可知,小尺度双标度分形维数不能区分轻微摩擦和重度摩擦故障信号;大尺度双标度分形维数只能有效识别正常润滑状态的滑动轴承振动信号;联合小尺度和大尺度双标度分形维数可以相对比较准确地将不同状态的滑动轴承振动信号区分开。结果表明,与分形维数和单个双标度分形维数相比,采用两个双标度分形维数可以较好地描述滑动轴承振动信号的分形特性。

3.5.4　振动信号分类效果

1. 滚动轴承信号

为了定量评估双标度分形维数在滚动轴承振动信号分类中的效果,将160 个不同状态的滚动轴承信号样本随机分成 5 等份,选择其中 4 份构造训练集,另外一份构造测试集,采用多层感知神经网络(multi-layer perception neural networks,MLPNN)、K 近邻分类器($K = 1$)和支持向量机(SVM)分别对

106

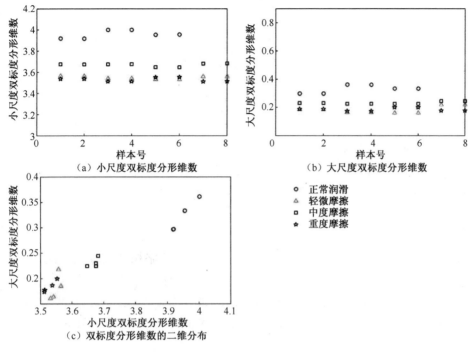

（a）小尺度双标度分形维数   （b）大尺度双标度分形维数

○ 正常润滑
△ 轻微摩擦
□ 中度摩擦
☆ 重度摩擦

（c）双标度分形维数的二维分布

图 3-21   双标度分形维数估计结果

滚动轴承振动信号进行分类识别。试验中,MLPNN 的网络层数为 3 层、隐含节点数为 10 个,SVM 的核函数为高斯核函数,核参数和惩罚因子通过网格搜索的方法进行自动选择。此外,采用 EMD 设计了一种与 3.5.1 节 OVMD 法类似的分形维数估计方法,作为试验对比方法之一。为提高试验结果的可信度,试验过程重复 20 次,每次试验样本均重新划分。最终,不同分形维数估计方法获得的平均分类结果如表 3-11 所列,其中 OVMD(双标度)代表联合两个双标度分形维数的分类结果。

表 3-11   滚动轴承振动信号分类结果   （%）

分类器	BC	DFA	EMD	OVMD	OVMD(双标度)
MLPNN	83.44	77.34	73.13	88.59	93.28
K-NNC	77.19	74.06	66.88	83.59	91.56
SVM	80.63	78.13	70.00	88.44	93.75
平均分类精度	80.42	76.51	70.00	86.87	92.86

由表 3-11 可知,由于 EMD 在滚动轴承振动信号分解过程中产生许多虚

假分量,EMD法估计的分形维数的分类性能最差,3个分类器的平均分类精度仅为70.0%;OVMD法提取的分形维数获得的平均分类精度达到86.87%,优于BC法、DFA法和EMD法提取的分形维数;在所有分形特征参数中,双标度分形维数获得的分类效果最好,平均分类精度高达92.86%,特别是采用SVM进行分类的精度达到了93.75%。分类结果表明,采用OVMD法估计的双标度分形维数在滚动轴承振动信号分类中具有明显的优势,能够准确描述和辨别滚动轴承振动信号。

2. 柴油机滑动轴承信号

为了检验双标度分形维数在柴油机滑动轴承振动信号分类中的效果,采用多层感知神经网络(MLPNN)、K近邻分类器($K=1$)和支持向量机(SVM)分别对柴油机滑动轴承振动信号进行分类识别。MLPNN的网络参数与上面的滚动轴承相同,SVM的核函数为高斯核函数,核参数和惩罚因子通过网格搜索的方法进行选取。分类试验中采取"留一法"策略构造训练集和测试集,即从4种状态的滑动轴承信号中各随机选择一个样本构造测试集,剩余样本构造训练集。为了降低试验结果的随机性,试验重复50次,每次试验样本均重新选取。最终,不同分形维数估计方法获得的平均分类结果如表3-12所列。

表3-12　滑动轴承振动信号分类结果　　　　　　　(%)

分类器	BC	DFA	EMD	OVMD	OVMD(双标度)
MLPNN	53.50	46.50	42.50	73.50	86.50
K-NNC	56.50	56.00	60.50	72.50	90.00
SVM	63.00	52.50	58.50	86.50	91.50
平均分类精度	57.67	51.67	53.83	77.50	89.33

由表3-12可知,DFA法提取的分形维数的分类效果最差,平均分类精度只有51.67%;由于EMD法在滑动轴承振动信号分解过程中产生许多虚假分量,BC法存在过计数或欠计数问题,二者估计的分形维数的分类性也比较差;OVMD法提取的分形维数获得的平均分类精度达到77.5%,优于BC法、DFA法和EMD法提取的分形维数;在所有分形特征参数中,双标度分形维数的分类效果最好,平均分类精度高达89.33%。分类结果表明,OVMD法估计的双标度分形维数在柴油机滑动轴承振动信号分类中具有明显的优势,可以作为描述滑动轴承振动信号分形特性的有效特征。

3.6　本　章　小　结

本章主要研究了正交变分模式分解理论及其在旋转机械振动信号特征提取中的应用,具体内容如下。

（1）介绍了变分模式分解理论,针对变分模式分解的 IMF 分量不严格正交的问题,提出了一种正交变分模式分解理论,并研究了基于最大相关最小冗余准则的 OVMD 分量个数参数确定方法。仿真信号分析结果表明,与 EMD 和 VMD 相比,正交变分模式分解具有更好的信号分解性能,在信号分解过程中不会产生明显的频率混叠和频带能量泄漏等问题。

（2）采用正交变分模式分解对旋转机械振动信号进行了分析,结果表明旋转机械振动信号具有明显的多分量特性,OVMD 能对非线性非平稳的多分量振动信号进行自适应分解,获得正交的 IMF 分量,而且分解过程中不产生虚假分量。

（3）在 OVMD 的基础上,从频带能量分布角度定义和提取了振动信号相对频谱能量矩,并将其作为描述振动信号自身及其各 IMF 分量频带能量信息的特征参数。基于 OVMD 提取的相对频谱能量矩特征同时蕴含信号的频率信息和能量信息,具较好的类内聚合性和类间分散性,能够比相对能量特征更加准确地对旋转机械振动信号进行分类。

（4）介绍了基于相空间重构的 Volterra 预测模型,并提出了一种基于正交变分模式分解的旋转机械振动信号 Volterra 模型特征提取方法。该方法通过对 OVMD 的 IMF 分量建立 Volterra 自适应预测模型,采用类内-类间距准则对模型参数进行优选,从而有效提取振动信号的 Volterra 模型特征参数。试验结果表明,基于正交变分模式分解提取的 Volterra 模型特征能有效表达振动信号的非线性和非平稳特性,从而提高振动信号的分类精度。

（5）针对传统分形维数估计方法的不足,提出了一种基于 OVMD 的信号分形维数估计方法,并利用仿真信号验证了所提方法的有效性。在此基础上,以滚动轴承振动信号为例研究了旋转机械振动信号的双标度分形特性。为准确描述信号的双标度分形特性,提出了双标度分形维数的概念,并研究了双标度分形维数估计方法。特征提取与分类结果表明,与传统的分形维数和单个双标度分形维数相比,联合小尺度和大尺度双标度分形维数可以较好地描述旋转机械振动信号的分形特性。

第4章 基于 EEMD 的振动信号多尺度特征提取方法

通过 2.3 节的分析知道,EEMD 方法是一种较好的信号处理方法,也能够自适应地将振动信号分解为不同时间尺度的特征分量,并且能够消除模态混叠现象,所以本章在介绍模糊熵理论和 AR 模型理论的基础上,研究基于 EEMD 的旋转机械振动信号多尺度特征的提取方法。首先将原始信号进行 EEMD,得到信号不同特征时间尺度的分量,然后分别从信号的复杂度和状态参数变化两个方面提取不同分量的多尺度特征参数,为旋转机械故障智能分类提供有利的特征参数,以提高故障诊断的效率和精度。

4.1 基于 EEMD 的多尺度模糊熵特征提取

近年来基于非线性动力学参数的特征提取方法,如分形维数、近似熵和样本熵等方法被广泛应用于混沌序列、生理和旋转机械信号的分析处理,为非线性时间序列分析提供了新的途径。1991 年,S. M. Pincus 提出了近似熵(approximate entropy, ApEn)方法并应用于生理时间序列的分析,但是近似熵具有比较自身匹配的特点。2000 年,J. S. Richman 等针对近似熵的缺陷提出了近似熵的改进方法——样本熵(sample entropy, SampEn)。近似熵和样本熵均是信号复杂度的量化统计指标,但这两种方法在评估两种模式相似与否时,采用硬阈值判据,造成两种模式距离。若在阈值参数附近出现微小变化时,会造成不同的判别结果,影响统计的稳定性。针对此问题,W. Chen 等提出了模糊熵(fuzzy entropy, FuzzyEn)方法,用模糊理论中的隶属度函数代替硬阈值判据,用模糊熵作为医学生理电信号的特征测度,取得了不错的测度效果。模糊熵算法用模糊隶属度函数替代硬阈值判据,能够增强统计结果的稳定性。对于旋转机械故障信号而言,故障类型不同,其振动信号的复杂度也会不同,而且在某些特定的频段或时间尺度上具有较明显的区分度。EEMD 是 EMD 的改进,能够克服 EMD 中的模态混叠现象,因此,提出了基于 EEMD 的多尺度模糊熵的特征提取方法。

利用 EEMD 的自适应多尺度分解特性,计算得到振动信号多个尺度的复杂测度,提取不同尺度的模糊熵作为旋转机械设备不同故障的特征参数。

4.1.1 模糊隶属度函数的构造

模糊隶属度函数是表示一个对象 x 属于集合 A 程度的函数,其自变量范围包括集合 A 所在空间中的所有点,取值范围为 $[0,1]$,其定义如下。

设 x 为非负整数,A 代表论域 $\boldsymbol{X}$ 在 $[0,1]$ 上的一个映射,即

$$A:\boldsymbol{X}\rightarrow[0,1],x\rightarrow A(x),x\geqslant0 \tag{4-1}$$

其中,若论域 $X \in [x_1,x_2,\cdots,x_n]$,为模式向量之间距离的集合,令 A 是 $\boldsymbol{X}$ 上的正规模糊集,且 $\mathrm{ker}A=[0]$,则称 $A(x)$ 为模糊集 $\boldsymbol{X}$ 上的隶属度函数。

由上述定义可知,构造序列复杂度测度的模糊隶属函数是一个正规模糊集,并且 $\mathrm{ker}A=[0]$,即 $A(0)=1$。另外,根据分辨率参数 r 的性质可以指定 $A(r)=\dfrac{1}{2}$,采用降半高斯分布作为隶属函数形式,

$$\begin{cases} A(x)=1, & x=a \\ A(x)=\exp\left[-k\left(\dfrac{x-a}{\sigma^2}\right)^2\right], & x>a \end{cases} \tag{4-2}$$

取 $\sigma^2=r$,则由 $A(0)=1,A(r)=1/2$ 可得 $a=0,k=\ln2$。

因此,一个数据序列的复杂度测度的模糊隶属度函数为

$$\begin{cases} A(x)=1, & x=0 \\ A(x)=\exp\left[-\ln(2)\cdot\left(\dfrac{x}{r}\right)^2\right], & x>0 \end{cases} \tag{4-3}$$

当 $r=0.2$ 时,模糊隶属度函数曲线如图 4-1 实线所示。作为对比,根据样本熵定义中关于模式判据的定义,在图 4-1 中画出了样本熵模式判据函数的曲线,如图中虚线所示。

4.1.2 模糊熵理论

模糊熵方法的描述如下。

(1) 对于一个时间序列 $\boldsymbol{X}=[x(1),x(2),\cdots,x(N)]$,设定模式维数 m,根据原始时间序列数据,构造 m 维向量

$$\boldsymbol{X}_m(i)=[x(i),x(i+1),\cdots,x(i+m-1)]-u(i) \tag{4-4}$$

其中,$i=1,2,\cdots,N-m+1,u(i)$ 为

$$u(i)=\frac{1}{m}\sum_{j=0}^{m-1}x(i+j) \tag{4-5}$$

(2) 定义向量 $\boldsymbol{X}_m(i)$ 和 $\boldsymbol{X}_m(j)$ 之间的距离 d_{ij}^m 为两者对应元素差值绝对

111

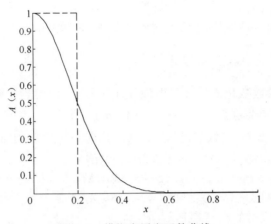

图 4-1 模糊隶属度函数曲线

值的最大值,即

$$d_{ij}^m = \max_{k=1,2,\cdots,m-1} \{|[x(i+k)-u(i)]-[x(j+k)-u(j)]|\}$$

(4-6)

其中,$i,j=1,2,\cdots,N-m+1$ 且 $i \neq j$。

(3) 引入式(4-3)所描述的模糊隶属度函数,定义 r 为相似容限参数,其值为原一维时间序列标准差的 R 倍,即 $r=R \times SD$(SD 为原始数据的标准差),则向量 $X_m(i)$ 和 $X_m(j)$ 之间的相似度定义为

$$\begin{cases} A_{ij}^m = 1, & d_{ij}^m = 0 \\ A_{ij}^m = \exp\left[-\ln(2) \cdot \left(\dfrac{d_{ij}^m}{r}\right)^2\right], & d_{ij}^m > 0 \end{cases}$$

(4-7)

(4) 定义函数:

$$C_i^m(r) = \frac{1}{N-m} \sum_{j=1,j \neq i}^{N-m+1} A_{ij}^m$$

(4-8)

则可得

$$\Phi^m(r) = \frac{1}{N-m+1} \sum_{i=1}^{N-m+1} C_i^m$$

(4-9)

(5) 模式维数增加 1,即对 $m+1$ 维重复上述步骤(1)~步骤(4),得到

$$\Phi^{m+1}(r) = \frac{1}{N-m} \sum_{i=1}^{N-m} C_i^{m+1}$$

(4-10)

(6) 因此,定义上述时间序列的模糊熵为

$$\text{FuzzyEn}(m,r,N) = \ln \Phi^m(r) - \ln \Phi^{m+1}(r)$$

(4-11)

112

式中:m 为模式维数;r 为相似容限;N 为数据长度。

模糊熵和样本熵一样,衡量的是时间序列的复杂度和当模式维数发生变化时产生新模式的概率,序列的复杂度越大,熵值越大。但模糊熵与样本熵的区别在于模糊熵通过引入模糊隶属度函数替代样本熵中的硬阈值判据,使得模糊熵值随参数变化而连续平滑地变化,减小了对参数的敏感度和依赖程度,统计结果稳定性更好。

EEMD 方法从原始信号中逐步分离出从高频到低频的 IMF 分量,得到原始信号具有不同时间尺度的窄带分量,实现信号数据的自适应多尺度变化。计算 EEMD 得到的 IMF 分量的模糊熵,得到原始信号的多尺度模糊熵。基于 EEMD 的多尺度模糊熵能够在不同时间尺度上计算信号的复杂测度,从而更好地区分具有不同故障特征的信号。

4.1.3　多尺度模糊熵特征提取结果及性能分析

1. 滚动轴承信号

采用的滚动轴承故障信号来自于第 2 章所描述的滚动轴承故障试验台中的单级传动齿轮箱上采集到的振动信号,分别选取正常状态、外圈故障、内圈故障和滚动体故障 4 种状态振动数据各 40 组。采集到的 4 类状态滚动轴承振动信号如图 4-2 所示。本章所采用的滚动轴承振动信号均为经过预处理后的滚动轴承振动信号。

从模糊熵理论和计算公式可得,模糊熵值的计算有 3 个参数需要设定,分别是数据长度 N、嵌入维数 m 和相似容限 r。为了合理地选择模糊熵的参数并验证模糊熵的性能优势,利用采集到的试验数据,分别讨论数据长度 N、模式维数 m 和相似容限参数 r 不同对熵值产生的影响,同时将模糊熵和样本熵作一比较。样本熵的计算参考相关文献,此处不再赘述。图 4-3 所示为对试验数据计算得到的模糊熵和样本熵值随参数 N、m、r 变化的误差线图,图中数据结果为每种状态 40 组数据的统计结果。中心数据点为每类状态 40 组样本数据的均值,短线代表 40 组样本数据的标准差。由图 4-3 可以看出,不同故障类型的滚动轴承振动信号的模糊熵值不同。滚动轴承正常状态的模糊熵值最大,因为正常滚动轴承的振动是随机振动,不规则程度较高,因而信号的复杂度较大,模糊熵值最大。对于发生故障的滚动轴承,由于有固定的周期性冲击,信号的自相似性较高,熵值比正常状态要小。由于外圈固定,通过滚动轴承座上的传感器测得的信号传递路径最短,采集的信号规律性较好,因此滚动轴承外圈故障的熵值最低。由于内圈随轴转动,内圈故障信号的产

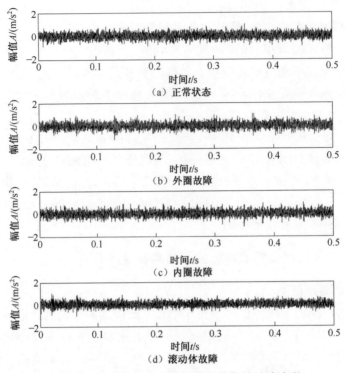

图 4-2   滚动轴承在 4 种状态下的信号时域波形

生机理比外圈故障更为复杂,因此滚动轴承内圈故障信号的熵值比外圈故障的要大。对于滚动轴承滚动体发生故障,由于滚动体既和内圈接触,又和外圈接触,其故障信号的传递路径复杂,且干扰较大,故障信号的规律性较差,复杂度较高,所以滚动轴承滚动体故障信号的熵值比内圈和外圈故障都要大。所以,模糊熵可以用来描述滚动轴承振动信号的复杂度,作为区分滚动轴承不同故障类型的特征参数。

图 4-3(a)、(b)是模式维数 $m=2$、相似性容限 $r=0.2SD$ 时,模糊熵和样本熵随数据长度的变化。随着数据长度的增加,滚动轴承各类状态样本的模糊熵均值基本保持稳定,在 $N=512$ 时,各类状态的误差较大,数据样本波动范围较大,当 $N>512$ 时,各类状态的误差波动基本稳定,4 种状态的区分度较好。数据长度越长,模糊熵值越稳定,但同时模糊熵的计算复杂度越高,运算时间越长,所以综合考虑数据长度设定为 $N=1024$。对比图 4-3(a)、(b),虽然滚动轴承各类状态样本模糊熵和样本熵值的均值都波动不大,但模糊熵值的误差线小于样本熵,样本统计结果的稳定性更好,并且 4 类状态的区分度也要好于样本熵。

114

图 4-3(c)、(d)是数据长度 $N=1024$、相似容限 $r=0.2$SD 时,模糊熵和样本熵随模式维数的变化。随着模式维数的增加,模糊熵值略有下降,数据样本的标准差略有增大。通常情况下,较大的模式维数能够更多地刻画数据序列的详细信息。在图 4-3 中,当 $m=1$ 时,由于模式维数较小,丢失了部分信息,滚动轴承不同状态之间的区分度较差。模式维数越高,需要的数据长度就越长,因此当数据长度一定时,选择合适的模式维数能够更好地区分不同故障。试验过程中,当 $m=2$ 时,数据样本的区分度最好,因此,选择模式维数 $m=2$。对比图 4-3(c)、(d),随着模式维数的变化,各类状态数据样本的样本熵均值波动剧烈,而模糊熵变化较为平缓。正常状态信号的样本熵在模式维数为 4 时,均值突然增大,出现了错误度量值。对比各类数据样本的误差,样本熵的误差范围要大于模糊熵,而且随着模式维数的增加,数据结果的稳定性急剧变差。因此,模糊熵对模式参数 m 的变化不敏感,统计结果的稳定更好。

图 4-3(e)、(f)是 $N=1024$、$m=2$ 时,滚动轴承各类状态振动信号模糊熵和样本熵随相似容限 r 的变化。随着相似容限值增大,模糊熵值逐渐变小,数据样本的标准差也逐渐变小。r 过大会导致数据序列的部分统计信息丢失,r 过小会增加统计结果对噪声的敏感性。图 4-3(e)中当 $r=0.1$SD 时,数据样本的标准差最大,数据的波动较大,当 $r=0.4$SD 或 $r=0.5$SD 时,虽然数据样本的标准差较小,但部分样本的误差线交叉重合,滚动轴承故障状态的区分度较差。比较不同 r 值,发现 $r=0.2$SD 时,4 种故障状态的区分度最好,因此选择 $r=0.2$SD。对比图 4-3(e)、(f),模糊熵的数据统计误差要小于样本熵,随着相似容限的变化,相较于样本熵,模糊熵值的变化趋势更平缓,对参数相似容限的依赖性也更低。

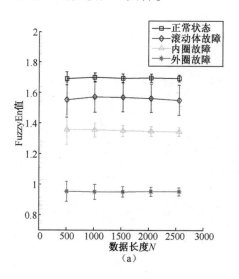

(a)

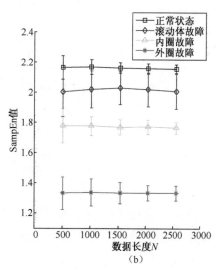

(b)

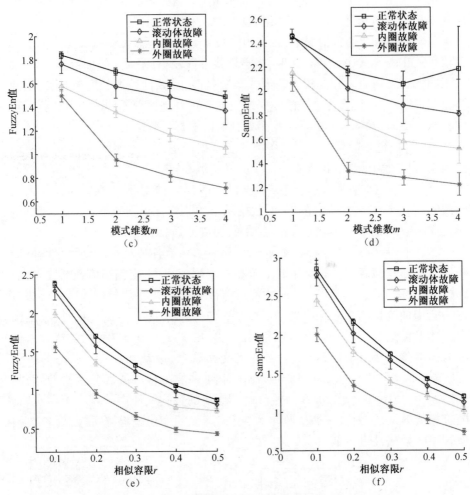

图 4-3　FuzzyEn 和 SampEn 随参数 N、m、r 的变化

通过试验分析,确定模糊熵计算过程中参数选择为数据长度 $N=1024$,模式维数 $m=2$,相似容限 $r=0.2SD$。由图 4-3 所示的模糊熵和样本熵随参数变化的对比可以看出,随着熵值计算过程中的 3 个参数的变化,模糊熵对参数的敏感性、统计结果的稳定性以及滚动轴承故障状态的区分度均优于样本熵。表 4-1 列出了取上述参数值时,滚动轴承数据样本模糊熵和样本熵的均值和标准差。

从表 4-1 所列的对比可以看出,滚动轴承 4 种状态振动信号数据样本模糊熵的标准差均小于样本熵的标准差,模糊熵计算中隶属度函数的引入,使得模糊熵值具有更好的统计稳定性,同一种状态的数据样本聚合度更高,不同状态的数据样本区分度更好。

表 4-1　滚动轴承模糊熵和样本熵的均值和标准差

轴承状态	模糊熵		样本熵	
	均值	标准差	均值	标准差
正常状态	1.7000	0.0282	2.1569	0.0496
滚动体故障	1.5710	0.0974	2.0189	0.1214
内圈故障	1.3550	0.0451	1.7758	0.0627
外圈故障	0.9491	0.0505	1.3361	0.0698

图 4-3(e)中第二组数据是在 $N=1024$、$m=2$、$r=0.2SD$ 时得到的试验结果，模糊熵能够区分滚动轴承外圈和滚动轴承内圈故障，正常状态和滚动轴承滚动体故障也具有较好的区分度。但是，由于对采集到的振动信号直接计算模糊熵，对于故障特征不明显的信号，仅在一个尺度计算的熵值大小相差不大，难以准确地判别不同故障，如图 4-3(e)中第二组数据正常状态和滚动体故障的误差线有交叉。

因此，采用 EEMD 对原始信号进行多尺度分解，从不同尺度计算信号的模糊熵，得到信号的多尺度模糊熵，挖掘信号中更深层次的信息，更准确地识别滚动轴承不同状态。对滚动轴承每种状态的原始信号进行 EEMD，得到若干个 IMF 分量。其中，辅助白噪声标准差为原始信号标准差的 0.2 倍，M 为100。每种状态一个样本的 EEMD 的分解结果如图 4-4 至图 4-7 所示。滚动

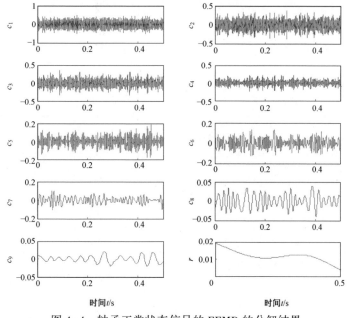

图 4-4　轴承正常状态信号的 EEMD 的分解结果

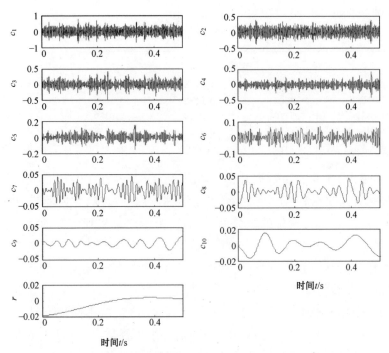

图 4-5 外圈故障信号的 EEMD 的分解结果

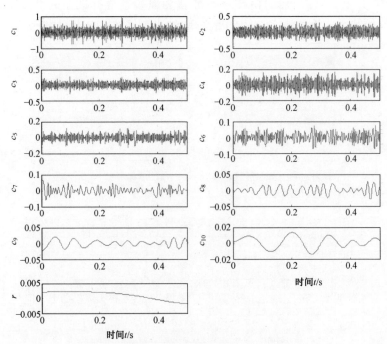

图 4-6 内圈故障信号的 EEMD 的分解结果

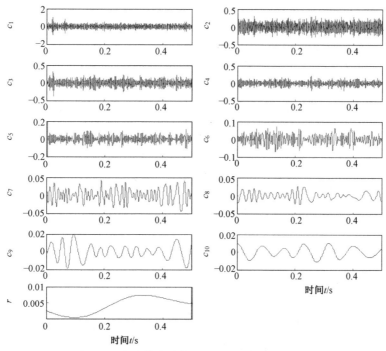

图 4-7　滚动体故障信号的 EEMD 的分解结果

轴承不同状态的振动信号经过 EEMD,得到了若干个 IMF 分量以及原始振动
信号不同特征时间尺度的描述,更细致地刻画了信号的特征。

根据第 2 章的分析,利用 K-S 检验计算每个样本振动信号分解得到的
IMF 分量和原始信号的相似度值,经过计算,绝大部分信号样本的前 4 个 IMF
分量和原始信号的相似度较高,其余 IMF 分量和原始信号的相似度较低。所
以,选取前 4 个 IMF 分量为每个信号样本的有用 IMF 分量。表 4-2 列出了 4
种状态下各一个样本前 8 个 IMF 分量与各自原始信号的 K-S 检验的相似度
值。从表中可以看出滚动轴承 4 种状态前 4 个 IMF 分量的相似度值较明显
地大于其他 IMF 分量的相似度值。

表 4-2　4 种轴承状态的 IMF 分量和原始信号的 K-S 相似度值

轴承状态	相似度值 $p(D)$							
	IMF1	IMF2	IMF3	IMF4	IMF5	IMF6	IMF7	IMF8
正常状态	0.2054	0.1221	0.0885	0.0274	0.0051	0	0	0
外圈故障	0.4430	0.1958	0.0647	0.0351	0.0007	0.0001	0	0
内圈故障	0.3401	0.1011	0.0845	0.0334	0.0016	0.0005	0	0
滚动体故障	0.2069	0.0854	0.0802	0.0540	0.0057	0.0013	0.0001	0

按照模糊熵的计算步骤计算前 4 个 IMF 分量的熵值作为每个样本的特征参数,模糊熵参数根据上节分析确定,数据长度 $N = 1024$,模式维数 $m = 2$,相似容限 $r = 0.2SD$。表 4-3 列出了 4 种状态下各一个样本 IMF 分量的模糊熵值。

表 4-3 4 种轴承状态的 IMF 分量模糊熵

轴承状态	FuzzyEn1	FuzzyEn2	FuzzyEn3	FuzzyEn4
正常状态	0.98206	0.83866	0.58156	0.50796
外圈故障	0.77753	0.65430	0.50244	0.41145
内圈故障	0.90424	0.66244	0.51014	0.42968
滚动体故障	0.92734	0.83340	0.56582	0.45685

2. 齿轮箱齿轮信号

本节采用的齿轮故障信号来自于第 2 章所描述的二级传动齿轮箱上采集到的振动信号。试验中采集了齿轮 5 种状态下的振动信号,即正常状态、中间轴齿轮齿根裂纹故障、中间轴齿轮齿面磨损故障、输出轴齿轮齿根裂纹故障和输出轴齿轮齿面磨损故障。采样频率为 6400Hz,采集每种状态振动数据各 40 组,图 4-8 所示为齿轮在 5 种状态下的时域波形。本章的齿轮箱齿轮振动信号均为经过信号预处理后的信号。

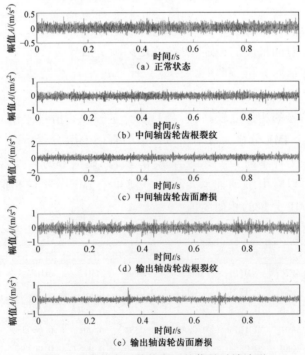

图 4-8 齿轮在 5 种状态下的信号时域波形

本节利用齿轮不同状态的信号数据,讨论模糊熵计算过程中数据长度 N、模式维数 m 和相似容限参数 r 这 3 个参数的选取,同样以样本熵作为对比。图 4-9 所示为模糊熵和样本熵值随参数 N、m、r 变化的误差线图,图中数据结果为每种状态 40 组数据的统计结果。由图 4-9 可以看出,不论是模糊熵测度还是样本熵测度,齿轮正常状态的熵值最大,信号复杂度最高。因为齿轮正常状态下的振动无规则,振动信号相对于故障信号自相似性较小。对于中间轴齿轮和输出轴齿轮,齿轮齿面磨损的熵值均小于齿轮齿根裂纹,由于齿面磨损故障在齿轮啮合时直接接触,造成故障信号周期性较明显,信号比较规律,复杂度低,因此熵值小于齿轮齿根裂纹熵值。由于传感器固定在靠近输出轴故障齿轮端,对于同一种故障类型,即齿轮齿面磨损或是齿轮齿根裂纹,采集到的输出轴故障齿轮的振动信号能量较大,信号规律性更强,复杂度降低,输出轴齿轮故障的熵值小于中间轴齿轮故障的熵值。所以,模糊熵可以用来描述齿轮振动信号的复杂度,作为区分齿轮不同故障状态的特征参数。

图 4-9 中图(a)和图(b)是模式维数 $m = 2$、相似性容限 $r = 0.2SD$ 时,齿轮振动信号的模糊熵和样本熵随数据长度的变化。当数据点数较少时,齿轮 5 种状态的区分不明显,而且稳定性较差。当数据长度大于 1536 时,模糊熵值趋于稳定且达到比较好的区分度。而对于样本熵,当数据长度大于 2048 时才趋于稳定,且熵值波动大于模糊熵。数据长度越长,熵值计算的复杂度越高,时间越长,而熵值变化不明显,综合考虑设定数据长度 $N = 2048$。

图 4-9 中图(c)和图(d)是数据长度 $N = 2048$、相似容限 $r = 0.2SD$ 时,模糊熵和样本熵随模式维数的变化。随着模式维数的增加,模糊熵值保持稳定,且误差很小,对参数模式维数不敏感。而样本熵随着模式维数的增加,熵值的误差逐渐增大,当 $m = 4$ 时,齿轮正常状态的数据误差线和齿轮其他故障的数据误差线部分重合,数据点的聚合度和区分度变差。试验过程中,当 $m = 2$ 时,数据的统计误差最小,因此选择模式参数 $m = 2$。

图 4-9 中图(e)和图(f)是 $N = 2048$、$m = 2$ 时模糊熵和样本熵随相似容限 r 的变化。当相似容限较小时,齿轮各种状态的区分度较好,但对噪声的敏感性较强,数据误差较大。随着相似容限的增大,虽然数据稳定性较好,但会丢失一部分信息,故障之间的区分度变弱。当 $r \times SD > 0.3SD$ 时,其中 3 种故障状态的数据点基本重合到一起,分类效果不好,因此选取相似容限 $r = 0.2SD$。对比图 4-9 中图(e)和图(f),模糊熵数据统计误差小于样本熵,变化也更趋平缓。

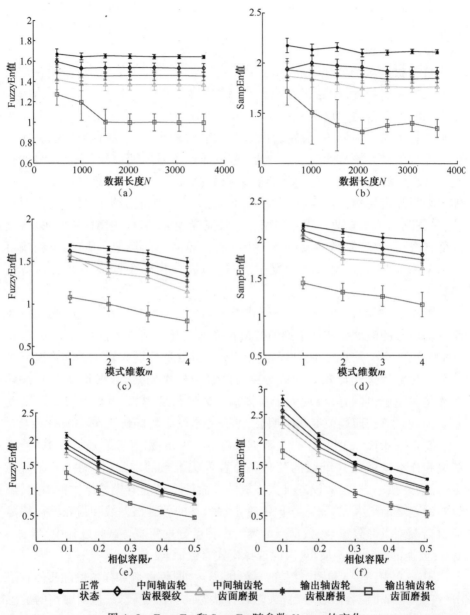

图 4-9　FuzzyEn 和 SampEn 随参数 N、m、r 的变化

　　通过上述分析,确定模糊熵计算过程中各参数的值为数据长度 $N=2048$,模式维数 $m=2$,相似容限 $r=0.2$SD。由图 4-9 所示的模糊熵和样本熵随参数变化的对比可以看出,随着熵值计算过程中的 3 个参数的变化,模糊熵对参数的敏感性、统计结果的稳定性以及齿轮故障状态的区分度均优于样本熵。表 4-4

列出了取上述参数值时,齿轮数据样本模糊熵和样本熵的均值和标准差。

表4-4 齿轮模糊熵和样本熵的均值和标准差

齿轮状态	模糊熵		样本熵	
	均值	标准差	均值	标准差
正常状态	1.6472	0.0230	2.0989	0.0369
中间轴齿轮齿根裂纹故障	1.5346	0.0447	1.9564	0.0685
中间轴齿轮齿面磨损故障	1.3668	0.0540	1.7461	0.0779
输出轴齿轮齿根裂纹故障	1.4566	0.0421	1.8622	0.0626
输出轴齿轮齿面磨损故障	0.9902	0.0865	1.3143	0.1165

由表4-4的对比可得,齿轮5种状态振动信号数据样本模糊熵的标准差均小于相应的样本熵的标准差,说明模糊熵值具有更好的统计稳定性,同一种状态的数据样本聚合度更高,不同状态的数据样本区分度更好。

图4-9(e)中第二组数据是在 $N=2048$、$m=2$、$r=0.2SD$ 时得到的试验结果,模糊熵能够区分正常状态和输出轴齿轮齿面磨损故障,另外3种故障虽然具有较好的区分度,但3种故障之间的误差线有交叉,影响故障状态的准确区分。因此,采用EEMD对原始信号进行多尺度分解,从不同尺度计算信号的模糊熵,得到信号的多尺度模糊熵,挖掘信号中更深层次的信息,更准确地识别齿轮状态。对齿轮5种状态的信号进行EEMD,得到若干个IMF分量。其中,辅助白噪声标准差为原始信号标准差的0.2倍,M 为100。每种状态一个样本EEMD的分解结果如图4-10~图4-14所示。

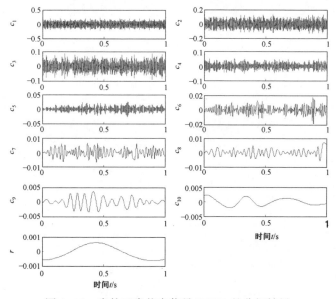

图4-10 齿轮正常状态信号EEMD的分解结果

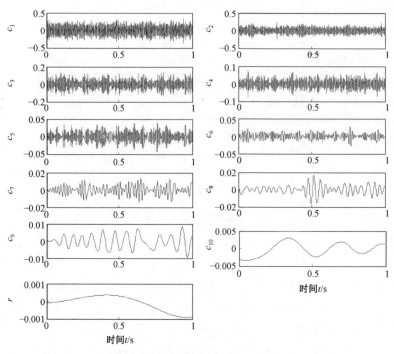

图 4-11　中间轴齿轮齿根裂纹故障信号 EEMD 的分解结果

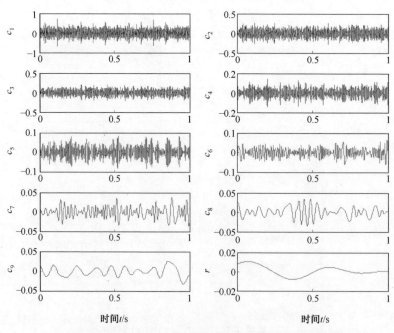

图 4-12　中间轴齿轮齿面磨损故障信号 EEMD 的分解结果

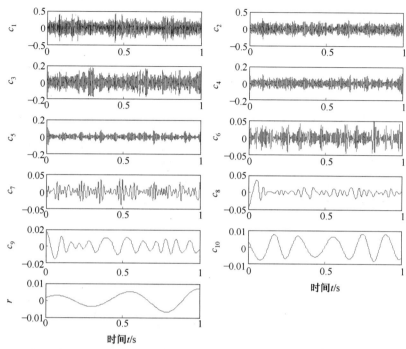

图 4-13　输出轴齿轮齿根裂纹故障信号 EEMD 的分解结果

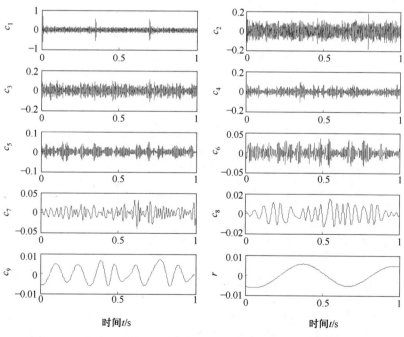

图 4-14　输出轴齿轮齿面磨损故障信号 EEMD 的分解结果

齿轮不同状态的振动信号经过 EEMD，得到了若干个 IMF 分量，同样得到了原始振动信号不同特征时间尺度的描述，但从这些分量的时域图中难以准确智能地区分出不同状态，因此，需要从得到的 IMF 分量中提取更为有效的特征参数，实现齿轮故障的智能识别。

同样，根据第 2 章的分析，利用 K-S 检验计算分解得到的 IMF 分量和原始信号的相似度值，经过计算，大部分齿轮信号样本的前 4 个 IMF 分量和原始信号的相似度较高，其余 IMF 分量和原始信号的相似度较低，所以，同样选取前 4 个 IMF 分量为每个信号样本的有用 IMF 分量。表 4-5 列出了齿轮 5 种状态下各一个样本前 8 个 IMF 分量与各自原始信号的 K-S 检验的相似度值。从表中可以看出齿轮 5 种状态前 4 个 IMF 分量的相似度值较明显地大于其他 IMF 分量的相似度值。

表 4-5　5 种齿轮状态的 IMF 分量和原始信号的 K-S 相似度值

齿轮状态	相似度值 $p(D)$							
	IMF1	IMF2	IMF3	IMF4	IMF5	IMF6	IMF7	IMF8
正常状态	0.3690	0.1257	0.1180	0.0584	0.0090	0.0146	0.0002	0
中间轴齿根裂纹	0.3913	0.2214	0.1024	0.0963	0.0055	0.0010	0.0002	0
中间轴齿面磨损	0.4743	0.1226	0.0912	0.0633	0.0010	0.0005	0	0
输出轴齿根裂纹	0.3977	0.2045	0.1327	0.1016	0.0058	0.0031	0.0001	0
输出轴齿面磨损	0.4375	0.1015	0.0768	0.0683	0.0084	0.0012	0	0

按照模糊熵的计算步骤计算前 4 个 IMF 分量的熵值作为每个样本的特征参数，模糊熵参数根据上节分析确定，数据长度 $N=2048$，模式维数 $m=2$，相似容限 $r=0.2\mathrm{SD}$。表 4-6 列出了 5 种状态下各一个样本前 4 个 IMF 分量的模糊熵值。

表 4-6　5 种齿轮状态的 IMF 分量模糊熵

齿轮状态	FuzzyEn1	FuzzyEn2	FuzzyEn3	FuzzyEn4
正常状态	1.52988	1.08110	0.64077	0.59903
中间轴齿根裂纹	1.32909	1.01829	0.61859	0.57616
中间轴齿面磨损	1.31621	0.89019	0.60190	0.54604
输出轴齿根裂纹	1.30934	0.88366	0.60016	0.53581
输出轴齿面磨损	0.88990	0.83811	0.59792	0.52310

4.1.4　振动信号分类效果

1. 滚动轴承信号

为了验证提取的多尺度模糊熵作为滚动轴承信号特征参数的性能，将多尺度模糊熵作为特征参数输入最小二乘支持向量机(least square support vector machine,LS-SVM)分类器,得到滚动轴承 4 种状态的分类正确率。同时作为对比,分别计算了数据样本的多尺度样本熵、模糊熵及样本熵,同样分别将多尺度样本熵、模糊熵和样本熵作为特征参数输入分类器。表 4-7 列出了利用原始信号的模糊熵与样本熵和取前 4 个 IMF 分量的模糊熵和样本熵作为特征参数输入 LS-SVM 分类器的滚动轴承信号分类效果。

表 4-7 滚动轴承振动信号分类结果

特征参数	故障识别率/%
多尺度模糊熵	93.75
多尺度样本熵	92.50
模糊熵	91.25
样本熵	88.75

通过表 4-7 的对比可以得到,利用 EEMD 自适应分解提取的滚动轴承信号多尺度特征参数,能够提高分类的正确率。以多尺度模糊熵作为特征参数的分类精度比模糊熵提高了 2.50%,以多尺度样本熵作为特征参数的分类精度比样本熵提高了 3.75%。利用 EEMD 的多尺度模糊熵能够使滚动轴承的故障特征在不同的时间尺度上表现出来,更加细致地刻画滚动轴承不同状态的信号特征,区分不同的故障状态,因此多尺度模糊熵的故障识别准确率最高,为 93.75%。说明所提方法能够有效地提取滚动轴承不同故障状态的特征参数。

2. 齿轮箱齿轮信号

将多尺度模糊熵作为齿轮箱齿轮信号的特征参数,并输入最小二乘支持向量机分类器,得到齿轮箱齿轮 5 种状态的分类正确率。作为对比,同样计算了每个样本前 4 个 IMF 分量的样本熵、每个样本原始数据的模糊熵和样本熵。表 4-8 列出了利用原始信号的模糊熵与样本熵和取前 4 个 IMF 分量的模糊熵和样本熵作为特征参数输入 LS-SVM 分类器的齿轮振动信号的分类结果。

表 4-8 齿轮振动信号分类结果

特征参数	故障识别率/%
多尺度模糊熵	92.0
多尺度样本熵	90.0
模糊熵	89.0
样本熵	84.0

由表 4-8 的对比可以得到,利用 EEMD 自适应分解提取的齿轮信号多尺度特征参数,提高了分类正确率。以多尺度模糊熵作为特征参数的分类精度比模糊熵提高了 3%,以多尺度样本熵作为特征参数的分类精度比样本熵提高了 6%。利用 EEMD 的多尺度模糊熵能够使齿轮的故障特征在不同的时间尺度上表现出来,更加细致地刻画齿轮不同状态的信号特征,因此多尺度模糊熵的分类精度最高,为 92.0%。试验结果说明了所提取特征能够准确地描述齿轮箱齿轮的不同故障状态。

4.2   基于 EEMD 的多尺度 AR 模型参数提取

当旋转机械部件发生故障时,很难直接从观测数据中判断其故障。但是齿轮箱系统动态过程状态的变化,能够在其相应数学模型的结构和参数等的变化上有所体现,因此,可以建立数学模型,利用数学工具分析齿轮箱系统运行过程中的特征,识别齿轮箱的运行工况,判断齿轮箱故障。时间序列模型就是一种从统计学角度分析数据序列内部关系的数学模型,从而揭示出时间数据序列的规律性。其中,自回归(AR)模型是时间序列方法中最基本的一种时序模型,其模型参数能够表征某个系统运行状态的重要信息,描述时序数据的变化规律。因此,AR 模型得到了广泛的应用。由于 AR 模型能够反映时域信号内部之间的关系,揭示信号的规律性,因此对齿轮箱滚动轴承和齿轮不同状态的信号建立 AR 模型,其模型参数互不相同,且反映振动信号之间的差异性。但 AR 模型主要用于平稳信号,而实际采集到的振动信号多为非平稳信号,所以直接对采集到的振动信号应用 AR 模型效果不好。EEMD 方法能够将非平稳信号自适应地分解为平稳的 IMF 分量,而且得到原始信号不同特征时间尺度的描述。因此,可以对振动信号进行 EEMD,利用 K-S 检验确定有用分量个数,然后对有用的 IMF 分量建立 AR 模型,提取 IMF 分量的 AR 模型参数,并将此作为特征参数区分旋转机械部件的不同故障状态。

4.2.1   AR 模型理论

设有一时间序列 $X = [x_1, x_2, \cdots, x_n]$,按照多元线性回归的思想,可以得到一般的 AR-模型数学表达式,即

$$x_t = \varphi_1 x_{t-1} + \varphi_2 x_{t-2} + \cdots + \varphi_p x_{t-p} + \varepsilon_t \qquad (4-12)$$

式中:$t = 1, 2, \cdots, n$;p 为模型阶数;φ_p 为模型参数;ε_t 为随机序列残差,是均值为零、方差为 σ_ε^2 的白噪声序列。

式(4-12)就表示了一个 p 阶的 AR 模型,由于要提取该模型的参数作为特征参数,所以需要计算模型的参数值,AR 模型参数的求取主要是根据时间序列的离散数据点对参数 φ_p 的值进行估计。AR 模型参数估计方法较多,当模型阶数较低、数据量较小时,最小二乘估计法计算简单且精度较高,采用最小二乘估计法估计的参数是真值的无偏估计,所以这里采用最小二乘估计法计算模型参数。

将时间序列 X 的数据点直接代入式(4-12),得到以下线性方程组,即

$$\begin{cases} x_{p+1} = \varphi_1 x_p + \varphi_2 x_{p-1} + \cdots + \varphi_p x_1 + \varepsilon_{p+1} \\ x_{p+2} = \varphi_1 x_{p+1} + \varphi_2 x_p + \cdots + \varphi_p x_2 + \varepsilon_{p+2} \\ \qquad\vdots \\ x_n = \varphi_1 x_{n-1} + \varphi_2 x_{n-2} + \cdots + \varphi_p x_{n-p} + \varepsilon_n \end{cases} \qquad (4-13)$$

式(4-13)用矩阵形式可表示为

$$y = x\varphi + \varepsilon \qquad (4-14)$$

其中

$$\begin{cases} y = \begin{bmatrix} x_{p+1} & x_{p+2} & \cdots & x_n \end{bmatrix}^T \\ \varphi = \begin{bmatrix} \varphi_1 & \varphi_2 & \cdots & \varphi_n \end{bmatrix}^T \\ \varepsilon = \begin{bmatrix} \varepsilon_{p+1} & \varepsilon_{p+2} & \cdots & \varepsilon_n \end{bmatrix}^T \\ x = \begin{pmatrix} x_p & x_{p-1} & \cdots & x_1 \\ x_{p+1} & x_p & \cdots & x_2 \\ \vdots & \vdots & & \vdots \\ x_n & x_{n-1} & \cdots & x_{n-p} \end{pmatrix} \end{cases} \qquad (4-15)$$

根据多元回归理论和最小二乘估计原理,得到目标函数为

$$\min J = \sum_{k=p+1}^{n} \varepsilon_k = \varepsilon^T \varepsilon \qquad (4-16)$$

使得式(4-16)目标函数最小的参数值即为最小二乘估计参数,通过求偏导的方法得到 AR 模型参数的最小二乘估计为

$$\hat{\varphi} = (x^T x)^{-1} x^T y \qquad (4-17)$$

式(4-17)得到的是 AR 模型参数的最小二乘估计,对该估计参数好坏的评价一般从 3 个指标进行分析,一是估计的一致性,二是估计的无偏性,三是估计的有效性。

若 $\hat{\varphi}_p$ 为真值 φ 的参数估计量,对于任意小量 ξ,有 $\lim\limits_{p \to \infty} p\{|\hat{\varphi}_p - \varphi| > \xi\} = 0$,即估计量 $\hat{\varphi}_p$ 依概率收敛于 φ,则称 $\hat{\varphi}_p$ 为 φ 的一致估计量。由于 ε_t 是均值为零、方

差为 σ_ε^2 的白噪声序列,所以最小二乘估计量为真值 φ 的一致估计量。

对 AR 模型式(4-14)两边取数学期望,根据 AR 模型结构分析得

$$E(\boldsymbol{y}) = \boldsymbol{x}\varphi \tag{4-18}$$

对式(4-17)两边同样取数学期望,得

$$E(\hat{\varphi}) = E((\boldsymbol{x}^{\mathrm{T}}\boldsymbol{x})^{-1}\boldsymbol{x}^{\mathrm{T}}\boldsymbol{y}) = (\boldsymbol{x}^{\mathrm{T}}\boldsymbol{x})^{-1}\boldsymbol{x}^{\mathrm{T}}E(\boldsymbol{y}) = (\boldsymbol{x}^{\mathrm{T}}\boldsymbol{x})^{-1}\boldsymbol{x}^{\mathrm{T}}\boldsymbol{x}\varphi = \varphi \tag{4-19}$$

因为估计量 $\hat{\varphi}$ 的数学期望为 φ,所以 AR 模型参数的最小二乘估计是其真值的无偏估计,最小二乘法保证了估计量 $\hat{\varphi}$ 的优良性。对于估计量 $\hat{\varphi}$ 的有效性,将在后面根据实际信号进行分析。

AR 模型中另一个需要确定的参数为模型阶次 p。目前常用的模型定阶准则为赤池弘治陆续提出的最终预测误差(FPE)准则、信息(AIC)准则和贝叶斯信息量(BIC)准则。其中 BIC 准则是前两种方法的改进,其确定的阶次使得 AR 模型具有较好的适用性,这里采用 BIC 准则确定模型阶次。BIC 准则的函数为

$$\mathrm{BIC}(p) = n\ln\sigma_\varepsilon^2 + p\ln n \tag{4-20}$$

式中:n 为时间序列数据点数;σ_ε^2 为模型残差的方差。

由式(4-20)可知,$\mathrm{BIC}(p)$ 是模型阶次 p 的函数,当模型阶次 p 增大时,$\ln\sigma_\varepsilon^2$ 减小,但 $p\ln n$ 项增大,所以取 $\mathrm{BIC}(p)$ 值最小时的 p 为 AR 模型的适用阶次。

4.2.2 多尺度 AR 模型参数提取结果与性能分析

1. 滚动轴承信号

采用的滚动轴承振动信号同 4.1.3 节的信号,分别采集正常状态、外圈故障、内圈故障和滚动体故障 4 种状态振动数据各 40 组。根据前面所述的 EEMD 方法理论和 AR 模型理论,得到基于 EEMD 的滚动轴承故障振动信号的多尺度 AR 模型参数的提取步骤。

(1) 对每种状态数据样本经过预处理的振动信号进行 EEMD,得到若干个 IMF 分量。其中,辅助白噪声标准差为原始信号标准差的 0.2 倍,M 为 100。

(2) 根据分解出的 IMF 分量的时域信号,建立 AR 模型。根据 K-S 检验确定对前 4 个 IMF 分量建立 AR 模型,其中采用 BIC 准则确定模型的阶数 p。根据最小二乘法估计 AR 模型参数 φ_{ik}(i 为第 i 个 IMF 分量,$k = 1, 2, \cdots, p$),从而提取模型参数 φ_{ik} 作为滚动轴承不同状态的特征向量。

按照上述步骤对滚动轴承振动信号进行特征提取,表4-9列出了4种状态下各一个样本所提取的特征参数。c_1、c_2、c_3、c_4表示对每一类滚动轴承状态信号进行EEMD得到的前4个IMF分量,φ_{i1}、φ_{i2}、…、φ_{i8}为第$i(i=1,2,3,4)$个IMF分量的AR模型参数。从表中可以看出,滚动轴承不同状态的特征参数值有所不同,从而能区分不同的故障类型。

表4-9 4类轴承状态的特征参数

轴承状态	IMF分量	特征参数							
		φ_{i1}	φ_{i2}	φ_{i3}	φ_{i4}	φ_{i5}	φ_{i6}	φ_{i7}	φ_{i8}
正常状态	c_1	0.5191	0.3346	0.1106	0.0597	0.0302	0.0101	0.0245	−0.0097
	c_2	−1.7549	2.2741	−1.8934	1.4360	−0.8599	0.5843	−0.2552	0.1118
	c_3	0.5191	0.3346	0.1106	0.0597	0.0302	0.0101	0.0245	−0.0097
	c_4	−1.7549	2.2741	−1.8934	1.4360	−0.8599	0.5843	−0.2552	0.1118
外圈故障	c_1	0.2777	0.6863	0.2720	−0.1428	−0.0159	0.1062	−0.0003	0.1303
	c_2	−1.6531	2.1424	−1.7307	1.3786	−0.7245	0.4557	−0.1727	0.1191
	c_3	−3.1092	4.2435	−3.1741	1.4578	−0.5923	0.3423	−0.1423	0.0313
	c_4	−4.0155	6.8138	−6.3752	3.5353	−0.9868	−0.0950	0.1516	−0.0237
内圈故障	c_1	0.2913	0.5098	0.1818	−0.0853	−0.0843	−0.0144	0.0127	0.0382
	c_2	−1.7299	2.1992	−1.8087	1.3264	−0.7285	0.4078	−0.1517	0.0686
	c_3	−3.2178	4.3391	−2.9721	1.0920	−0.3920	0.3148	−0.1564	0.0358
	c_4	−3.9608	6.6377	−6.0916	3.1873	−0.6339	−0.3444	0.2500	−0.0375
滚动体故障	c_1	0.4934	0.4141	0.1551	−0.0194	0.0539	0.0328	−0.0157	−0.0179
	c_2	−1.5692	2.0855	−1.6015	1.2994	−0.7662	0.5888	−0.2820	0.1384
	c_3	−2.8577	3.6760	−2.5598	1.1999	−0.7119	0.6214	−0.3464	0.0975
	c_4	−2.8577	3.6760	−2.5598	1.1999	−0.7119	0.6214	−0.3464	0.0975

图4-15列出了每种状态40个样本的前三维数据点分布,分别取φ_{11}、φ_{22}、φ_{33}为x轴、y轴和z轴坐标。作为对比,按照AR模型理论,直接对原始信号建立AR模型,计算每种状态各个样本的AR模型参数$\varphi_1,\varphi_2,…,\varphi_p$,分别取$\varphi_1$、$\varphi_2$、$\varphi_3$为$x$轴、$y$轴和$z$轴坐标,同样画出数据样本的前三维数据点分布,如图4-16所示。

对比图4-15和图4-16可知,图4-15中数据点的类内聚合性和类间离散性均优于图4-16,图4-15中基本能够区分出滚动轴承内圈故障和外圈故障,正常状态和滚动体故障也具有一定的区分度,而图4-16中滚动轴承内圈故障和外圈故障的部分数据点有交叉,正常状态和滚动轴承滚动体故障两种状态难以有效区分。因此,基于EEMD的多尺度AR模型能够更好地提取振动信号的特征。

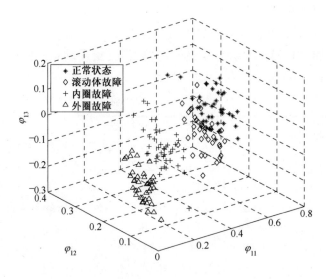

图 4-15 轴承信号的多尺度 AR 模型参数分布

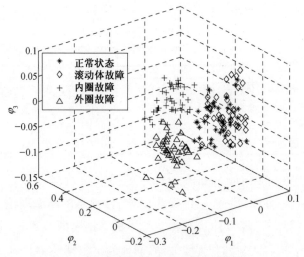

图 4-16 轴承信号的 AR 模型参数分布

2. 齿轮箱齿轮信号

采用的齿轮振动信号同 3.1.4 节的信号，包括正常状态、中间轴齿轮齿根裂纹故障、中间轴齿轮齿面磨损故障、输出轴齿轮齿根裂纹故障和输出轴齿轮齿面磨损故障 5 种状态的信号，分别采集这 5 种状态的信号，每种状态振动数据各 40 组。根据前面所述的 EEMD 方法理论和 AR 模型理论，同样得到基于 EEMD 的齿轮故障振动信号的多尺度 AR 模型参数的提取步骤。

（1）对每种状态经过预处理后的振动信号进行 EEMD,得到若干个 IMF 分量。其中,辅助白噪声标准差为原始信号标准差的 0.2 倍,M 为 100。

（2）根据分解出的 IMF 分量的时域信号,建立 AR 模型。根据 K-S 检验确定对前 4 个 IMF 分量建立 AR 模型,其中采用 BIC 准则确定模型的阶数 p。根据最小二乘法估计 AR 模型参数 φ_{ik}(i 为第 i 个 IMF 分量,$k=1,2,\cdots,p$),从而提取模型参数 φ_{ik} 作为齿轮不同状态的特征向量。

按照上述步骤对齿轮振动信号进行特征提取,表 4-10 列出了 5 种状态下各一个样本的特征参数。c_1、c_2、c_3、c_4 表示对每一类齿轮状态信号进行 EEMD 得到的前 4 个 IMF 分量,φ_{i1}、φ_{i2}、$\cdots$、φ_{i8} 为第 i($i=1,2,3,4$)个 IMF 分量的 AR 模型参数。从表中可以看出,齿轮不同状态的特征参数值有所不同,从而能够区分不同的故障类型。

图 4-17 列出了齿轮每种状态 40 个样本的前三维数据点分布,分别取 φ_{11}、φ_{22}、φ_{33} 为 x 轴、y 轴和 z 轴坐标。作为对比,按照 AR 模型理论,直接对齿轮每种状态的原始信号建立 AR 模型,计算每种状态各个样本的 AR 模型参数 φ_1、φ_2、$\cdots$、φ_p,分别取 φ_1、φ_2、φ_3 为 x 轴、y 轴和 z 轴坐标,同样画出数据样本的前三维数据点分布图,如图 4-18 所示。

表 4-10　5 种齿轮状态的特征参数

轴承状态	IMF 分量	特征参数							
		φ_{i1}	φ_{i2}	φ_{i3}	φ_{i4}	φ_{i5}	φ_{i6}	φ_{i7}	φ_{i8}
正常状态	c_1	0.4642	0.4165	0.1211	0.1465	−0.0692	−0.0702	−0.0104	−0.0297
	c_2	−1.6330	2.0570	−1.4466	0.9037	−0.3313	0.1853	−0.0444	0.0491
	c_3	−2.8716	3.9032	−3.1572	1.9416	−1.1329	0.6854	−0.3199	0.1034
	c_4	−3.8131	6.2303	−5.8200	3.6586	−1.7990	0.7926	−0.3316	0.0941
中间轴齿轮齿根裂纹故障	c_1	0.3157	0.5393	0.1989	0.0642	0.0531	−0.0079	0.0749	0.0839
	c_2	−1.6983	2.1548	−1.6970	1.2977	−0.7366	0.5403	−0.2115	0.1022
	c_3	−2.9400	4.0518	−3.2577	1.8084	−0.7594	0.2598	−0.0545	0.0214
	c_4	−3.7973	6.2195	−5.8993	3.9084	−2.1708	1.0755	−0.4160	0.0925
中间轴齿轮齿面磨损故障	c_1	0.3332	0.6070	0.0307	0.0138	−0.0328	0.0020	0.0671	0.0584
	c_2	−1.6976	2.1534	−1.5558	1.1147	−0.5207	0.4065	−0.1844	0.1181
	c_3	−3.0061	4.1203	−3.2443	1.9121	−1.2292	0.8588	−0.4031	0.0996
	c_4	−3.8233	6.1812	−5.5336	3.1177	−1.3128	0.6092	−0.3355	0.1066
输出轴齿轮齿根裂纹故障	c_1	0.3096	0.4849	0.0782	0.1113	−0.0198	0.0077	−0.0099	−0.0682
	c_2	−1.7559	2.2048	−1.5788	1.0104	−0.3520	0.1477	0.0121	0.0341
	c_3	−3.0193	4.1668	−3.2761	1.7665	−0.9052	0.6102	−0.3558	0.1262
	c_4	−3.7884	6.0798	−5.4421	3.2014	−1.6095	0.9269	−0.4985	0.1425

轴承状态	IMF 分量	特征参数							
		φ_{i1}	φ_{i2}	φ_{i3}	φ_{i4}	φ_{i5}	φ_{i6}	φ_{i7}	φ_{i8}
输出轴齿轮齿面磨损故障	c_1	0.3057	0.4595	-0.1154	0.0874	-0.0869	0.0406	0.0390	-0.1079
	c_2	-1.5781	1.8668	-1.1229	0.5002	0.1122	-0.1607	0.1272	-0.0284
	c_3	-2.6853	3.4414	-2.5526	1.4542	-0.9218	0.6807	-0.3312	0.0933
	c_4	-3.6487	5.6463	-4.8014	2.4023	-0.4964	-0.2886	0.2503	-0.0475

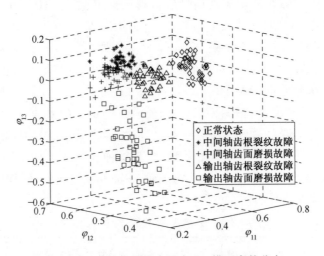

图 4-17 齿轮信号的多尺度 AR 模型参数分布

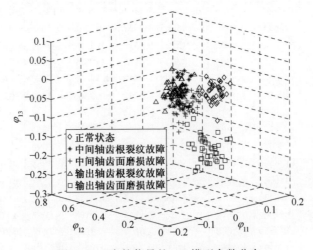

图 4-18 齿轮信号的 AR 模型参数分布

对比图4-17和图4-18可知,图4-17中正常状态和输出轴齿轮齿面磨损故障的区分度明显,中间轴齿轮齿根裂纹故障、中间轴齿轮齿面磨损故障以及输出轴齿轮齿根裂纹故障3种故障也具有一定的区分度,而图4-18中只能区分输出轴齿轮齿面磨损故障,齿轮正常状态和其他3种故障基本上混叠在一起,难以有效地区分出齿轮不同故障状态。因此,基于EEMD的多尺度AR模型能够更好地提取齿轮振动信号的特征。

4.2.3 振动信号分类效果

1. 滚动轴承信号

为了验证提取的多尺度AR模型参数作为滚动轴承信号特征参数的性能,将多尺度AR模型参数作为特征参数输入最小二乘支持向量机LS-SVM分类器,得到滚动轴承4种状态的分类正确率。同时作为对比,计算数据样本的AR模型参数对滚动轴承信号进行分类识别。表4-11列出了多尺度AR模型参数和AR模型参数的滚动轴承振动信号的分类结果。

表4-11 滚动轴承振动信号分类结果

特征参数	故障识别率/%
AR模型参数	90.25
多尺度AR模型参数	92.75

通过表4-11的对比可以得到,利用EEMD自适应分解提取的滚动轴承信号的多尺度AR模型参数,能够提高分类的正确率。以多尺度AR模型参数作为特征参数的分类正确率比AR模型参数提高了2.50%。利用EEMD的多尺度AR模型参数能够使滚动轴承的故障特征在不同的时间尺度上表现出来,更加细致地刻画滚动轴承不同状态的信号特征,区分不同的故障状态,因此多尺度AR模型参数的分类精度较高。分类结果验证了所提方法能够有效地提取滚动轴承不同故障状态的特征参数。

2. 齿轮箱齿轮信号

将多尺度AR模型参数作为齿轮箱齿轮信号的特征参数,并输入最小二乘支持向量机分类器进行分类识别,得到齿轮箱齿轮5种状态的分类正确率。作为对比,同样计算了每个样本前4个IMF分量的样本熵、每个样本原始数据的模糊熵和样本熵。表4-12列出了利用原始信号的模糊熵与样本熵和取前4个IMF分量的模糊熵和样本熵作为特征参数输入LS-SVM分类器的故障识别率结果。

表 4-12 齿轮振动信号分类结果

特征参数	故障识别率%
AR 模型参数	88.0
多尺度 AR 模型参数	90.0

由表4-12的对比可以得到,利用 EEMD 的自适应分解提取的多尺度 AR 模型参数,提高了分类正确率。以多尺度 AR 模型参数作为特征参数的分类精度比 AR 模型参数提高了2%。利用 EEMD 的多尺度 AR 模型参数能够使齿轮箱齿轮的故障特征在不同的时间尺度上表现出来,更加细致地刻画齿轮不同状态的信号特征,因此多尺度 AR 模型参数的识别精度较高。试验结果说明了所提取特征能够更有效地描述齿轮箱齿轮的不同故障状态。

4.3 本章小结

针对非线性、非平稳的旋转机械振动信号,本章主要研究了基于 EEMD 的振动信号多尺度特征提取方法,具体研究内容如下。

(1) 通过介绍模糊隶属度函数的构造和模糊熵理论,提出了基于 EEMD 的多尺度模糊熵特征提取方法。通过对实测滚动轴承和齿轮振动信号的分析,说明了模糊熵能够描述旋转机械部件不同故障状态振动信号的复杂度,作为判断其故障的特征参数。对模糊熵计算过程中3个参数的分析,确定了计算模糊熵的合理参数,并将模糊熵和样本熵作一对比,验证了模糊熵作为故障特征参数的性能优于样本熵。利用 EEMD 的自适应分解性能将原始信号分解为具有不同时间尺度的 IMF 分量,利用 K-S 检验判别结果,计算前4个 IMF 分量的模糊熵,得到原始信号的多尺度模糊熵。分类试验结果表明,多尺度模糊熵能够有效提高振动信号的分类精度率。

(2) 介绍了 AR 模型理论,研究了基于 EEMD 的多尺度 AR 模型参数提取的方法。通过 EEMD 方法将信号分解为各个时间特征尺度的平稳 IMF 分量,充分利用 AR 模型信息凝聚器的功能,对分解得到的前4个 IMF 分量建立 AR 模型,AR 模型的自回归参数蕴含了旋转机械设备不同工作状态下振动信号的特征,更适合于对旋转机械振动信号进行分类识别。

第5章 基于分数阶 S 变换时频谱的振动信号特征提取方法

　　旋转机械振动信号是一类典型的非线性非平稳信号。传统的时频分析可以将信号变换到时间-频率二维平面内进行处理,是分析非平稳信号的有力工具。在旋转机械振动信号处理和故障诊断中,常用的联合时频分析方法有短时傅里叶变换、小波变换和 S 变换等。S 变换是在短时傅里叶变换和连续小波变换基础上发展起来的一种较新的时频变换,具有良好的时频聚集性,在旋转机械振动信号处理中取得了较好的应用效果。然而,S 变换的高斯窗的标准差定义为频率的倒数,使得信号高频部分的时频分辨率不是很理想。分数阶傅里叶变换作为傅里叶变换的广义形式,因具有独特的时频旋转特性,广泛应用于信号分析和处理。鉴于此,为提高 S 变换时频分析的灵活性和时频聚集性能,本章结合分数阶傅里叶变换和 S 变换,提出一种分数阶 S 变换(fractional S transform,FST),并将其应用于旋转机械振动信号分析。

　　由于振动信号的时频谱维数巨大,单纯的时频分析结果不能直接用于振动信号描述和分类。振动信号经过分数阶 S 变换后,还需要进一步对分数阶 S 变换时频谱提取有效特征参数。分数阶 S 变换时频谱本质上是一类特殊的二维图像,因此利用二维图像的统计、纹理和分形等特征可以对其进行有效描述。脉冲耦合神经网络(pulse coupled neural networr,PCNN)具有良好的脉冲同步发放特性,在图像统计特征提取中具有无可比拟的优势。由 M. Heikkilä 等提出的中心对称局部二值模式(center-symmetric local binary pattern,CSLBP)通过对局部图像进行对比度补偿,可以有效描述图像纹理结构特征,在图像纹理检索和分类中具有较好的应用效果。

　　因此,为了准确描述旋转机械振动信号分数阶 S 变换时频谱,本章先后引入脉冲耦合神经网络和中心对称局部二值模式理论,分别对分数阶 S 变换时频谱统计特征和纹理特征提取方法进行研究;同时,针对当前关于振动信号时频谱多重分形特性和多重分形特征提取的研究较少,以及传统多重分形理论在研究时频谱分形特性中的不足,提出加权多重分形理论,并对分数阶 S

变换时频谱的多重分形特性和加权多重分形特征提取方法进行研究。

5.1 分数阶 S 变换

5.1.1 S 变换

S 变换结合了短时傅里叶变换和小波变换的优点,是分数阶 S 变换的基础。S 变换可由窗函数为高斯窗的短时傅里叶变换推导出来。信号 $x(t)$ 的短时傅里叶变换定义为

$$\text{STFT}(\tau, f) = \int_{-\infty}^{+\infty} x(t) w(\tau - t) \mathrm{e}^{-2\pi f t} \mathrm{d}t \qquad (5-1)$$

式中:τ 为时间变量;$w(t)$ 为高斯窗函数,表达式为

$$w(t) = \frac{1}{\sqrt{2\pi}\sigma} \mathrm{e}^{-\frac{t^2}{2\sigma^2}} \qquad (5-2)$$

将式(5-2)中窗函数的标准差 σ 定义为频率 f 的倒数(即 $\sigma = 1/|f|$),则可得到 S 变换的定义为

$$\text{ST}(\tau, f) = \int_{-\infty}^{+\infty} x(t) \frac{|f|}{\sqrt{2\pi}} \mathrm{e}^{-\frac{f^2(\tau-t)^2}{2}} \mathrm{e}^{-2\pi f t} \mathrm{d}t \qquad (5-3)$$

由式(5-3)可知,S 变换的窗口宽度随着分析频率的增大而减小,所以 S 变换在低频具有较高的频率分辨率,而在高频具有较高的时间分辨率。

5.1.2 分数阶 S 变换的定义与快速实现算法

1. 分数阶 S 变换定义

结合分数阶傅里叶变换,定义分数阶 S 变换为

$$\text{FST}(\tau, u) = \int_{-\infty}^{+\infty} x(t) w(\tau - t, u) K_a(t, u) \mathrm{d}t \qquad (5-4)$$

其中,高斯窗函数 $w(\tau - t, u)$ 是时间 t 和分数阶频率 u 的函数,即

$$w(\tau - t, u) = \frac{|u|^p}{\sqrt{2\pi}} \mathrm{e}^{-\frac{u^{2p}(\tau-t)^2}{2}} \qquad (5-5)$$

式中:p 为调整参数,$p \in (0, 1]$。

在式(5-4)中,变换阶次 $a \in [0, 1]$。随着 a 取值的不同,分数阶广义 S 变换能将信号旋转到不同的分数阶域进行时频分析,具有更大的灵活性。当 $a = 1$ 且 $p = 1$ 时,分数阶频域即传统的频域,此时分数阶 S 变换退化为 S 变换。

由式(5-5)可知,分数阶 S 变换在提高时频分析灵活性的同时,其高斯窗

口宽度依然随着分数阶频率的增大而减小。所以,分数阶 S 变换在分数阶低频具有较高的频率分辨率,而在分数阶高频具有较高的时间分辨率,继承了 S 变换良好的时频分辨性能。

2. 分数阶 S 变换的快速实现算法

为了快速实现信号的分数阶 S 变换,利用成熟的傅里叶变换和分数阶傅里叶变换快速算法,分别设计了分数阶 S 变换的快速实现算法。

1）基于傅里叶变换快速算法

根据卷积的定义,首先将分数阶 S 变换的定义式改写为

$$\text{FST}(\tau, u) = [x(t) K_a(t, u)] * w(t, u) \tag{5-6}$$

令 $F(x(t))$ 和 $F^{-1}(x(t))$ 分别表示 $x(t)$ 的傅里叶变换及其逆变换,根据时域卷积定理有

$$F[\text{FST}(\tau, u)] = F[x(t) K_a(t, u)] \cdot F[w(t, u)] \tag{5-7}$$

对式(5-7)两边同时进行傅里叶逆变换,得

$$\text{FST}(\tau, u) = F^{-1}\{F[x(t) K_a(t, u)] \cdot F[w(t, u)]\} \tag{5-8}$$

由式(5-8)可知,信号 $x(t)$ 的分数阶 S 变换可以通过傅里叶变换及其逆变换得到。由于傅里叶变换及其逆变换已有成熟的快速算法,因此可以借助它们实现分数阶 S 变换的快速计算,具体步骤不再赘述。

2）基于分数阶傅里叶变换快速算法

首先将其定义式 $(5-4)$ 进行变形。设 $y(t, u) = x(t) K_a(t, u) e^{-jc_\alpha t^2}$、$g(t, u) = w(t, u) e^{-jc_\alpha t^2}$,则有

$$
\begin{aligned}
\text{FST}(\tau, u) &= [x(t) K_a(t, u)] * w(t, u) \\
&= [y(t, u) e^{jc_\alpha t^2}] * [g(t, u) e^{jc_\alpha t^2}] \\
&= \frac{\sqrt{2\pi}}{A_\alpha} e^{jc_\alpha \tau^2} y(t, u) \overset{a}{*} g(t, u)
\end{aligned}
\tag{5-9}
$$

令 $h(\tau, u) = y(t, u) \overset{a}{*} g(t, u)$,则根据式(2-4)分数阶卷积定理得

$$H_a(v, u) = e^{-jc_\alpha v^2} Y_a(v, u) G_a(v, u) \tag{5-10}$$

将式(5-10)进行逆分数阶傅里叶变换得

$$
\begin{aligned}
h(\tau, u) &= \int_{-\infty}^{+\infty} e^{-jc_\alpha v^2} Y_a(v, u) G_a(v, u) K_{-a}(\tau, v) \, dv \\
&= F^{-a}[e^{-jc_\alpha v^2} Y_a(v, u) G_a(v, u)]
\end{aligned}
\tag{5-11}
$$

结合式(5-9)和式(5-11)可得

$$FST(\tau,u) = \frac{\sqrt{2\pi}}{A_\alpha}e^{jc_\alpha\tau^2}h(\tau,u)$$

$$= \frac{\sqrt{2\pi}}{A_\alpha}e^{jc_\alpha\tau^2}F^{-a}\big[\,e^{-jc_\alpha v^2}Y_a(v,u)\,G_a(v,u)\,\big]$$

(5-12)

由式(5-12)可知,分数阶 S 变换也可以由分数阶傅里叶变换及逆傅里叶变换得到。目前分数阶傅里叶变换的快速算法已经比较成熟,因此分数阶 S 变换也可以借助分数阶傅里叶变换的快速算法实现。

5.1.3 分数阶 S 变换参数选择方法

分数阶 S 变换涉及调整参数 p 和变换阶次 a 两个参数。分数阶 S 变换的时频聚集性能否达到最优,以上两个参数的选择非常关键。为此,本节根据相关参考文献提出的时频聚集性度量准则,设计了一种分数阶 S 变换参数选择方法,具体步骤如下。

(1) 对于任意 $p \in (0,1]$ 和 $a \in [0,1]$,根据式(5-8)或式(5-12)对信号 $x(t)$ 进行分数阶 S 变换。

(2) 对分数阶 S 变换系数进行以下能量归一化,即

$$FST(\tau,f) = FST(\tau,f) \big/ \sum\sum FST(\tau,f)$$

(5-13)

(3) 根据式(5-14)计算分数阶 S 变换的时频聚集性 $M(p,a)$,其中 $q = 2$,即

$$M(p,a) = \Big(\sum\sum\ |FST(\tau,f)|^{\frac{1}{q}}\Big)^q$$

(5-14)

(4) 采用式(5-15)的原则,选取最优参数对 (p^{opt},a^{opt})。

$$(p^{opt},a^{opt}) = \arg\min_{p,a}(M(p,a))$$

(5-15)

5.1.4 仿真信号分析

为了分析和对比不同时频变换的时频聚集性能,构造仿真信号 $x(t)$,即

$$\begin{cases} x(t) = x_1(t) + x_2(t) + x_3(t) \\ x_1(t) = \sin(30\pi t) \\ x_2(t) = \sin(30 + 50\pi t \cdot 4^t) \\ x_3(t) = \sin[200\pi t + 200\pi t^2 + 20\pi t\cos(2\pi t)] \end{cases}$$

(5-16)

由式(5-16)可知,$x(t)$ 由一个正弦分量和两个非线性调频分量组成。设置采样频率和采样时间分别为 1024Hz 和 1s,其时域波形如图 5-1 所示。

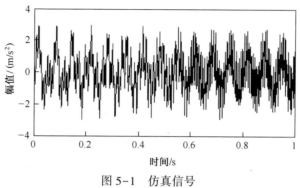

图 5-1 仿真信号

对仿真信号 $x(t)$ 分别进行短时傅里叶变换、Morlet 连续小波变换、S 变换和分数阶 S 变换,结果如图 5-2 所示。

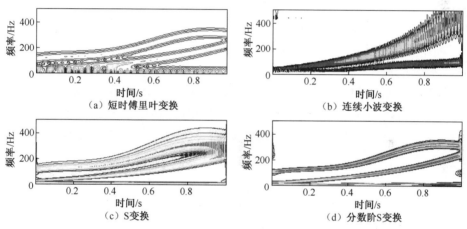

（a）短时傅里叶变换　　　　　　（b）连续小波变换

（c）S变换　　　　　　　　（d）分数阶S变换

图 5-2　仿真信号时频谱

对比图 5-2 中各子图可以看出,由于短时傅里叶变换的时窗宽度固定,其低频和高频的时频分辨率都很差;连续小波变换由于尺度的大小与信号的频率没有较好的对应关系,导致时频谱的时频聚集性较差,不能很好地表达信号各分量的频率随时间的变化情况;S 变换虽然对低频信号具有较好的时频分辨力,但在高频的时频分辨力较差;分数阶 S 变换由于具有类似于分数阶傅里叶变换的时频旋转特性,并引入了窗函数调整参数,时频聚集性明显提高,尤其是信号高频部分。因此,分数阶 S 变换具有较好的时频聚集性,非常适合于旋转机械故障信号分析。

5.2 振动信号的分数阶 S 变换

5.2.1 齿轮箱齿轮信号

为了对比分数阶 S 变换在齿轮箱齿轮振动信号时频表示中的优势,对试验采集的 5 种不同状态的齿轮箱齿轮振动信号分别进行短时傅里叶变换、S变换和分数阶 S 变换,部分结果如图 5-3 ~图 5-7 所示。

对比图 5-3 ~图 5-7 可以看出,由于短时傅里叶变换的窗宽固定,不能在时域和频域同时取得较高的分辨率,因此时频聚集性较差;S 变换的高斯窗的标准差固定为频率的倒数,在信号高频部分虽然具有较高的时间分辨率,但是频率分辨率较低,尤其是在 1000Hz 以上频率成分的频率分辨率非常差;分数阶 S 变换根据信号自身的特点,通过选择合适的调整参数 p 和变换阶次 a,取得了很好的时频分辨率和时频聚集性。因此,与短时傅里叶变换和 S 变换相比,分数阶 S 变换提高了信号时频分析的灵活性和时频聚集性,比较适合于分析具有非线性和非平稳性的齿轮箱齿轮振动信号。

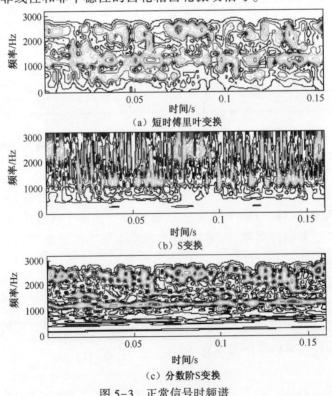

(a) 短时傅里叶变换

(b) S变换

(c) 分数阶S变换

图 5-3 正常信号时频谱

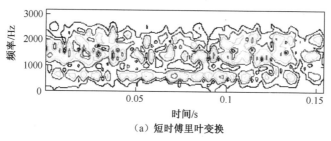

（a）短时傅里叶变换

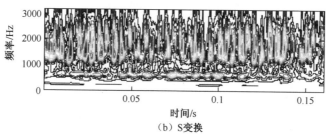

（b）S变换

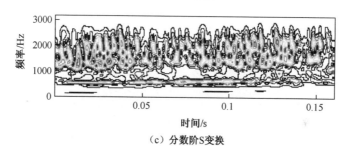

（c）分数阶S变换

图 5-4　中间轴齿根裂纹信号时频谱

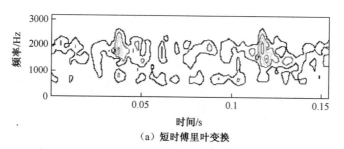

（a）短时傅里叶变换

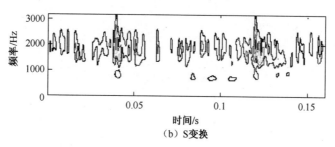

（b）S变换

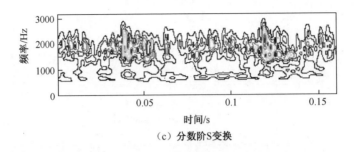

（c）分数阶S变换

图 5-5 中间轴齿面磨损信号时频谱

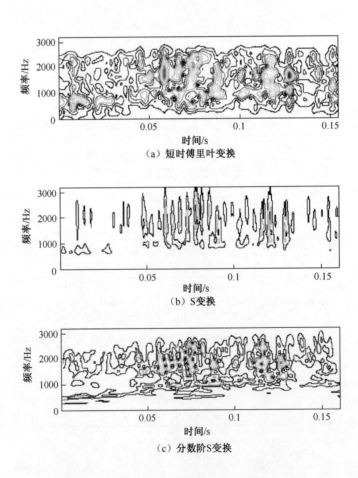

（a）短时傅里叶变换

（b）S变换

（c）分数阶S变换

图 5-6 输出轴齿根裂纹信号时频谱

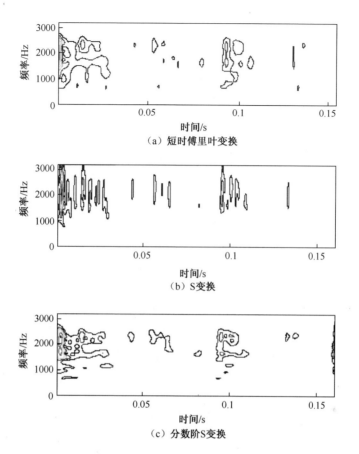

（a）短时傅里叶变换

（b）S变换

（c）分数阶S变换

图 5-7　输出轴齿面磨损信号时频谱

5.2.2　滚动轴承信号

为了分析分数阶 S 变换在滚动轴承振动信号时频表示中的优势,对图 2-2 中 4 种状态的滚动轴承振动信号分别采用短时傅里叶变换、S 变换和分数阶 S 变换进行处理,结果如图 5-8~图 5-11 所示。

观察图 5-8~图 5-11 可知,正常信号的能量主要集中在 2000Hz 及低频部分,内圈和外圈故障信号的能量主要集中在 2000~4000Hz 之间,并呈现出明显的冲击特征,而滚动体故障信号的能量分布比较分散。

由于短时傅里叶变换高斯窗口宽度固定,不能在时域和频域同时取得较高的分辨率,因此时频聚集性较差;对于滚动轴承外圈和内圈故障信号而言,S 变换的时频聚集性优于短时傅里叶变换,但是对于正常信号和滚动体故障信号而言,其时频聚集性较差,尤其是 2000Hz 以上频率成分;分数阶 S 变换能够根据信号自身的特点,自适应选择合适的调整参数 p 和变换阶次 a,4 种滚动轴承信号的分数阶 S 变换时频谱的时频聚集性都比较好。因此,分数阶 S 变换更适合处理非线性、非平稳的滚动轴承振动信号。

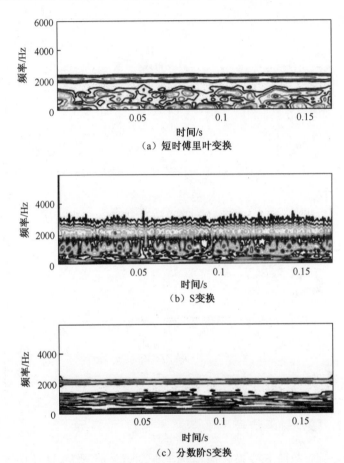

图 5-8 正常信号时频谱

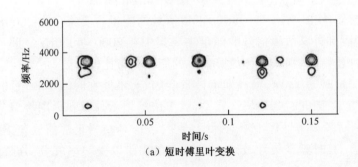

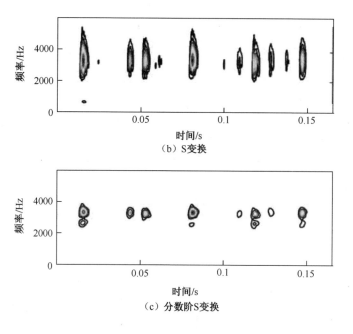

（b）S变换

（c）分数阶S变换

图 5-9　外圈故障信号时频谱

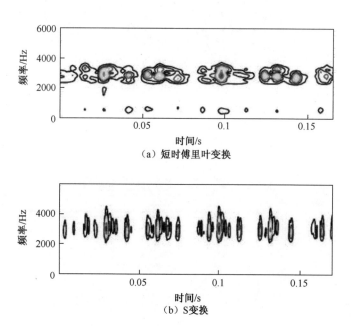

（a）短时傅里叶变换

（b）S变换

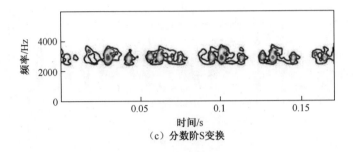
（c）分数阶S变换

图 5-10　内圈故障信号时频谱

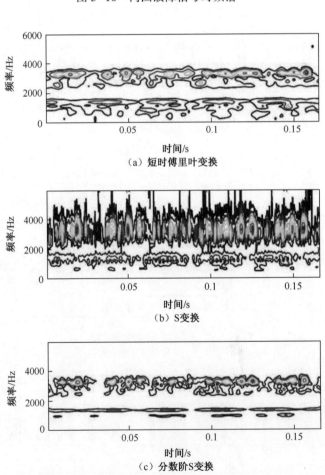
（a）短时傅里叶变换

（b）S变换

（c）分数阶S变换

图 5-11　滚动体故障信号时频谱

5.3　基于分数阶 S 变换时频谱的 PCNN 谱特征提取

脉冲耦合神经网络(PCNN)具有良好的脉冲同步发放特性,在图像统计特征提取中具有传统方法无可比拟的优势。因此,为了描述旋转机械振动信号分数阶 S 变换时频谱的统计特性,提出一种基于分数阶 S 变换时频谱的 PCNN 谱特征提取方法。采用脉冲耦合神经网络对分数阶 S 变换时频谱进行二值分解,定义并提取二值图像的捕获比序列为振动信号的 PCNN 谱特征参数,用于描述分数阶 S 变换时频谱的统计特性。

5.3.1　脉冲耦合神经网络

最初的 PCNN 模型由 Eckhorn 提出,但该模型结构复杂,不便于应用。为此,选择文献提出一种简化 PCNN 模型。该模型由信号接收部分、内部调制部分和脉冲发生器三部分组成,如图 5-12 所示。

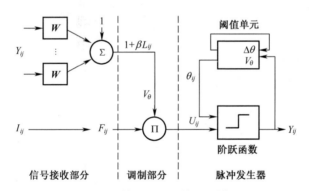

图 5-12　简化 PCNN 神经元模型

该简化 PCNN 模型可以由式(5-17)~式(5-21)进行描述,即

$$F_{ij}[n] = I_{ij} \tag{5-17}$$

$$L_{ij}[n] = \sum_{k,l} W_{kl} Y_{ijkl}[n-1] \tag{5-18}$$

$$U_{ij}[n] = F_{ij}[n](1 + \beta L_{ij}[n]) \tag{5-19}$$

$$\begin{cases} Y_{ij}[n] = 1, & U_{ij}[n] > \theta_{ij}[n-1] \\ Y_{ij}[n] = 0, & U_{ij}[n] \leq \theta_{ij}[n-1] \end{cases} \tag{5-20}$$

$$\theta_{ij}[n] = \theta_{ij}[n-1] - \Delta\theta \tag{5-21}$$

式中:n 为迭代次数;F_{ij}、I_{ij}、L_{ij}、U_{ij}、Y_{ij} 和 θ_{ij} 分别为神经元 (i,j) 的外部输

入、外部激励、连接输入、内部活动项、脉冲输出和动态阈值；$\Delta\theta$ 为 θ_{ij} 的衰减步长；Y_{ijkl} 为以神经元 (i,j) 为中心的局部脉冲输出；W_{kl} 为连接权矩阵 $\boldsymbol{W}$ 的第 (k,l) 个元素；β 为网络的耦合连接强度。

当 $\beta\neq0$ 时，PCNN 存在局部耦合，PCNN 利用耦合连接输入 L_{ij} 对反馈输入 F_{ij} 进行非线性调制，使各神经元之间相互影响，导致一个神经元发放脉冲的同时，会捕获其邻域内与之相似的神经元，使其也发放脉冲，产生脉冲同步发放的现象。

简化 PCNN 模型涉及 4 个参数，即 W_{kl}、β、V_θ 和 $\Delta\theta$，其中 V_θ 为动态阈值 θ_{ij} 的初值。W_{kl} 的取值比较固定，一般选为 $[0.661,1,0.661;1,1,1;0.661,1,0.661]$，其余参数主要通过经验和具体对象进行设置。经多次试验，$\beta=0.1$ 时提取的特征区分性能较好，故选取 $\beta=0.1$；由于归一化时频谱中最大元素为 1，因此设置 $V_\theta=1$；为了兼顾描述能力和时间消耗，选择衰减步长 $\Delta\theta=0.05$。

5.3.2 时频谱的 PCNN 谱特征

旋转机械振动信号经分数阶 S 变换处理后得到一个二维时频谱，利用简化 PCNN 良好的脉冲同步发放特性，对该时频谱进行二值分解，然后提取用于描述振动信号的特征参数。

利用 PCNN 对分数阶 S 变换时频谱进行二值分解时，对时频谱进行归一化处理，使其像素值都在 0～1 之间，然后以归一化时频谱的各像素作为 PCNN 神经元的外部激励。

随着 PCNN 迭代次数的增加，动态阈值线性衰减，所有神经元都依次发放脉冲，从而输出一系列二值图像。理论上，这些二值图像包含了对应时频谱的全部信息。

在时频谱二值图像分解的基础上，定义时频谱像素捕获比，将时频谱的二值图像转化为一维时间序列 $r[n]$。时频谱像素捕获比定义为 PCNN 每次迭代新捕获（神经元状态由 0 变为 1）的神经元个数与二值图像像素总数的比值，即

$$r[n]=\frac{\left(\sum_{ij}Y_{ij}[n]-\sum_{ij}Y_{ij}[n-1]\right)}{S} \tag{5-22}$$

式中：S 为二值图像的面积，即像素总个数。这样 PCNN 将从每个分数阶 S 变换时频谱中提取 20 个特征，称之为振动信号的 PCNN 谱特征。

由于 PCNN 具有脉冲同步发放特性，并且神经元点火时刻能够大致反映

出神经元对应时频谱元素的大小,因而 PCNN 谱特征能够反映出旋转机械振动信号在时频面内的能量分布情况和局部结构信息。

5.3.3 PCNN 谱特征提取结果及性能分析

1. 齿轮箱齿轮信号

不同状态的齿轮箱齿轮振动信号的 PCNN 谱特征提取结果如图 5-13 所示,其中每种齿轮状态包含 5 个样本。

图 5-13(a)所示为短时傅里叶变换时频谱提取结果,由于短时傅里叶变换不能自适应调整高斯窗口宽度,时频聚集性较差,所有 PCNN 谱特征曲线分布散乱,从曲线很难准确辨别 5 种不同齿轮状态;图 5-13(b)是 S 变换时频谱提取结果,虽然 S 变换克服了短时傅里叶变换的缺点,但是对信号高频部分的频率分辨率较低,导致提取的特征参数区分性能不是太理想,尤其是类间分散性有待提高;分数阶 S 变换通过增加调整参数 p 和变换阶次 a,进一步提高了变换的时频聚集性,基于分数阶 S 变换时频谱的特征提取结果如图 5-13(c)所示,从图中可以看出 PCNN 谱特征不仅表现出良好的类内聚合性,而且类间分散性也有所提高。对比分析结果表明,分数阶 S 变换由于具有良好的时频聚集性,更加适用于提取齿轮箱齿轮振动信号的 PCNN 谱特征。

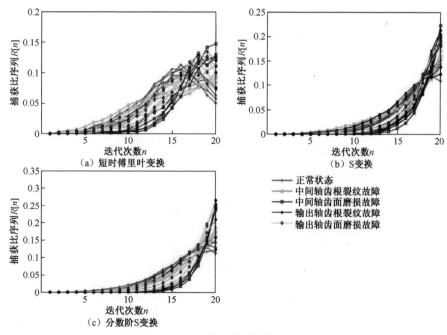

图 5-13　齿轮振动信号特征提取结果

2. 滚动轴承信号

图 5-14 给出了 4 种滚动轴承振动信号的 PCNN 谱特征提取结果,其中每类状态包含 5 个样本。图 5-14(a)所示为短时傅里叶变换时频谱提取结果,所有曲线分布杂乱,从图中很难准确区分滚动轴承的 4 种不同状态,原因在于 STFT 不能自适应调整高斯窗口大小,时频谱时频聚集性较差;图 5-14(b)是 S 变换时频谱提取的结果,PCNN 谱特征的类聚性明显好于 STFT,但是类间分散性不是很理想;分数阶 S 变换通过对调整参数 p 的寻优,提高了时频谱的时频聚集性,基于分数阶 S 变换的特征提取结果如图 5-14(c)所示,从图中可以看出 PCNN 谱特征不仅表现出良好的类聚性,而且类间分散性也比较理想。特征提取结果表明,分数阶 S 变换由于具有良好时频聚集性,更加适合于构造时频谱,从而提取滚动轴承信号特征参数。

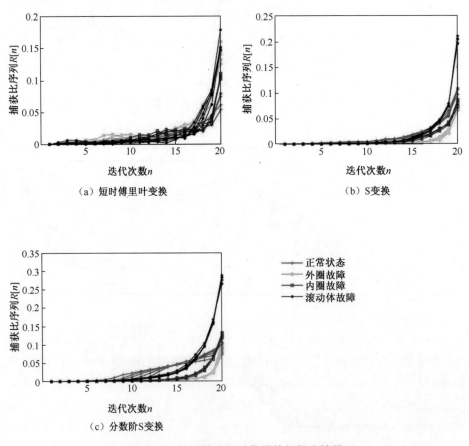

(a)短时傅里叶变换

(b)S变换

(c)分数阶S变换

图 5-14　滚动轴承振动信号特征提取结果

152

5.3.4 振动信号分类效果

1. 齿轮箱齿轮信号

为进一步验证基于分数阶 S 变换提取的 PCNN 谱特征的优越性,从试验采集的不同状态的齿轮箱齿轮振动信号中各随机选取 20 个样本,前 10 个作为训练样本,后 10 个作为测试样本,采用 K 近邻分类器(K-NNC)、朴素贝叶斯分类器(NBC)和支持向量机(SVM)分别对齿轮振动信号进行分类识别。在 K-NNC 分类时,取 $K=5$;在 SVM 分类时,采用径向基核函数和"一对一"策略构建多类分类器,并通过网格搜索的方法自动选择参数。为了降低试验结果的随机性,试验重复 10 次,每次参与试验的样本均重新随机选取。

表 5-1 给出了 10 次试验的平均分类结果,其中 STFT、ST 和 FST 分别表示短时傅里叶变换、S 变换和分数阶 S 变换。由表 5-1 可以看出,对于相同分类器而言,短时傅里叶变换对应的分类精度都是最低,其次是 S 变换,而分数阶 S 变换的分类精度总是最高。因此,在齿轮箱齿轮振动信号分类中,分数阶 S 变换优于短时傅里叶变换和 S 变换,它能明显提高齿轮振动信号的分类精度。

表 5-1　齿轮振动信号分类结果　　　　　　　　　　(%)

分类器	STFT	ST	FST
K-NNC	80.20	86.40	89.60
NBC	82.40	90.00	92.40
SVM	85.80	91.40	93.00
平均分类精度	82.80	89.27	91.67

2. 滚动轴承信号

从 4 种状态的滚动轴承信号中各随机选取 20 个样本作为训练样本,其余 20 个样本作为测试样本,分别采用 K 近邻分类器(K-NNC)、朴素贝叶斯分类器(NBC)和支持向量机(SVM)对滚动轴承振动信号进行分类。分类器构造和参数设置与前文相同。为降低试验结果的随机性,试验重复 5 次,每次参与试验的样本均重新随机选取。

分类试验结果如表 5-2 所列,其中 STFT、ST 和 FST 分别表示短时傅里叶变换、S 变换和分数阶 S 变换。从表 5-2 可以看出,无论选择何种分类器,

STFT 时频谱的分类效果都最差;采用 SVM 分类时,ST 和 FST 时频谱具有相同的分类精度,而采用 K-NNC 和 NBC 分类时,分数阶 S 变换时频谱的分类精度比 ST 时频谱高。总体而言,基于分数阶 S 变换提取的 PCNN 谱特征的分类效果优于 STFT 和 ST。

表 5-2   滚动轴承振动信号分类结果   （%）

分类器	STFT	ST	FST
K-NNC	88.75	96.50	98.00
NBC	92.50	98.75	99.25
SVM	95.00	100.00	100.00
平均分类精度	92.08	98.42	99.08

5.4   基于分数阶 S 变换时频谱的 CSLBP 纹理谱特征提取

分数阶 S 变换时频谱作为一种特殊的图像,同样具有明显的纹理特征,包括局部二值模式(local binary pattern,LBP)和统一模式。局部二值模式通过对局部图像进行对比度补偿,可以有效描述图像的局部结构特征,在图像纹理检索和分类中取得了较好的效果。然而,LBP 和统一模式 LBP 刻画的纹理过于精细且模式数量较多,不利于图像特征描述和分类。于是,在 LBP 的基础上,M. Heikkilä 等提出了中心对称局部二值模式(center-symmetric local binary pattern,CSLBP)。CSLBP 在大幅度降低模式数目的同时,提高了图像特征描述能力。鉴于此,本节引入中心对称局部二值模式,研究了基于分数阶 S 变换时频谱的 CSLBP 纹理谱特征提取方法。

5.4.1   中心对称局部二值模式

1. 局部二值模式

LBP 的基本思想是,根据图像局部区域的中心像素灰度值与邻域像素灰度值的差异进行二进制编码,从而刻画图像的局部纹理特征。基本 LBP 定义在 3×3 的矩形邻域,其编码规则如图 5-15 所示。当邻域像素的灰度值 $f_i \geqslant f_c$ 时,对应位置编码为 1;否则编码为零,然后按顺时针方向读出 8 位二进制数,即为该邻域中心像素的 LBP。

154

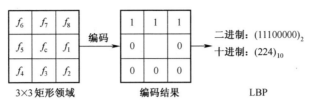

图 5-15 LBP 编码规则

由于基本 LBP 处理的邻域是一个大小固定、形状固定的矩形,应用于某些场合存在明显不足,T. Ojala 等将 3×3 的矩形邻域扩展到任意半径和任意邻域点数的圆形邻域。图 5-16 所示为 3 种常用的圆形邻域,其中 $P=8$、$R=1$ 的圆形邻域与 3×3 矩形邻域等价。邻域半径为 R、点数为 P 的 LBP 计算方法如式(5-23)和式(5-24),即

$$\text{LBP}_{P,R}(x,y) = \sum_{i=1}^{P} s_{\text{LBP}}(f_i, f_c) \times 2^{i-1} \quad (5-23)$$

$$\begin{cases} s_{\text{LBP}}(f_i, f_c) = 1, & f_i - f_c \geq 0 \\ s_{\text{LBP}}(f_i, f_c) = 0, & f_i - f_c < 0 \end{cases} \quad (5-24)$$

式中:P 为邻域点数,在基本 LBP 中 $P=8$。

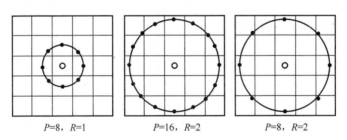

$P=8$,$R=1$ $P=16$,$R=2$ $P=8$,$R=2$

图 5-16 常见的圆形邻域

研究发现,LBP 只有少部分模式是描述图像纹理的重要模式,其出现概率达到 90% 以上,这些模式就是"统一模式"。如果把二进制串看成一个圆,统一模式就是串中从 0 到 1 和从 1 到 0 的转换不超过 2 的模式,符号记为 $\text{LBP}_{P,R}^{\text{u2}}$。以 $P=8$、$R=1$ 为例,由式(5-23)可知 $\text{LBP}_{P,R}$ 的模式可达 256 种之多,而 $\text{LBP}_{P,R}^{\text{u2}}$ 的模式最多仅有 59 种。尽管统一模式 LBP 仅仅是 LBP 输出中的小部分,但是它反映了绝大部分纹理信息,仍具有较强的纹理描述能力。

2. 中心对称局部二值模式

与 LBP 相比,统一模式 LBP 的模式数量虽然减少很多,但是刻画的纹理

依然过于精细且模式数量较多。M. Heikkilä 将中心对称思想引入 LBP，提出了中心对称局部二值模式（CSLBP）。CSLBP 重新定义了二进制编码规则，只根据关于邻域中心对称的像素对的差值进行编码。邻域半径为 R、点数为 P 的 CSLBP 计算方法如式（5-25）和式（5-26）所示，即

$$\mathrm{CSLBP}_{P,R}(x,y) = \sum_{i=1}^{P/2} s_{\mathrm{CSLBP}}(f_i, f_{i+P/2}) \times 2^{i-1} \qquad (5-25)$$

$$\begin{cases} s_{\mathrm{CSLBP}}(f_i, f_c) = 1, & f_i - f_c \geq \mathrm{Th} \\ s_{\mathrm{CSLBP}}(f_i, f_c) = 0, & f_i - f_c < \mathrm{Th} \end{cases} \qquad (5-26)$$

式中：Th 为预设阈值，用于判别邻域的平坦性。

由式（5-25）可知，CSLBP 的模式最多为 $2^{P/2}$，与 LBP 和统一模式 LBP 相比，模式数量大大减小，更加有利于节约存储空间和降低后续信号分类的复杂度。

CSLBP 涉及 3 个参数，即 P、R 和 Th。试验中可兼顾特征的复杂度和描述能力进行设置。

5.4.2　时频谱的 CSLBP 纹理谱特征

分数阶 S 变换时频谱的中心对称局部二值模式仍然是一个维数巨大的矩阵。为了有效描述旋转机械振动信号分数阶 S 变换时频谱的纹理特征，在中心对称二值模式的基础上，定义中心对称局部二值模式纹理谱 $H(h)$，数学描述为

$$H(h) = \frac{\sum\limits_{x,y} I\{\mathrm{CSLBP}_{P,R}(x,y) = h-1\}}{MN} \qquad (5-27)$$

式中：$h = 1, 2, \cdots, n$，$n = 2^{P/2}$；I 为语句判断函数，当 $\mathrm{LBP}_{P,R}(x,y) = h-1$ 时，$I\{\mathrm{CSLBP}_{P,R}(x,y) = h-1\} = 1$，否则 $I\{\mathrm{CSLBP}_{P,R}(x,y) = h-1\} = 0$；$M$、$N$ 分别为时频谱的行数和列数。

5.4.3　CSLBP 纹理谱特征提取结果及性能分析

1. 齿轮箱齿轮信号

在分数阶 S 变换对齿轮箱齿轮振动信号处理的基础上，提取低维的 CSLBP 纹理谱特征参数。同时，引入 LBP 和统一模式 LBP 纹理谱作为对比。在参数设置方面，LBP 和统一模式 LBP 涉及两个参数（P 和 R），CSLBP 涉及

3 个参数(P、R 和 Th),试验选取 $P=8$、$R=1$、$Th=0$。

图 5-17 所示为齿轮振动信号的 CSLBP 纹理谱特征提取结果,其中每种齿轮状态包含 5 个样本。对比图 5-17(a)和图 5-17(b)可知,LBP 纹理谱的维数为 256,其中重要模式,即出现次数较多的模式只有少数,而大部分模式出现的概率很小,在齿轮振动信号特征表达及分类中的贡献很小,属于不重要模式;统一模式 LBP 纹理谱的维数为 59,与 LBP 纹理谱中重要模式具有较好的对应关系。因此,LBP 纹理谱包含大量冗余和无用信息,而统一模式 LBP 纹理谱利用少量特征参数较好地描述了时频谱的重要纹理信息。由图 5-17(c)可以看出,由于编码规则的不同,CSLBP 纹理谱的维数仅为 16,远小于 LBP 和统一模式 LBP 纹理谱的维数,并且具有理想的类内聚合性和较好的类间分散性。

因此,与 LBP 和统一模式 LBP 纹理谱相比,CSLBP 纹理谱无论在特征维数还是在可分性方面,都有明显的优势。

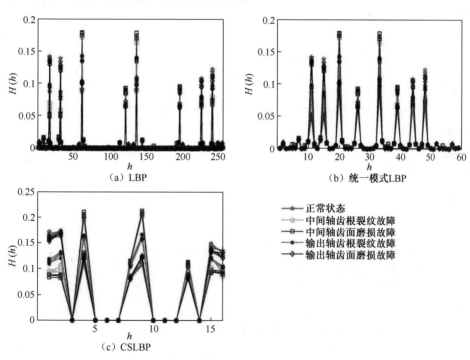

图 5-17　齿轮振动信号特征提取结果

2. 滚动轴承信号

采用 CSLBP 对滚动轴承信号的分数阶 S 变换时频谱进行分析,提取低维的 CSLBP 纹理谱特征参数。同时,引入 LBP 和统一模式 LBP 纹理谱作为对比。在参数设置方面,同样选取 $P=8$、$R=1$、$Th=0$。

图 5-18 展示了滚动轴承振动信号的 CSLBP 纹理谱特征提取结果,其中每种滚动轴承状态包含 5 个样本。对比图 5-18(a)和图 5-18(b)可知,LBP 纹理谱中出现次数较多的模式只有少数,而大部分模式出现的概率很小,属于不重要模式;统一模式 LBP 纹理谱与 LBP 纹理谱中重要模式具有较好的对应关系,通过少量特征参数较好地描述了时频谱的重要纹理特征。如图 5-18(c)所示,CSLBP 纹理谱的维数远小于 LBP 和统一模式 LBP 纹理谱的维数,并且呈现出较好的可分性。因此,与 LBP 和统一模式 LBP 纹理谱相比,CSLBP 纹理谱能够更好地刻画滑动轴承振动信号的分数阶 S 变换时频谱的纹理特征。

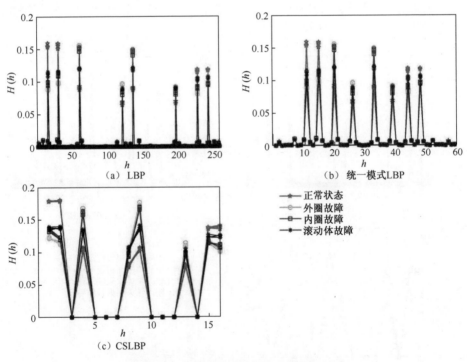

图 5-18　滚动轴承振动信号特征提取结果

5.4.4　振动信号分类效果

1. 齿轮箱齿轮信号

将分数阶 S 变换时频谱的 CSLBP 纹理谱应用于齿轮箱齿轮振动信号分

类。从每种状态的齿轮振动信号中分别随机抽取 40 个样本,其中 20 个构造训练样本集,其余 20 个构造测试样本集,选择朴素贝叶斯分类器进行识别。同时,引入 S 变换、LBP 纹理谱和统一模式 LBP 纹理谱构造对比试验。试验过程重复 10 次,平均结果如图 5-19 所示。

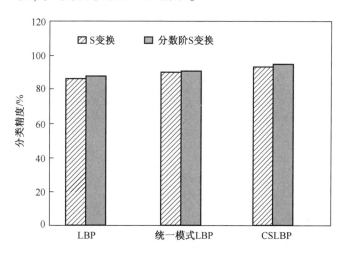

图 5-19　齿轮振动信号分类结果

由图 5-19 所示的柱状图可知,由于分数阶 S 变换比 S 变换更灵活,时频分辨性能更好,表达齿轮振动信号时频特性更加精确,基于分数阶 S 变换提取的纹理谱分类效果优于基于 S 变换提取的纹理谱。

无论是基于 S 变换还是基于分数阶 S 变换,所提取的局部二值模式纹理谱的分类精度均较低,说明局部二值模式纹理谱中包含的大量不重要信息,非但对齿轮振动信号分类没有贡献,反而严重影响了诊断精度。统一模式 LBP 纹理谱由于舍弃了不重要模式,特征维数大幅度降低,上述不重要信息对信号分类的影响减小,因此信号分类精度有所提高。CSLBP 由于采用了更为简单、有效的二进制编码规则,CSLBP 纹理谱表现出更好的类内聚合性和类间分散性,对齿轮振动信号的描述能力和区分能力增强,因而朴素贝叶斯分类器获得了更好的分类精度。另外需要指出的是,由于 CLLBP 纹理谱的特征维数较低,振动信号分类速度也较快。

综上可知,基于分数阶 S 变换时频谱提取的 CSLBP 纹理谱具有特征维数低、描述能力强和鉴别性能好的优点,适用于对齿轮振动信号进行描述与分类。

2. 滚动轴承信号

从试验所采集的 4 种状态滚动轴承振动信号中,分别选取 40 个样本进行分类试验。分类器选用朴素贝叶斯分类器(NBC)、K 近邻分类器(K-NNC)和支持向量机(SVM)。在 K-NNC 中 $K=1$;SVM 的核函数采用径向基核函数,核参数和惩罚因子通过网格搜索的方法自动选择。同时,引入基于分数阶 S 变换时频谱的 LBP 纹理谱和统一模式 LBP 纹理谱进行对比分析。

为保证结果的有效性,试验重复 10 次,每次从 4 类样本中分别随机选取 20 个样本组成训练样本,其余 20 个样本组成测试样本。最终试验结果如图 5-20 所示。

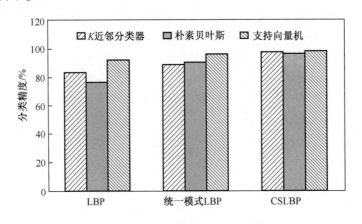

图 5-20 滚动轴承振动信号分类结果

图 5-20 所示为 3 种分类器分别采用不同纹理谱对 4 种滚动轴承振动信号进行 10 次分类的平均识别精度。从柱状图可以看出,不管采用什么分类器,LBP、统一模式 LBP 和 CSLBP 纹理谱的分类精度都依次提高,并且 CSLBP 纹理谱的分类效果非常理想,分类精度几乎都达到了 100%。由此可见,LBP 纹理谱中的大量冗余和无用信息不仅对滚动轴承振动信号分类没有贡献,反而严重影响分类精度。统一模式 LBP 由于仅包含 LBP 中的重要模式,其中冗余和无用信息较少,因而其纹理谱的分类精度大幅度提高。CSLBP 因为采用了更为简单、有效的二进制编码规则,纹理谱具有更好的类内聚合性和类间分散性,所以获得了比 LBP 和统一模式 LBP 纹理谱更高的分类精度。同时可以看出,CSLBP 纹理谱的分类精度受分类器的影响很小,表现出较好的鲁棒性。

因此,与 LBP 和统一模式 LBP 纹理谱相比,CSLBP 纹理谱的维数更低、分类性能更好,能够有效表达不同状态滚动轴承振动信号的时频纹理特征。

5.5　基于分数阶 S 变换时频谱的加权多重分形特征提取

分形理论作为非线性理论的重要分支,能够有效处理非线性信号,在旋转机械振动信号分析中也得到了广泛应用。大量应用结果表明,旋转机械振动信号具有明显的多重分形特性,利用多重分形理论可以有效地描述振动信号的非线性和局部标度特性,从而准确提取出其非线性特征。常用的多重分形估计方法有小波模极大值、多重趋势波动分析、形态学覆盖和 Q 阶矩结构分割函数(Qth order weighted moment structure partition function,Q-MSPF)法等方法,其中 Q-MSPF 法具有理论简单、计算复杂度低等优点。

目前针对旋转机械振动信号多重分形特性的研究已比较广泛和深入,而针对旋转机械振动信号时频谱的多重分形特性和多重分形特征提取的研究很少。鉴于此,本节将广义时频分析和多重分形理论有机结合,首先针对多重分形理论在时频谱分析中的不足,提出加权多重分形理论,然后研究了分数阶 S 变换时频谱的多重分形特性及其加权多重分形特征提取方法。

5.5.1　加权多重分形理论

图像的多重分形特性主要利用多重分形谱和多重分形维数两种方式进行描述。然而,由于旋转机械振动信号分析的主要依据是振动信号频率随时间的变化和分布情况,而不是信号采集的具体时刻信息,因此时频谱的时间和频率信息具有不同的重要性,传统的多重分形理论应用于时频谱的多重分形特性研究具有一定的局限性。为此,本节提出加权多重分形理论,并基于 Q 阶矩结构分割函数法的原理设计了加权多重分形谱和加权多重分形维数估计方法,用以更好地对振动信号分数阶 S 变换时频谱的多重分形特性进行分析。首先简要介绍 Q 阶矩结构分割函数方法。

1. Q 阶矩结构分割函数法

Q 阶矩结构分割函数(Q-MSPF)法是一种借助统计学中样本矩的概念,通过构造时间序列的结构方程进行多重分形分析的方法。对于长度为 N 的一维信号 x_i , $i = 1,2,\cdots,N$, Q-MSPF 法主要包括以下几步。

(1)构造归一化新序列 $\{x_i'\}$,满足 $x_i' \geq 0$ 和 $\sum_{k=1}^{N} x_k' = 1$ 。

(2)将 $\{x_i'\}$ 划分成长度为 ε 的 N_ε 个子序列,并按照公式计算各子序列的概率测度,即

$$P_v(\varepsilon) = \sum_{k=(v-1)\varepsilon+1}^{v\varepsilon} x'_k, \qquad v = 1, 2, \cdots, N_\varepsilon \qquad (5-28)$$

（3）构造 Q 阶矩结构分割函数,即

$$Z_q(\varepsilon) = \sum_{v=1}^{N_\varepsilon} \left[P_v(\varepsilon) \right]^q \qquad (5-29)$$

式中:q 为实数。如果信号具有多重分形,则 Q 阶矩结构分割函数满足以下标度特性,即

$$Z_q(\varepsilon) \propto \varepsilon^{\tau(q)} \qquad (5-30)$$

式中: $\tau(q)$ 为质量指数。对于不同的 q 值, $\tau(q)$ 可以利用最小二乘拟合的方法求得。如果 $\tau(q)$ 是 q 的线性函数,则信号具有单分形特性;否则,信号具有多重分形特性。据此可以判定时间序列是否具有多重分形特性。

（4）按照式(5-31)对 $\tau(q)$ 进行勒让德变换,即可得到多重分形谱 $f(\alpha)$,即

$$\begin{cases} \alpha(q) = \dfrac{\mathrm{d}\tau(q)}{\mathrm{d}q} \\ f(\alpha) = q\alpha(q) - \tau(q) \end{cases} \qquad (5-31)$$

式中: α 为奇异指数。对于复杂的分形体,可以根据奇异指数将其划分为一系列不同的子集。多重分形谱 $f(\alpha)$ 表示具有相同奇异指数 α 值的子集分形维数,描述了奇异指数 α 概率分布情况,是多重分形体不规则和不均匀程度的一种度量。

2. 加权多重分形谱估计

Q 阶矩结构分割函数法很容易从一维信号推广到二维时频谱,但由 Q 阶矩结构分割函数法提取的多重分形特征参数具有时间和频率平移不变性,直接应用于分数阶 S 变换时频谱,不利于旋转机械振动信号特征描述和分类。为此,基于 Q 阶加权矩结构分割函数法原理,研究了频率加权的多重分形谱估计方法。对于分数阶 S 变换时频谱 FST(τ, u) ,加权多重分形谱估计方法的主要步骤如下。

（1）构造归一化分数阶 S 变换时频谱 FST$'(\tau, u)$,满足 FST$'(\tau, u) \geq 0$ 和 $\sum_{\tau, u}$ FST$'(\tau, u) = 1$。

（2）将 FST$'(\tau, u)$ 划分成大小为 $\varepsilon \times \varepsilon$ 的子区域 D_{ij} ,并按照公式计算各子区域 D_{ij} 的概率测度,即

$$P_{ij}(\varepsilon) = \sum_{(\tau, u) \in D_{ij}} \text{FST}'(\tau, u) \qquad (5-32)$$

（3）构造频率加权的 Q 阶加权矩结构分割函数为

$$Z_q(\varepsilon) = \sum_i \sum_j \left[u_{ij} P_{ij}(\varepsilon) \right]^q \tag{5-33}$$

式中：u_{ij} 为频率权重因子，定义为子区域 D_{ij} 的中心频率。后续步骤同 Q-MSPF，在此不再赘述。由此得到的多重分形谱即为分数阶 S 变换时频谱的加权多重分形谱。

3. 加权多重分形维数估计

多重分形维数也称为广义分形维数，是描述多重分形的另一种重要形式。类似于多重分形维数可以通过广义 Renyi 熵进行估计一样，本节通过定义一种加权广义 Renyi 熵来估计加权多重分形维数。

对于给定的参数 q（$q \neq 1$），利用 Q 阶加权矩结构分割函数 $Z_q(\varepsilon)$ 定义加权广义 Renyi 熵 $K_q(\varepsilon)$ 为

$$K_q(\varepsilon) = \frac{\ln Z_q(\varepsilon)}{q-1} = \frac{\ln \sum_i \sum_j \left[u_{ij} P_{ij}(\varepsilon) \right]^q}{q-1} \tag{5-34}$$

根据加权广义 Renyi 熵 $K_q(\varepsilon)$ 可定义加权多重分形维数 $D(q)$，即

$$D(q) = \lim_{\varepsilon \to 0} \frac{K_q(\varepsilon)}{\ln \varepsilon} = \frac{1}{q-1} \lim_{\varepsilon \to 0} \frac{\ln \sum_i \sum_j \left[u_{ij} P_{ij}(\varepsilon) \right]^q}{\ln \varepsilon} \tag{5-35}$$

当 $q=1$ 时，$D(q)$ 可通过式（5-36）进行估计，即

$$D(1) = \lim_{\varepsilon \to 0} \frac{\sum_i \sum_j u_{ij} P_{ij}(\varepsilon) \ln \left[u_{ij} P_{ij}(\varepsilon) \right]}{\ln \varepsilon} \tag{5-36}$$

综上，加权多重分形维数 $D(q)$ 可由式（5-37）进行估计，即

$$\begin{cases} D(q) = \dfrac{1}{q-1} \lim_{\varepsilon \to 0} \dfrac{\ln \sum_i \sum_j \left[u_{ij} P_{ij}(\varepsilon) \right]^q}{\ln \varepsilon}, & q \neq 1 \\[4mm] D(q) = \lim_{\varepsilon \to 0} \dfrac{\sum_i \sum_j u_{ij} P_{ij}(\varepsilon) \ln \left[u_{ij} P_{ij}(\varepsilon) \right]}{\ln \varepsilon}, & q = 1 \end{cases} \tag{5-37}$$

5.5.2 振动信号多重分形特性分析

1. 齿轮箱齿轮信号

在对齿轮箱齿轮振动信号进行分数阶 S 变换的基础上，分别采用多重分形理论和加权多重分形理论对分数阶 S 变换时频谱的多重分形特性进行分析，结果如图 5-21~图 5-24 所示，其中 q 的取值为 -15 : 1 : 15，每种状态的

齿轮信号包含 3 个样本。图 5-21 和图 5-23 分别为 Q-MSPF 估计的多重分形谱和多重分形维数。图 5-22 和图 5-24 分别是根据加权多重分形理论估计的加权多重分形谱和加权多重分形维数。

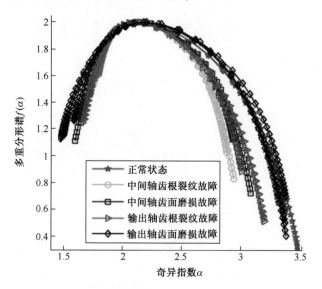

图 5-21　齿轮振动信号的多重分形谱

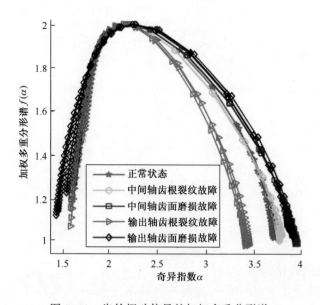

图 5-22　齿轮振动信号的加权多重分形谱

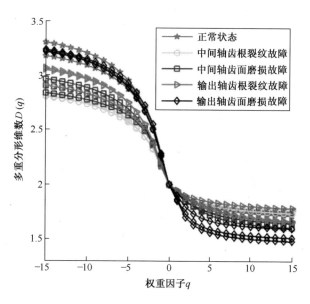

图 5-23　齿轮振动信号的多重分形维数

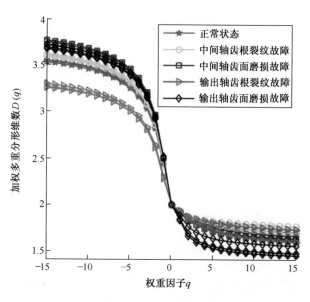

图 5-24　齿轮振动信号的加权多重分形维数

观察图 5-21 和图 5-23 可知,所有振动信号的多重分形谱均随着奇异指数 α 取值的改变而变化,并呈现出左倒钩状。随着 q 绝对值的增大,多重分形维数均趋于定值,并且在 q 绝对值较小的范围内,多重分形维数随着 q 的增大而迅速减小,整体上呈现出类似于反余切曲线的变化趋势。由此可知,齿轮振动信号的分数阶 S 变换时频谱与振动信号本身一样,具有明显的多重分形特性。

然而,进一步观察发现,相同齿轮状态下的多重分形谱的相似性较差,不同状态下的多重分形谱之间的差别也不太明显;相同齿轮状态下的多重分形维数虽然表现出一定的相似性,但是不同齿轮状态下的多重分形维数的差异不是很大,难以准确区分 5 种不同状态的齿轮振动信号。因此,多重分形谱和多重分形维数的类间分散性和类内聚合性都不理想,用于描述齿轮振动信号分数阶 S 变换时频谱的多重分形特性具有一定的局限性。究其原因,传统的多重分形理论将分数阶 S 变换时频谱的时间信息和频率信息等同处理,不能突出信号频率变化和分布的重要性。

由图 5-22 和图 5-24 可以看出,加权多重分形谱和加权多重分形维数具有与多重分形谱和多重分形维数相似的形状特征,但是表现出不同的类内聚合性和类间分散性。若以谱峰为分界线将加权多重分形谱分为左谱和右谱,则相比于传统的多重分形谱,左谱的类内聚合性和类间分散性没有明显改善,而右谱的类内聚合性和类间分散性有显著提高。与传统的多重分形维数相比,加权多重分形维数的类内聚合性和类间分散性均得到一定程度的提高。以 $q=0$ 为分界点,左多重分形维数的可分性明显好于右多重分形维数。

因此,所提加权多重分形理论在估计齿轮振动信号的多重分形谱和多重分形维数时,通过引入频率权重因子,增强了分数阶 S 变换时频谱频率信息的重要性和对估计结果的影响,使得加权多重分形谱和加权多重分形维数能够更好地描述分数阶 S 变换时频谱的多重分形特性,进而有效地区分不同状态的齿轮振动信号。

2. 滚动轴承信号

在对滚动轴承振动信号进行分数阶 S 变换的基础上,分别采用 Q-MSPF 法和加权多重分形理论对分数阶 S 变换时频谱的多重分形特性进行分析,结果如图 5-25~图 5-28 所示,其中 q 的取值为-15 : 1 : 15,每种状态的滚动轴承信号包含 3 个样本。图 5-25 和图 5-27 分别为 Q-MSPF 估计的多重分形谱和多重分形维数。图 5-26 和图 5-28 分别是根据加权多重分形理论估计的加权多重分形谱和加权多重分形维数。

由图 5-25~图 5-28 可以看出,随着 q 绝对值的增大,加权多重分形维数和多重分形维数均趋于定值,并且在 q 绝对值较小的范围内,二者均随着 q 的增大而迅速减小,呈现出类似于反余切曲线的变化趋势;加权多重分形谱和多重分形谱均随奇异指数 α 的变化而变化,并呈现出倒钩状。由此可知,滚动轴承振动信号的分数阶 S 变换时频谱呈现出多重分形特性,与滚动轴承振动信号具有多重分形特性一致。

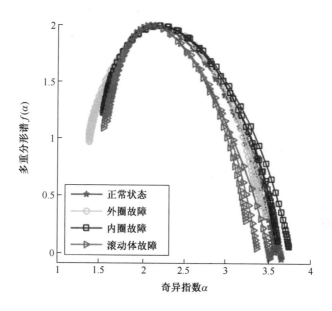

图 5-25　滚动轴承振动信号的多重分形谱

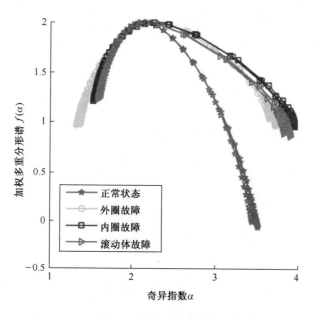

图 5-26　滚动轴承振动信号的加权多重分形谱

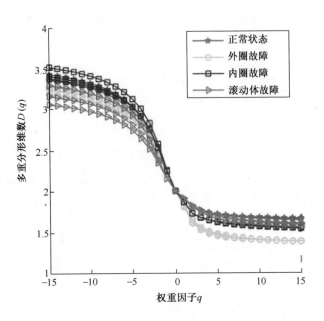

图 5-27 滚动轴承振动信号的多重分形维数

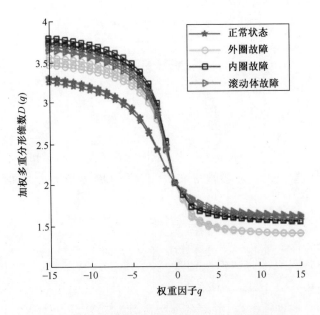

图 5-28 滚动轴承振动信号的加权多重分形维数

进一步观察可以发现,与多重分形谱和多重分形维数相比,加权多重分形谱和加权多重分形维数均表现出更好的类间分散性和类内聚合性,尤其在

168

奇异指数 α 较大和权重因子 q 较小时对比十分明显。因此,相比于传统的多重分形理论,由加权多重分形理论提取的加权多重分形谱和加权多重分形维数具有较好的多重分形特性描述能力和信号区分能力。

5.5.3　时频谱的加权多重分形特征

加权多重分形谱和加权多重分形维数虽然能够很好地描述分数阶 S 变换时频谱的多重分形特性,并呈现出一定的可区分性,但是它们的维数过高,不利于对旋转机械振动信号进行描述和分类。因此,为更有效地描述分数阶 S 变换时频谱的多重分形特性,进一步从加权多重分形谱和加权多重分形维数中提取加权多重分形特征参数。

1. 加权多重分形特征的定义

由多重分形理论可以得到一套描述多重分形体特征的参数集合。常用的多重分形特征参数有 D_{max}、D_{min}、$\Delta\alpha$、$f(\alpha_{min})$、$f(\alpha_{max})$、Δf 和 f_{max},其中下标 max 和 min 分别代表最大值和最小值,$\Delta\alpha = \alpha_{max} - \alpha_{min}$,$\Delta f = f(\alpha_{min}) - f(\alpha_{max})$。结合振动信号的加权多重分形谱和加权多重分形维数的变化特点,定义以下 5 个加权多重分形特征参数,即

$$f_1 = \frac{1}{|q_{min}|} \sum_{q=q_{min}}^{0} D(q) \tag{5-38}$$

$$f_2 = \frac{1}{|q_{max}|} \sum_{q=0}^{q_{max}} D(q) \tag{5-39}$$

$$f_3 = \Delta\alpha = \alpha_{max} - \alpha_{min} \tag{5-40}$$

$$f_4 = f(\alpha_{max}) \tag{5-41}$$

$$f_5 = \Delta f = f(\alpha_{min}) - f(\alpha_{max}) \tag{5-42}$$

式中: q_{max} 和 q_{min} 分别为参数 q 的最大值和最小值。一般情况下,$q_{max} = -q_{min} > 0$。

2. 加权多重分形特征的敏感性分析

为研究加权多重分形特征参数的敏感性,随机选择 5 个齿轮箱齿轮振动信号的分数阶 S 变换时频谱分别进行 0.01s、0.02s、0.03s 和 200Hz、400Hz、800Hz 的平移处理,然后分别采用加权多重分形理论和多重分形理论提取以上 5 个多重分形特征参数,并对各参数进行波动分析。最终 5 个分数阶时频谱的平均分析结果如表 5-3 所列。

表 5-3 中的方差分析结果表明:①当分数阶 S 变换时频谱发生时间平移时,加权多重分形理论和多重分形理论提取的特征参数波动都比较小,在相

同的平移幅度下,加权多重分形特征的波动小于多重分形特征的波动。在允许的误差范围内可以认为两种方法提取的特征参数均具有时间平移不变性,并且加权多重分形特征的平移不变性稍好于多重分形特征。②当分数阶 S 变换时频谱发生频率平移时,多重分形理论提取的特征参数波动很小,而加权多重分形理论提取的特征参数(除 f_2 以外)波动非常大,由此可知多重分形特征参数具有近似的频率平移不变性,而加权多重分形特征参数具有良好的频率平移敏感性。

表 5-3 波动分析结果

平移操作	加权多重分形特征参数/($\times 10^{-4}$)					多重分形特征参数/($\times 10^{-4}$)				
	f_1	f_2	f_3	f_4	f_5	f_1	f_2	f_3	f_4	f_5
0.01s	3	11	16	42	26	4	15	31	135	183
0.02s	8	12	23	20	48	3	15	26	49	88
0.03s	16	14	61	124	127	23	17	150	94	355
200Hz	648	2	592	235	4618	11	0.7	18	25	22
400Hz	980	5	658	337	5916	24	2	57	15	26
600Hz	1754	17	1330	473	6679	14	2	38	16	7

因此,与多重分形特征相比,加权多重分形特征具有更好的参数敏感性。加权多重分形特征受信号采样的开始时刻影响比较小,同时对不同时刻信号能量分布在频率轴上的变化比较敏感,更加有利于旋转机械振动信号分析和处理。

5.5.4 时频谱加权多重分形特征提取与分析

1. 齿轮箱齿轮信号

从齿轮箱齿轮振动信号中随机选取 200 个样本,每种状态包含 40 个样本,在利用分数阶 S 变换获取振动信号时频谱的基础上,分别采用加权多重分形理论和 Q-MSPF 法提取加权多重分形特征和多重分形特征。

部分样本的加权多重分形特征提取结果如表 5-4 所列。由表 5-4 可知,所提加权多重分形特征能够有效描述分数阶 S 变换时频谱的多重分形特性,具有一定的可分离性。

表 5-4 齿轮振动信号的加权多重分形特征

状 态	f_1	f_2	f_3	f_4	f_5
正常状态	3.193	1.754	2.079	0.828	0.204
	3.218	1.762	2.104	0.753	0.326

状　态	f_1	f_2	f_3	f_4	f_5
中间轴齿根裂纹故障	3.255	1.827	2.035	1.199	-0.184
	3.243	1.803	2.075	1.049	-0.113
中间轴齿面磨损故障	3.349	1.717	2.326	0.832	0.168
	3.384	1.727	2.359	0.901	0.043
输出轴齿根裂纹故障	2.966	1.715	1.855	0.803	0.103
	2.968	1.721	1.882	0.640	0.228
输出轴齿面磨损故障	3.317	1.566	2.423	0.862	0.153
	3.354	1.586	2.452	0.877	0.135

由 f_1、f_3 和 f_4 绘制的箱型图如图 5-29 所示,图中不同符号代表不同状态下的齿轮箱振动信号。

由图 5-29 可以看出,由于加权多重分形理论通过区域中心频率加权的方式构造了 Q 阶加权矩结构分割函数,所提取特征参数具有时间平移不变性和频率平移敏感性,导致加权多重分形特征表现出比多重分形特征更好的类内聚合性和类间分散性。由此可知,利用加权分形理论提取的多重分形特征能更好地描述齿轮箱振动信号分数阶 S 变换时频谱的多重分形特征,因而是齿轮箱振动信号的一类新的有效特征参数。

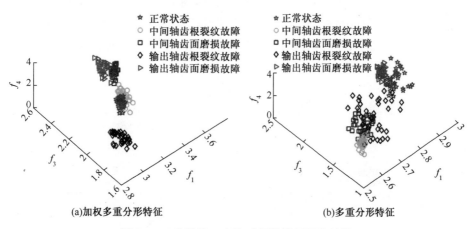

图 5-29　分数阶 S 变换时频谱特征提取结果

2. 滚动轴承信号

从 4 种状态的滚动轴承振动信号中各选取 40 个样本,共 160 个样本进行研究。在分数阶 S 变换处理的基础上,分别利用加权多重分形理论和 Q-

MSPF 法提取分数阶 S 变换时频谱的加权多重分形特征和多重分形特征。

部分信号样本的加权多重分形特征提取结果如表 5-5 所列。由表 5-5 可知,所提取的加权多重分形特征参数能够有效描述分数阶 S 变换时频谱的多重分形特性,并呈现出较好的可分性。

表 5-5 滚动轴承振动信号的加权多重分形特征

状 态	f_1	f_2	f_3	f_4	f_5
正常状态	2.790	1.670	1.757	1.132	−1.109
	2.803	1.656	1.791	1.094	−1.076
外圈故障	3.214	1.472	2.423	0.779	0.087
	3.182	1.550	2.275	0.775	0.251
内圈故障	3.333	1.607	2.463	0.702	−0.008
	3.346	1.596	2.465	0.781	0.073
滚动体故障	3.341	1.707	2.377	0.906	−0.321
	3.202	1.704	2.206	0.866	−0.390

由 f_2、f_3 和 f_4 绘制的箱型图如图 5-30 所示,图中不同符号代表不同状态下的滚动轴承振动信号。

由图 5-30 可知,加权多重分形特征因具有时间平移不变性和频率平移敏感性,表现出比多重分形特征更好的类内聚合性和类间分散性。与 Q-MSPF 法相比,加权分形理论提取的加权多重分形特征能更好地描述滚动轴承振动信号分数阶 S 变换时频谱的多重分形特征,是描述滚动轴承振动信号多重分形特征的有效参数。

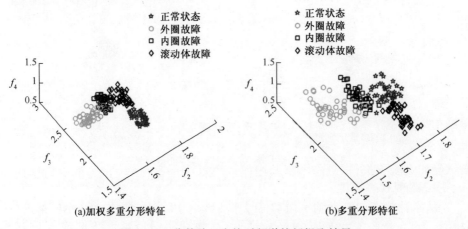

(a)加权多重分形特征   (b)多重分形特征

图 5-30 分数阶 S 变换时频谱特征提取结果

5.5.5 振动信号分类效果

1. 齿轮箱齿轮信号

结合加权多重分形理论和支持向量机(SVM)建立智能分类模型,对齿轮箱齿轮振动信号进行分类识别。其中,SVM采用"一对一"策略和径向基核函数实现多类分类,核参数和惩罚因子通过网格搜索的方式自动选取。同时,利用 K 近邻分类器($K=1$)、朴素贝叶斯分类器(NBC)和多重分形特征(同公式(5-38)~式(5-42))构造了 5 个类似的振动信号分类模型,作为对比试验。每次从 5 种状态下齿轮箱齿轮振动信号中各随机选取 40 个样本,其中 20 个作为训练样本,其余 20 个作为测试样本,进行齿轮箱齿轮振动信号分类试验。最终 5 次试验的平均结果如表 5-6 所列。

表 5-6 齿轮振动信号分类结果　　　　　　　(%)

分数器	K-NNC	NBC	SVM	平均分类精度
多重分形特征	79.8	84.6	86.6	83.7
加权多重分形特征	84.0	86.8	90.4	87.1

由表 5-6 可知,不同分类模型获得的信号分类精度存在明显的差异。其中,利用 K-NNC 和多重分形特征进行分类获得的精度最低,仅有 79.8%,而采用 SVM 和加权多重分形特征进行分类获得的精度最高,达到了 90.4%。在相同特征参数下,不同分类器获得的分类精度不同;选用相同的分类器时,加权多重分形特征获得的分类精度均高于多重分形特征。就平均分类精度而言,加权多重分形特征的分类精度比多重分形特征高 8.3%。由此可知,加权多重分形特征具有更好的分类性能,更加适用于齿轮箱齿轮振动信号分类。

2. 滚动轴承信号

与前面类似,将加权多重分形特征和多重分形特征分别与 SVM、K 近邻分类器、朴素贝叶斯分类器进行结合,建立不同的智能分类模型,对滚动轴承振动信号进行分类。试验中,从 4 种状态下滚动轴承振动信号中分别随机选取 40 个样本,其中 20 个组成训练集,剩余 20 个构造测试集。每个分类模型的试验均重复 5 次,每次参与试验的样本均重新选取。5 次试验的平均结果如表 5-7 所列。

观察表 5-7 可以看出,不同分类模型表现出不同的分类效果。选用相同的分类器进行分类时,加权多重分形特征获得的分类精度均高于多重分形特征。就平均精度而言,与多重分形特征相比,加权多重分形特征使齿轮振动信号分类精度提高了 2.67%。因此,就滚动轴承振动信号而言,加权多重分形特征同样具有较好的分类性能,是滚动轴承振动信号的有效特征参数。

表 5-7　滚动轴承振动信号分类结果　　　　　　（%）

分　数　器	K-NNC	NBC	SVM	平均分类精度
多重分形特征	88.25	94.50	96.25	93.00
加权多重分形特征	92.00	96.75	98.25	95.67

5.6　本章小结

本章主要研究了分数阶 S 变换理论及其在旋转机械振动信号时频特征提取中的应用,具体内容如下。

(1)针对非平稳信号时频分析,将分数阶傅里叶变换与 S 变换有机结合,提出一种分数阶 S 变换。同时,深入研究了分数阶 S 变换的快速实现算法和参数自动选择方法。仿真信号分析结果表明,分数阶 S 变换结合了分数阶傅里叶变换和 S 变换的优点,在分析非平稳信号时具有更大的灵活性和更好的时频聚集性。

(2)利用分数阶 S 变换对旋转机械振动信号进行分析,获取了振动信号的分数阶 S 变换时频谱。与短时傅里叶变换和 S 变换时频谱相比,分数阶 S 变换时频谱的时频聚集性较好,能够准确反映振动信号的时频特性,更加适合于分析非线性非平稳旋转机械振动信号。

(3)为有效描述分数阶 S 变换时频谱的统计特性,提出一种基于分数阶 S 变换时频谱的 PCNN 谱特征提取方法。利用脉冲耦合神经网络对分数阶 S 变换时频谱进行二值分解,定义并提取二值图像的捕获比序列作为振动信号的 PCNN 谱特征。试验结果表明,基于分数阶 S 变换时频谱提取的 PCNN 谱特征能更有效地描述振动信号的时频统计特征和提高振动信号的分类精度。

(4)针对分数阶 S 变换时频谱具有明显的纹理特征,引入中心对称局部二值模式,提出了一种基于分数阶 S 变换时频谱的 CSLBP 纹理谱特征提取方法。对比试验结果表明,与 LBP 和统一模式 LBP 纹理相比,CSLBP 纹理谱能更好地刻画旋转机械振动信号的时频纹理特征,并且具有维数低和分类性能好等优点。

(5)针对多重分形理论在刻画时频谱中的不足,提出加权多重分形的概念,并借助 Q 阶矩结构分割函数法研究了加权多重分形谱和加权多重分形维数估计方法。利用加权多重分形理论对分数阶 S 变换时频谱的多重分形特性进行了分析,结果表明旋转机械振动信号的分数阶 S 变换时频谱具有明显的多重分形特性,加权多重分形理论能很好地描述分数阶 S 变换时频谱的多重分形特性。定义并提取了 5 个加权多重分形特征对分数阶 S 变换时频谱的分形特征进行描述。试验结果表明,基于分数阶 S 变换时频谱提取的加权多重分形特征具有良好的时间平移不变性、频率平移敏感性和较好的分类性能。

第6章　旋转机械振动信号的组合式特征降维方法

　　前述第3章~第5章从不同角度提取了许多振动信号的广义时频特征参数,并且表现出了较好的分类性能。然而旋转机械振动信号十分复杂,要想达到振动信号更加准确、可靠的分类目的,通常需要将各个角度的特征参数进行融合才能实现。如果将所有特征参数直接用于振动信号表征和分类,则会存在特征参数维数高、特征中包含冗余特征及与旋转机械状态不相关的特征等问题。冗余特征包含重复的旋转机械状态信息,去除之后不会影响振动信号的分类精度;不相关特征对旋转机械状态不敏感,不仅对分类器学习没有贡献,甚至会降低振动信号的分类精度。另外,很多分类器所需训练样本数会随着特征维数的增加呈指数性增长。因此,大量冗余特征和不相关特征的存在,会使分类器的结构复杂度和运算时间大幅增加,同时影响振动信号的分类精度。在融合各个角度的特征参数对振动信号分类之前,对原始高维特征参数进行降维显得十分必要。

　　特征降维可分为特征选择和特征变换两大类。其中,特征选择又包括过滤式、封装式和嵌入式3种形式。过滤式特征选择方法仅使用数据集评价每个特征(子集)的相关性,不受学习算法的影响,能有效去除原始特征参数中的不相关特征,具有算法简单、快速等优点。流形学习是近年来发展起来的一类重要的特征变换方法。它认为高维空间的数据存在一个潜在的低维流形,试图将人类的认知流形规律引入机器学习领域,使机器能从有限的样本数据中挖掘嵌入在高维空间中的低维流形结构,并有效给出高维数据的低维表示。作为线性流形学习算法的代表,局部保持投影(locality preserving projection,LPP)算法具有线性降维方法简单的优点和非线性流形学习算法良好的非线性问题处理能力,并且可以提供显式的变换矩阵,在模式分类领域应用比较广泛。

　　因此,本章针对旋转机械振动信号的广义时频特征降维问题,首先将欧式空间的类内-类间距准则扩展到了核空间,并针对LPP流形学习算法在实际振动信号特征降维中的不足,研究了自适应半监督 LPP 算法。然后,结合过滤式特征选择和流形学习的思想,提出了一种基于核空间类内-类间距准则和自适应半监督 LPP 算法的组合式特征降维方法。采用核空间类内-类间距准则滤除原始特征集中的不相关特征,获得候选特征子集,然后利用自适应半监督 LPP 算法对候选特征子集进行半监督降维,最终获得一组维数低、分类精度高的低维特征集。以采集的滚动轴承振动信号为例,验证了所提组合式特征降维方法的有效性。

6.1 流形学习理论

流形学习是一种特征维数约减方法,其原理是对于存在或近似存在一个低维流形的数据集,在一定约束条件下,从数据样本中寻找数据样本空间中的这一低维本质流形,并给出相应的低维坐标。相比于传统的维数约减方法,流形学习能够得到数据集的内在规律和本质特征,因此,得到了专家和学者们的广泛研究和应用。

经典的流形学习算法有 J. B. Tenenbaum 等提出的等距映射算法、S. T. Roweis 等提出的局部线性嵌入(LLE)算法、M. Belkin 等提出的拉普拉斯特征映射(LE)算法和 Z. Y. Zhang 等提出的局部切空间排列(LTSA)算法等。A. Elgammal 等采用非线性流形学习中的局部线性嵌入算法,对动态变化的形体和表情等进行非线性降维,寻找这些图像中的几何结构流形,以人体手势和面部表情为例验证了该方法的有效性。杜培军等利用等距映射算法对高光谱遥感数据进行降维,获取高光谱遥感图像中的本质流形,准确地提取其低维特征。刘辉等将流形学习方法应用于声目标的特征提取,分别用等距映射算法、LLE 算法和 LE 算法 3 种流形学习算法对提取到的声信号频域特征进行降维,得到新的低维特征,利用仿真信号和实际声信号对这 3 种流形学习方法的性能进行了分析,结果表明流形学习方法能够得到声信号的本质特征。

为了更好地利用流形学习解决实际问题,专家和学者们对经典流形算法进行改进和拓展以适应不同要求。Zhang Peng 等针对局部切空间排列算法计算数据点的邻域时只考虑局部信息,其将整个数据集的全局信息也考虑在内并赋予权重,解决了数据集稀疏和非均匀分布时的降维问题,对图像数据的降维结果验证了改进算法的有效性。Yang Wankou 等提出了多流形判别分析方法,根据样本类别信息,用类内图描述同类间的紧密性,用类间图代表不同类间的分离性,通过使类间距最大和类内距最小的判别矩阵,获得数据集的流形结构,将该方法应用在 ORL 人脸数据集中,提取数据特征,从而改善了人脸的识别效果。何强等提出了基于局部保持投影(LPP)算法的 ISAR 目标识别,LPP 算法能够发现 ISAR 图像中的非线性流形结构,并得到直观的投影矩阵,把降维后的特征输入 K 近邻分类器,很好地识别出 4 类飞机目标。詹宇斌等对于像素缺失的图像集,提出修正的局部切空间对齐算法,利用主成分分析方法计算图像集的局部邻域信息,对已知像素提取局部信息,恢复整个图像集的流形结构。

由于流形学习具有良好的非线性学习的能力,流形学习被逐步引入旋转机械故障诊断领域。Jiang Quansheng 等将流形学习算法应用在旋转机械故障诊断中,根据数据样本的标签信息,提出有监督的 LE 算法,利用标签信息指导对高维数据集的非线性降维,与 PCA 和 LDA 等算法进行对比,该方法得到的低维特征向量分类效果最好。夏鲁瑞等针对涡轮泵海量数据,用流形学习方法从海量的数据中提取数据的本质低维流形,识别出涡轮泵异常状态。栗茂林等采用 LTSA 算法对故障信号最优小波系数矩阵进行非线性降维,根据峭度指标确定降维维数,得到信号最优的冲击故障特征。宋涛等面对全面反映旋转机械状态的高维特征参数集,采用正交邻域保持嵌入(ONPE)的流形学习算法进行维数约减,使得到的低维特征具有更好的聚类性能。

流形学习作为一类非线性降维方法,在旋转机械故障诊断领域虽然取得了一些研究成果,但对于流形学习算法中的参数选择问题和数据样本标签如何利用等问题,还需要进一步的研究和解决。

6.2　核空间类内-类间距准则

过滤式特征选择方法通常利用定量评价准则对特征与类别之间的相关性或特征与特征之间的相关性进行度量,然后保留部分性能较好的特征,从而达到特征降维的目的。过滤式方法能有效提升特征与类别之间的相关性,削减特征之间的冗余性。可分离判据的选择是过滤式特征选择方法的关键。类内-类间距准则作为一种常用的可分离判据,不需要先验知识,而直接根据样本特征进行计算,具有简洁直观、计算量小和物理意义明确等优点。然而,类内-类间距准则受欧几里得空间距离度量的影响,对小样本和线性不可分特征集的特征选择能力有限。核映射技术可以利用映射函数将数据样本由线性不可分的低维观测空间映射到线性可分的高维核空间进行分析。为了对旋转机械振动信号特征参数进行快速有效选择,本节引入核映射技术思想,将欧几里得空间类内-类间距准则进行推广,设计了一种核空间类内-类间距准则。

6.2.1 类内-类间距准则

假设有数据样本集 $X = \{x_1, x_2, \cdots, x_n\}$ 的类别数为 c,样本总数为 n,第 l 类样本数为 n_l,则第 l 类样本的先验概率可由样本集进行估计,即

$$P_l = \frac{n_l}{n} \qquad (6-1)$$

样本的类间散度和类内散度可分别表示为

$$S_b = \sum_{l=1}^{c} P_l (\bar{x}^l - \bar{x})(\bar{x}^l - \bar{x})^T \qquad (6-2)$$

$$S_w = \frac{\sum_{l=1}^{c} \sum_{i=1}^{n_l} (X_i^l - \bar{x}^l)(X_i^l - \bar{x}^l)^T}{n} \qquad (6-3)$$

式中:$\bar{x}^l$ 为第 l 类样本特征向量的平均值;$\bar{x}$ 为所有样本特征向量的平均值;x_i^l 为第 l 类样本的第 i 个特征向量。

结合类间散度和类内散度,得到类内-类间准则的评价函数为

$$J_b = \frac{S_b - S_w}{\sqrt{(S_w)^2 + (S_b - S_w)^2}} \qquad (6-4)$$

根据上述评价函数可对选定的单个特征或特征集合进行定量评价。对于单个特征而言,若样本的类间散度越大、类内散度越小,则 J_b 值越大,表明该特征具有较好的类内相似性和类间分散性。另外,若特征的类间散度小于类内散度,则 $J_b < 0$。

6.2.2 核空间类内-类间距准则

由式(6-2)~式(6-4)可知,类内-类间准则采用欧几里得距离对特征之间的相似性进行度量。当处理小样本和线性不可分特征选择问题时,欧几里得距离无法有效描述特征之间的相似性,导致利用类内-类间准则进行特征选择达不到满意的效果。因此,在类内-类间准则的基础上,引入核映射技术,提出核空间类内-类间距准则。

假设映射函数为 $\phi(x)$,则 $\phi(x)$ 可以将数据样本由线性不可分的低维观测空间映射到线性可分的高维核空间。两个向量 x 和 y 在核空间中的内积可以由核函数 $K(x,y)$ 进行表示,即

$$< \phi(x), \phi(y) > = K(x, y) \tag{6-5}$$

则测量空间中任意两个样本点 x 和 y 在核空间中的距离可表示为

$$
\begin{aligned}
d_K(x, y) &= \| \phi(x) - \phi(y) \| \\
&= \sqrt{[\phi(x) - \phi(y)][\phi(x) - \phi(y)]^{\mathrm{T}}} \\
&= \sqrt{< \phi(x), \phi(x) > + < \phi(y), \phi(y) > - 2 < \phi(x), \phi(y) >} \\
&= \sqrt{K(x,x) + K(y,y) - 2K(x,y)}
\end{aligned} \tag{6-6}
$$

在核映射技术中,一般不需要知道映射函数 $\phi(x)$ 的表达式,而只是定义核函数的具体形式。在高斯核函数、线性核函数和多项式核函数等常用的核函数中,高斯核函数可以在较大程度上消除样本集中可能的离群点对特征选择结果的影响,并且具有结构形式简单、参数少等优点。因此,选择高斯核函数构建核空间类内–类间距准则,其数学表达式为

$$K(x, y) = \mathrm{e}^{-\frac{\|x-y\|^2}{\sigma^2}} \tag{6-7}$$

此时,式(6-6)可进一步简化为

$$d_K(x, y) = \sqrt{2[1 - K(x, y)]} \tag{6-8}$$

在样本点核空间距离的基础上,结合式(6-2)和式(6-3)可以得到核空间中样本的类间散度和类内散度为

$$S_{\mathrm{b}}^K = \sum_{l=1}^{c} P_l d_K^2(\bar{x}^l, \bar{x}) = 2\sum_{l=1}^{c} P_l[1 - K(\bar{x}^l, \bar{x})] \tag{6-9}$$

$$S_{\mathrm{w}}^K = \sum_{l=1}^{c} \sum_{i=1}^{n_l} d_K^2(X_i^l - \bar{x}^l) = \frac{2\sum_{l=1}^{c} \sum_{i=1}^{n_l} [1 - K(X_i^l, \bar{x}^l)]}{n} \tag{6-10}$$

综上所述,可得核空间类内–类间准则的评价函数为

$$J_{\mathrm{b}}^K = \frac{S_{\mathrm{b}}^K - S_{\mathrm{w}}^K}{\sqrt{(S_{\mathrm{w}}^K)^2 + (S_{\mathrm{b}}^K - S_{\mathrm{w}}^K)^2}} \tag{6-11}$$

核空间类内–类间准则的评价函数意义与类内–类间准则的评价函数类似。J_{b}^K 值越大,对应特征的描述能力和分类性能越好,据此可以对特征参数敏感性进行分析。通过对 J_{b}^K 设置统一阈值,即可对特征参数进行选择,达到监督降维的目的。

6.3 自适应半监督局部保持投影算法及其仿真试验与分析

将 LPP 算法应用于实际旋转机械振动信号特征降维,可能存在以下问题:首先,振动信号的正常样本和故障样本数量不平衡,并且在测量空间中分

布不均匀,全局一致的邻域参数不利于学习出低维流形结构;其次,振动信号样本虽然丰富,但是已知类别的样本数量较少,LPP 算法不能有效利用样本的实例成对约束和类别信息对振动信号的特征参数进行降维。因此,为了充分利用旋转机械振动信号样本所蕴含的信息和避免上述问题的出现,本节通过引入 Parzen 窗概率密度估计及实例成对约束,提出了一种自适应半监督局部保持投影(adaptive semi-supervised locality preserving projection, ASS-LPP)算法。

6.3.1 局部保持投影算法

局部保持投影算法是一种典型的线性流形学习算法,其本质是拉普拉斯特征映射(LE)流形学习算法的一种线性逼近,具有线性降维方法简单的优点和非线性流形学习能力。

LPP 依据 k 近邻图建立高维空间 $\mathbb{R}^D$ 中的数据集 $X = \{x_1, x_2, \cdots, x_n\}$ 与低维空间 $\mathbb{R}^d$ 中(或低维流形 M 上)的数据集 $Y = \{y_1, y_2, \cdots, y_n\}$ 之间的映射 f,其中 $x_i \in \mathbb{R}^D$、$y_i \in \mathbb{R}^d$、$d << D$,在有效保留数据局部非线性结构的前提下,寻求一个变换矩阵 A,通过 $y_i = A^T x_i$ 将高维数据映射为低维数据,使高维空间中距离较近的点在低维空间中也距离较近,从而实现数据维数的约简。其中,变换矩阵 A 可以通过最小化式(6-12)所示目标函数 J 获得,即

$$J = \sum_{i=1}^{n} \sum_{j=1}^{n} \| y_i - y_j \|^2 W_{ij} \tag{6-12}$$

式中:W_{ij} 为相似矩阵 W 中的元素,表示样本 y_i 与 y_j 之间的权重,W_{ij} 可由 ε 邻域法进行定义,即

$$W_{ij} = \begin{cases} e^{-\|x_i - x_j\|^2/\beta}, & x_j \in N_\varepsilon(x_i) \\ 0, 其他 \end{cases} \tag{6-13}$$

式中:$\beta > 0$ 为调整参数;$N_\varepsilon(x_i)$ 为 x_i 的 ε 邻域。

经过推导,变换矩阵 A 也可通过求解以下最优化问题而获得,即

$$\begin{aligned} A_{opt} &= \arg \min_A \left(\sum_{i=1}^{n} \sum_{j=1}^{n} \| y_i - y_j \|^2 W_{ij} \right) \\ &= \arg \min_A \left(\sum_{i=1}^{n} \sum_{j=1}^{n} \| A^T(x_i - x_j) \|^2 W_{ij} \right) \\ &= \arg \min_A \mathrm{tr}(A^T X L X^T A) \end{aligned} \tag{6-14}$$

式中：$L = \Lambda - W$ 为拉普拉斯矩阵；Λ 为对角矩阵，其对角元素 $\Lambda_{ii} = \sum\limits_{j=1}^{n} W_{ij}$。

引入约束条件 $A^{\mathrm{T}} X \Lambda X^{\mathrm{T}} A = I$，则式（6-14）可转化成式（6-15）广义特征值求解问题，即

$$XLX^{\mathrm{T}}A = \lambda X \Lambda X^{\mathrm{T}} A \tag{6-15}$$

假设 $a_1, a_2, \cdots, a_d$ 分别为式（6-15）前 d 个最小非零广义特征值对应的特征向量，则有

$$f: X_i \rightarrow y_i = A^{\mathrm{T}} X_i \tag{6-16}$$

$$A = (a_1, a_2, \cdots, a_d) \tag{6-17}$$

6.3.2 自适应半监督局部保持投影算法

假设有高维数据样本集 $X = \{x_1, x_2, \cdots, x_l, x_{l+1}, x_{l+2}, \cdots, x_{l+u}\}$，其中 $x_i \in R^D$，前 l 个为类别已知样本，后 u 个为类别未知样本。ASS-LPP 首先引入 Parzen 窗对高维空间中每个样本 x_i 的概率密度进行估计，并依据各样本点的概率密度自动调整其邻域参数 ε 的取值，然后有效利用样本数据的实例成对约束和类别信息构造相似矩阵，最终实现高维数据的自适应半监督降维。

1. 基于 Parzen 窗的邻域参数自适应调整

局部保持投影算法对邻域参数 ε 的取值十分敏感。若 ε 取值太小，则高维空间中样本点的邻域没有重叠，所有样本不能相互关联，导致 LPP 难以恢复数据样本的全局结构；反之，LPP 会把高维空间中样本的非近邻点识别为近邻，难以保证局部近似的线性结构，从而获得错误的映射结果。因此，对 LPP 算法的邻域参数 ε 进行合理选择非常重要。

LPP 邻域参数的选择与样本在空间的分布密切相关。一般而言，空间中分布密集的样本点的局部特征比较相似。若某个样本点周围分布的样本越密集，即它的概率密度越大，表明该样本具有相似局部特征的样本数量越多，那么 LPP 在确定其近邻时应选择较大的邻域参数、增加近邻样本数，在不破坏样本点局部结构特征的同时，尽量保持其全局结构。据此，引入 Parzen 窗对高维空间中每个样本的概率密度进行估计，进而对其初始邻域参数进行自适应调整。

Parzen 窗概率密度估计是一种非参数概率密度估计方法。假设有 D 维数据样本集 $X = \{x_1, x_2, \cdots, x_n\}$，$x_i \in R^D$，对于任意 x，Parzen 窗概率密度估计公式为

$$\rho(\boldsymbol{x}) = \frac{1}{V} \sum_{i=1}^{n} \frac{1}{n} \varphi\left(\frac{\boldsymbol{x} - \boldsymbol{x}_i}{h}\right) \qquad (6-18)$$

式中:n 为样本量;h 为与窗口宽度相关的参数;V 为窗口的体积;函数 $\varphi(\boldsymbol{x})$ $\geqslant 0$,且满足 $\int_{x} \varphi(\boldsymbol{x}) \mathrm{d}\boldsymbol{x} = 1$。

$w(\boldsymbol{x}, \boldsymbol{x}_i) = \varphi\left(\dfrac{\boldsymbol{x} - \boldsymbol{x}_i}{h}\right) / V$ 称为窗函数。一般采用的窗函数形式有正态窗、矩形窗等。由于正态窗函数中只有一个参数,并且具有较好的平滑性,这里选择正态窗进行概率密度估计。正态窗的表达式为

$$w(\boldsymbol{x}, \boldsymbol{x}_i) = \frac{1}{\sigma^D (2\pi)^{D/2}} \mathrm{e}^{-\frac{\|\boldsymbol{x} - \boldsymbol{x}_i\|^2}{2\sigma^2}} \qquad (6-19)$$

把式(6-19)代入式(6-18),可得基于正态窗的概率密度估计式为

$$\rho(\boldsymbol{x}) = \frac{1}{n\sigma^D (2\pi)^{D/2}} \sum_{i=1}^{n} \mathrm{e}^{-\frac{\|\boldsymbol{x} - \boldsymbol{x}_i\|^2}{2\sigma^2}} \qquad (6-20)$$

假设初始邻域参数为 ε,数据样本 x_i 的 ε 邻域为 $N_\varepsilon(x_i)$,取窗口宽度 $\sigma = \varepsilon$,定义样本点 $\boldsymbol{x}_i$ 的密度为

$$\rho(\boldsymbol{x}_i) = \frac{1}{n\varepsilon^D (2\pi)^{D/2}} \sum_{x_j \in N_\varepsilon(x_i)} \mathrm{e}^{-\frac{\|x - x_i\|^2}{2\sigma^2}} \qquad (6-21)$$

在此基础上,ASS-LPP 根据以下公式自适应调整各样本的邻域参数 $\varepsilon(\boldsymbol{x}_i)$ 的大小。

$$\varepsilon(\boldsymbol{x}_i) = \frac{\varepsilon \rho(\boldsymbol{x}_i)}{\bar{\rho}} \qquad (6-22)$$

式中:$\bar{\rho} = \dfrac{1}{n} \sum_{i=1}^{n} \rho(\boldsymbol{x}_i)$ 为样本集的平均概率密度。

观察式(6-22)可知,当样本的概率密度比较大,即邻域样本分布较密集时,ASS-LPP 将自动增大 ε,增加近邻样本,从而避免因数据缺乏流形关联而造成的全局结构扭曲;相反,当样本的概率密度较小,即邻域样本分布较稀疏时,ASS-LPP 将自动减小 ε,从而避免因非近邻点作为近邻点而引起的错误映射。

2. 基于实例成对约束的相似矩阵构造

样本的先验知识可以分为类别信息和实例成对约束两大类。实际中获取样本的实例成对约束相对容易,而确定振动信号样本的类别信息比较困难,很多情况下样本的类别信息虽然不知道,但知道两个样本是否属于同类。

因此，ASS-LPP 在利用样本的类别信息的基础上，充分考虑实例成对约束构造算法中的相似矩阵。

样本之间的实例成对约束，可分为正约束和负约束两类。对于样本对 $(\boldsymbol{x}_i, \boldsymbol{x}_j)$ 而言，如果两者属于同类，则 $(\boldsymbol{x}_i, \boldsymbol{x}_j)$ 属于正约束；反之，$(\boldsymbol{x}_i, \boldsymbol{x}_j)$ 属于负约束。若 M 和 C 分别表示数据样本的正约束集和负约束集，则两者具有以下两个性质。

(1) 对称性。

$$\begin{cases} (\boldsymbol{x}_i, \boldsymbol{x}_j) \in M \Leftrightarrow (\boldsymbol{x}_j, \boldsymbol{x}_i) \in M \\ (\boldsymbol{x}_i, \boldsymbol{x}_j) \in C \Leftrightarrow (\boldsymbol{x}_j, \boldsymbol{x}_i) \in C \end{cases} \tag{6-23}$$

(2) 有限传递性。

$$\begin{cases} (\boldsymbol{x}_i, \boldsymbol{x}_j) \in M \ \text{且} \ (\boldsymbol{x}_j, \boldsymbol{x}_k) \in M \Leftrightarrow (\boldsymbol{x}_i, \boldsymbol{x}_k) \in M \\ (\boldsymbol{x}_i, \boldsymbol{x}_j) \in M \ \text{且} \ (\boldsymbol{x}_j, \boldsymbol{x}_k) \in C \Leftrightarrow (\boldsymbol{x}_i, \boldsymbol{x}_k) \in C \end{cases} \tag{6-24}$$

在高维空间中，如果一个未知样本与正约束集中任意样本之间的距离小于包含该样本的任意正约束对之间的距离，且两者构成的样本对不属于负约束，那么该样本对应该加入正约束集；同样，如果一个未知样本与负约束集中任意样本之间的距离大于包含该样本的所有负约束对之间的距离，且两者构成的样本对不属于正约束，那么该样本对应该加入负约束集。基于此思想，ASS-LPP 首先利用类别已知的样本构建初始正约束集 M 和负约束集 C，然后对两个约束集按照以下步骤进行扩充。

(1) 根据式 (6-23) 和式 (6-24) 对正约束集 M 和负约束集 C 进行扩充，并记包含 $\boldsymbol{x}_i$ 的正约束对构成的集合为 M_i，包含 $\boldsymbol{x}_i$ 的负约束对构成的集合为 C_i。

(2) 扩充正约束集 M。对任意正约束对 $(\boldsymbol{x}_i, \boldsymbol{x}_j)$，分别获得样本 $\boldsymbol{x}_i$ 和 $\boldsymbol{x}_j$ 的 ε 邻域 $N_\varepsilon(\boldsymbol{x}_i)$ 和 $N_\varepsilon(\boldsymbol{x}_j)$，基于最小距离原则扩充正约束集 M，即对任意的 $\boldsymbol{x}_l \in N_\varepsilon(\boldsymbol{x}_i)$，若 $\| \boldsymbol{x}_l - \boldsymbol{x}_j \| \leqslant \| \boldsymbol{x}_i - \boldsymbol{x}_j \|$，且 $C_l \cap M_j = \varnothing$，$M_l \cap C_j = \varnothing$，则将样本对 $(\boldsymbol{x}_l, \boldsymbol{x}_j)$ 加入到正约束集 M 中；同理扩充 $N_\varepsilon(\boldsymbol{x}_j)$ 中的点。

(3) 扩充负约束集 C。对任意负约束对 $(\boldsymbol{x}_i, \boldsymbol{x}_j)$，分别获得样本 $\boldsymbol{x}_i$ 和 $\boldsymbol{x}_j$ 的 ε 邻域 $N_\varepsilon(\boldsymbol{x}_i)$ 和 $N_\varepsilon(\boldsymbol{x}_j)$，基于最大距离原则扩充负约束集 C，即对任意的 $\boldsymbol{x}_l \in N_\varepsilon(\boldsymbol{x}_i)$，若 $\| \boldsymbol{x}_l - \boldsymbol{x}_j \| \geqslant \| \boldsymbol{x}_i - \boldsymbol{x}_j \|$，且 $M_l \cap M_j = \varnothing$，则将样本对 $(\boldsymbol{x}_l, \boldsymbol{x}_j)$ 加入到负约束集 C 中；同理扩充 $N_\varepsilon(\boldsymbol{x}_j)$ 中的点。

(4) 重复步骤 (1) ~ 步骤 (3)，直至 M 和 C 均收敛。

对任意 $\boldsymbol{x}_j \in N_\varepsilon(\boldsymbol{x}_i)$，如果样本对 $(\boldsymbol{x}_i, \boldsymbol{x}_j) \in M$，则该样本对在目标函数 J 中所起的作用应大于无约束关系样本对的作用；反之，应小于无约束关系样本对的作用。换言之，当样本对 $(\boldsymbol{x}_i, \boldsymbol{x}_j)$ 属于正约束集时，应增大权重 W_{ij}；反

之,应减小权重 W_{ij}。因此,在扩充实例成对约束集之后,ASS-LPP 依据式(6-25)构造相似矩阵 W。

$$\begin{cases} W_{ij} = (1 + \mathrm{e}^{-\|x_i - x_j\|^2/\beta}) \mathrm{e}^{-\|x_i - x_j\|^2/\beta}, & x_j \in N_\varepsilon(x_i) \text{ 且} (x_i, x_j) \in M \\ W_{ij} = (1 - \mathrm{e}^{-\|x_i - x_j\|^2/\beta}) \mathrm{e}^{-\|x_i - x_j\|^2/\beta}, & x_j \in N_\varepsilon(x_i) \text{ 且} (x_i, x_j) \in C \\ W_{ij} = \mathrm{e}^{-\|x_i - x_j\|^2/\beta}, & x_j \in N_\varepsilon(x_i) \text{ 且} (x_i, x_j) \notin M, (x_i, x_j) \notin C \\ W_{ij} = 0, & \text{其他} \end{cases}$$

$$(6-25)$$

3. 自适应半监督 LPP 算法流程

对于给定的高维数据集 $X = \{x_1, x_2, \cdots, x_l, x_{l+1}, x_{l+2}, \cdots, x_{l+u}\}$,其中 $x_i \in R^D$,前 l 个为类别已知样本,后 u 个为类别未知样本,ASS-LPP 算法流程如图 6-1 所示。首先,初始化邻域参数 ε,并给定低维空间维数 d;其次,利用式(6-21)估计各样本的概率密度,并根据式(6-22)自适应调整邻域参数 $\varepsilon(x_i)$;再次,利用样本的类别信息和实例成对约束构建和扩充正约束集和负约束集,在此基础上根据式(6-25)构造相似矩阵 W;最后,通过求解 $XLX^{\mathrm{T}}A = \lambda XAX^{\mathrm{T}}A$ 的广义特征值和广义特征向量,获得变换矩阵 A,利用公式 $y_i = Ax_i$ 将高维数据 x_i 映射为低维数据 y_i。

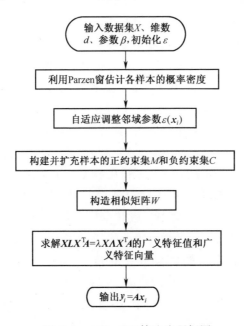

图 6-1 ASS-LPP 算法流程框图

6.3.3 仿真试验与分析

为验证 ASS-LPP 算法在特征变换降维中的有效性,选择 Wine 和 Iris 两个 UCI 机器学习数据集进行仿真试验。Wine 和 Iris 数据集的详细信息如表 6-1 所列。同时引入主成分分析(PCA)和局部保持投影(LPP)算法作为对比,其中 LPP 与 ASS-LPP 的参数设置相同。由于数据降维后的空间分布能够简单、直观地展示不同降维算法的降维效果,试验中根据数据降维后的可视化效果来评价不同降维算法的优劣。

表 6-1 UCI 数据集信息

序号	数据集	样本数(样本分布)	特征维数
1	Iris	150(50/50/50)	4
2	Wine	178(59/71/48)	13

对于 Iris 数据集,设置维数 $d=2$,调整参数 $\beta=10$,初始邻域参数 $\varepsilon=0.6$。最终,3 种降维算法的降维结果如图 6-2 所示。图 6-2 所示为 Iris 数据集降维结果的二维分布,其中图 6-2(a)所示的第一分量和第二分量是原始 Iris 数据集中的前两维特征。观察图 6-2 中各子图可知,第一类样本均能与其余两类样本较好地分开;图 6-2(a)中第二类和第三类样本混叠严重,很难进行区分;由于 PCA 降维时追求样本全局方差最大化,相比于图 6-2(a),图 6-2(b)中样本的类间间距变大,第二类和第三类样本得到一定程度的分离,但每类样本的分布依然比较分散;在图 6-2(c)中,由于 LPP 算法能有效发现和保持样本数据的局部流形结构,其降维效果优于 PCA 算法,降维后的样本表现出较好的类内聚合性;由于 ASS-LPP 能同时保持样本数据的流形结构和利用样本的先验知识,图 6-2(d)中样本分布效果最好,既表现出了较好的类内聚合性,也具有很好的类间分散性,不同类别样本具有比较独立的分布区域,只有第二类和第三类中少数几个样本点比较靠近。

对于 Wine 数据集,设置维数 $d=3$,调整参数 $\beta=1000$,初始邻域参数 $\varepsilon=10$。这样,3 种降维算法的降维结果如图 6-3 所示。图 6-3 所示为 Wine 数据集降维结果的三维分布,其中图 6-3(a)中的第一、二、三分量分别为原始 Wine 数据集中的前三维特征。由图 6-3 可以看出,各子图中三类样本均存在一定程度的混叠;由于 PCA 降维时只关注样本全局方差最大,相比于图 6-3(a),图 6-3(b)中样本的类间间距变大的同时,每类样本的类内间距

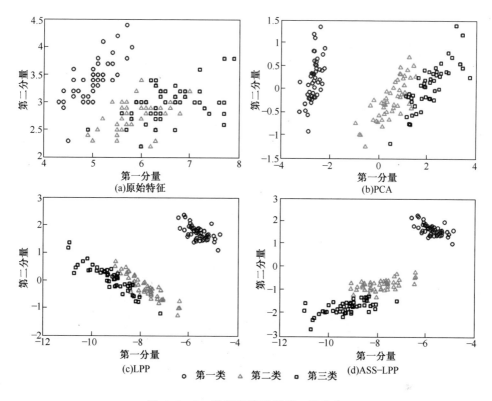

图6-2 Iris数据集降维结果二维分布

也随之变大,样本空间分布区域重叠依然严重;在图6-3(c)中,由于LPP算法能有效发现和保持样本数据的局部流形结构,降维后的样本表现出较好的类内聚合性;由于ASS-LPP能同时保持样本数据的流形结构和利用样本的先验知识,与其他子图相比,图6-3(d)中样本分布效果最好,表现出了很好的类内聚合性和较好的类间分散性。

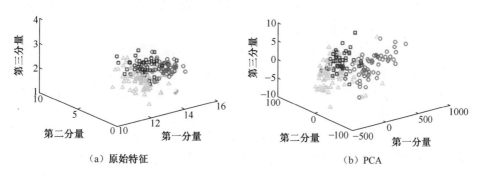

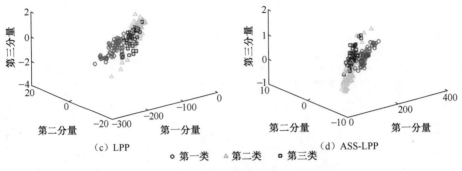

（c）LPP　　　　　　　　　　　　　（d）ASS-LPP

○ 第一类　　△ 第二类　　□ 第三类

图 6-3　Wine 数据集降维结果三维分布

仿真试验结果表明,由于自适应半监督 LPP 算法引入了 Parzen 窗概率密度估计及实例成对约束,能够通过自适应调整邻域参数的大小,充分利用样本的类别信息和实例成对约束,对样本数据集进行半监督变换降维,其降维效果明显优于 PCA、LPP 等算法。

6.4　旋转机械振动信号的组合式特征降维方法及其应用

6.4.1　组合式特征降维方法原理

过滤式特征选择方法仅利用数据集评价每个特征(子集)的相关性,不受学习算法的影响,能有效去除原始特征参数中的不相关特征,具有算法简单、快速等优点。而自适应半监督局部保持投影算法能够有效利用样本的类别信息和实例成对约束对高维数据进行降维。因此,针对旋转机械振动信号特征降维问题,结合过滤式特征选择和流形学习的思想,提出了一种基于核空间类内-类间距准则和自适应半监督 LPP 算法的组合式特征降维方法。方法原理如下:首先采用核空间类内-类间距准则对高维特征进行参数敏感性分析,进而滤除原始高维特征集中的不相关特征,获得候选特征子集;然后通过自适应半监督 LPP 算法对候选特征子集进行半监督降维,最终得到一组维数低、分类精度高的低维特征集。图 6-4 给出了所提组合式特征降维方法的流程框图。

在组合式特征降维方法中,核空间类内-类间距准则采用监督学习的策略对高维特征进行预处理,能够消除不相关特征对后续 ASS-LPP 降维结果的影响,并减少 ASS-LPP 算法的运算负担,而 ASS-LPP 算法能充分利用样本的类别信息、实例成对约束等先验知识,有效发掘蕴含在高维特征空间中的低维流形结构,减少特征冗余,从而实现高维特征的自适应半监督降维。因此,组合式

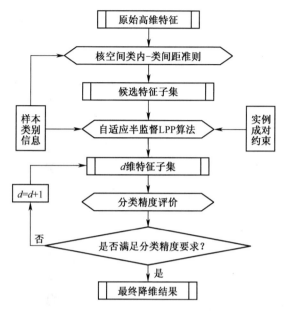

图 6-4　组合式特征降维方法流程框图

特征降维方法集成了核空间类内-类间距准则和 ASS-LPP 算法的优点,能同时降低特征集的冗余性和不相关性,具有更好的高维特征维数约简能力。

6.4.2　组合式特征降维方法在旋转机械振动信号特征降维中的应用

本节以滚动轴承振动信号为例,分析和验证组合式特征降维方法在旋转机械振动信号特征降维中的应用效果。试验中,从 4 种状态的滚动轴承振动信号中各选取 40 个样本,共 160 个样本进行研究。每种状态样本中一半作为类别已知样本,另一半作为类别未知样本。同时,选择 Matlab 模式识别工具箱中 K 近邻分类器(K = 1)、朴素贝叶斯分类器(NBC)和支持向量机(SVM)这 3 种分类器对不同维数特征子集的分类精度进行评价,其中 SVM 采用"一对一"策略和径向基核函数实现多类分类,核参数和惩罚因子通过网格搜索的方式自动选取。

1. 高维特征空间的构建

实际采集的滚动轴承振动信号非常复杂,从单一角度提取的特征参数很难全面、准确地对其进行描述和表征。为此,依据前述各章的振动信号预处理方法和特征提取方法,仅利用正交变分模式分解和分数阶 S 变换,对每个滚动轴承振动信号样本分别提取如表 6-2 所列的 6 大类共 60 个特征参数构建高维特征空间。

表 6-2　滚动轴承振动信号的高维特征组成

采用理论	特征参数	特征维数
正交变分 模式分解	相对频谱能量矩	6
	Volterra 模型特征	11
	双标度分形维数	2
分数阶 S 变换	PCNN 谱特征	20
	CSLBP 纹理谱	16
	加权多重分形特征	5

2. 试验结果与分析

根据前述图 6-4 所示组合式特征降维方法,首先采用核空间类内-类间距准则对原始高维特征集进行参数敏感性分析,以获得候选特征子集。图 6-5 给出了滚动轴承振动信号高维特征参数性能分析结果。

图 6-5 是根据 160 个信号样本计算得到的类内-类间距准则函数 J_b 由大到小随模型参数的变化情况。不同特征参数表现出差异明显的类别敏感性。通过对比类内-类间距准则与核空间类内-类间距准则对应的两条曲线可知,除前 9 个和后 23 个特征参数表现出相似的可分性以外,核空间类内-类间距准则的中间 28 个特征参数的区分性能优于类内-类间距准则。在特征敏感性分析的基础上,选取 $J_b > 0$,对滚动轴承高维特征进行初选,获取组合式降维方法中的候选特征子集。结果采用核空间类内-类间距准则可保留 28 个特征,比类内-类间距准则多 6 个特征。由此可知,相比于类内-类间距准则,核空间类内-类间距准则由于引入了核映射技术,能够更好地度量高维、

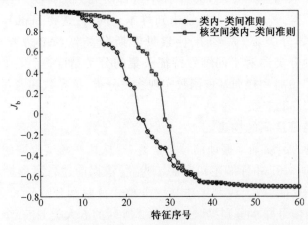

图 6-5　滚动轴承振动信号高维特征参数性能分析结果

190

非线性特征参数的可分性和参数敏感性。在相同阈值下,采用核空间类内-类间距准则则可以较多地保留高维特征集所蕴含的分类信息。

进一步利用 ASS-LPP 算法对候选特征子集进行特征变换,然后分别采用 K 近邻分类器(K-NNC)、朴素贝叶斯分类器(NBC)和支持向量机(SVM)对特征变换后不同维数下特征子集的分类精度进行评价,同时引入主成分分析(PCA)和局部保持投影(LPP)算法与 ASS-LPP 算法进行对比,试验结果如图 6-6、图 6-7 和表 6-3 所列。

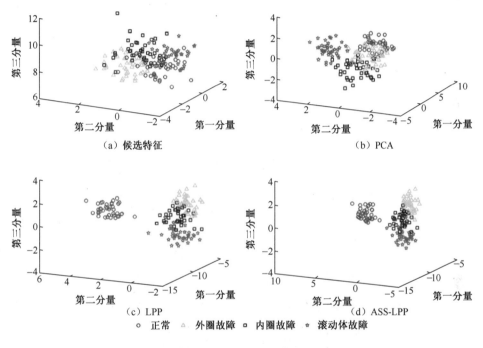

图 6-6 滚动轴承振动信号特征降维结果三维分布

图 6-6 所示为滚动轴承振动信号特征降维结果三维分布,其中图 6-6(a)中的第一、二、三分量分别为候选特征子集的前三维特征。观察图 6-6(a)和(b)可以看出,候选特征和 PCA 降维结果均存在比较严重的混叠;在图 6-6(c)中,由于 LPP 算法有效发现和保持了样本数据的局部流形结构,降维后正常信号样本分布在相对独立的空间,其他三类故障信号样本也得到一定程度的分离,但是各类样本分布仍然比较分散;由于 ASS-LPP 既保持了样本数据的流形结构,也充分利用了样本的先验知识,与其他子图相比,图 6-6(d)中样本分布没有严重的混叠问题,并且表现出了较好的类内聚合性。

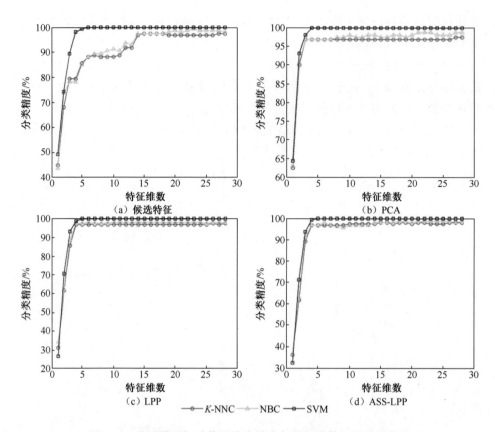

图 6-7　滚动轴承振动信号分类精度与特征维数 d 的关系曲线

图 6-7 所示为滚动轴承振动信号分类精度与特征维数 d 的关系曲线。观察图 6-7 可知,随着维数 d 的增加,候选特征子集和不同降维算法所得特征子集的分类精度均呈现出先快速增长、后趋于平稳的变化趋势。除个别点外,SVM 均表现出比 K-NNC 和 NBC 更好的分类性能。在利用 K-NNC 和 NBC 对候选特征子集进行分类时,分类精度增加比较缓慢,而且存在特征维数增加分类精度下降的现象。采用 K-NNC 和 NBC 对 PCA 算法所得特征子集进行分类时,K-NNC 的稳定分类精度较低,NBC 的分类精度具有较大的波动。LPP 和 ASS-LPP 的降维效果比较类似,但是当 $d>5$ 时,采用 K-NNC 或 NBC 进行分类时,随着维数的增加,ASS-LPP 算法所得的特征子集表现出更好的分类效果。

选择分类精度要求为"最高分类精度",则不同降维方法的降维结果及其分类精度如表 6-3 所列。由表 6-3 可知,选择 SVM 对分类精度进行评价时,无论采用何种降维方法均能获得维数低、分类精度为 100% 的低维特征集。

192

采用 NBC 分类时,LPP 算法虽然获得的特征维数低,但是分类精度非常差;候选特征子集前 23 维特征的分类精度虽然高达 99.38%,但是维数偏高。选择 K-NNC 进行分类精度评价时,ASS-LPP 算法获得的特征维数低、分类精度高。整体而言,ASS-LPP 算法优于 PCA 和 LPP 算法,在旋转机械滚动轴承振动信号降维中取得了较好的应用效果。

表 6-3 不同降维方法的降维效果

分类器	候选特征		PCA		LPP		ASS-LPP	
	维数 d	分类精度 /%	维数 d	分类精度 /%	维数 d	分类精度 /%	维数 d	分类精度 /%
K-NNC	15	97.50	27	97.50	26	97.50	15	98.13
NBC	23	99.38	21	98.75	6	98.13	18	98.75
SVM	6	100.0	4	100.0	5	100.0	5	100.0

试验结果表明,基于核空间类内-类间距准则和自适应半监督 LPP 算法的组合式特征降维方法继承了核空间类内-类间距准则和 ASS-LPP 算法的优点,能够有效消除旋转机械振动信号高维特征中的不相关特征和冗余信息,从而提高振动信号的分类精度,非常适合于对旋转机械振动信号进行特征降维。

6.5 本 章 小 结

本章针对旋转机械振动信号的广义时频特征降维问题,研究了振动信号特征参数的组合式特征降维方法,具体内容如下。

(1)针对类内-类间距准则在小样本和线性不可分特征选择和敏感性分析中的不足,通过引入核映射技术,将欧几里得空间中类内-类间距准则推广到高维核空间,设计了一种核空间类内-类间距准则。

(2)针对 LPP 算法在实际旋转机械振动信号特征降维中的不足,提出了一种自适应半监督 LPP 算法。ASS-LPP 算法可根据样本的概率密度对邻域参数进行自动调整,充分利用样本的类别信息和实例成对约束,从而实现高维数据的半监督变换降维。仿真试验结果验证了 ASS-LPP 算法在特征降维中的优越性。

(3)结合过滤式特征选择和流形学习的思想,提出了一种基于核空间类内–类间距准则和自适应半监督 LPP 算法的组合式特征降维方法，并将其应用于旋转机械振动信号特征降维。应用结果表明，该组合式降维方法结合了核空间类内–类间距准则和 ASS–LPP 算法的优点，可以有效消除旋转机械振动信号高维特征中的不相关特征和冗余信息，从而获得维数低且分类精度高的低维特征集合。

第7章 旋转机械故障的支持向量机(SVM)智能分类优化策略

SVM是基于统计学习理论和结构风险最小化原则提出的一种新兴的机器学习算法。与传统机器学习理论相比,SVM引入了核映射、松弛变量和最优分类超平面等新型技术,既有坚实的理论基础,也具有解决高维、非线性和小训练样本分类问题的能力。因此,支持向量机被广泛应用于旋转机械故障诊断领域。前面章节的实例信号分类结果也表明了SVM良好的分类性能,比较适合于旋转机械振动信号智能分类。

理论上,SVM很容易实现良好泛化性能,甚至达到全局最优,然而这是建立在SVM训练模型精确求解和模型参数最优设置的基础之上。另外,SVM最初设计是一个处理两类分类问题的分类器,不能直接处理旋转机械振动信号多类分类问题,而在实际振动信号分类时采用了"一对一"(one-against-one,OAO)策略。该策略虽然使SVM可以较好地解决多类分类问题,但同时导致SVM的泛化性能和可靠性受到影响,难以达到理论上的最优,并且可能会产生分类误差无界的情况。

SVM训练和参数设置是影响支持向量机泛化性能和学习能力的两个重要因素。虽然SVM训练可以转化为一个二次规划问题进行处理,但是二次规划问题的复杂度较高,尤其是当样本规模巨大时,训练SVM需要巨大的内存空间和很长的运算时间。为此,实际应用中不得不采取一些近似算法,如SVMlight、Nystrom近似法和序贯最小优化法(sequential minimal optimization,SMO)来减少训练复杂性和时间消耗,严重影响了SVM的训练精度和分类模型的复杂度,容易造成SVM的泛化性能恶化。SVM模型参数包括误差惩罚因子和核函数参数。如果参数取值不合适,SVM的分类性能就会很差。网格搜索法虽然是一种自适应且相对有效的方法,但是搜索过程非常耗时。为有效解决SVM参数设置问题,许多文献提出了基于群智能优化算法的参数选择方法,如粒子群优化算法(particle worm optimization,PSO)、蚁群算法和免疫算法,极大地提高了SVM参数设置的效率。

社会情感优化算法(social emotional optimization algorithm,SEOA)作为一种模拟人类决策行为的群智能优化算法,具有比 PSO 等算法更好的收敛速度和收敛精度,已经成功应用于电力系统的团簇优化问题和无功优化问题。集成学习是机器学习领域中四大重要研究方向之一,它利用有限个简单的弱分类器(分类精度略高于随机猜测)对同一问题进行学习,并采取某种决策规则将各个弱分类器的学习结果整合,可以获得比单个分类器更好的学习效果,已在模式识别和回归预测等领域得到成功应用。

因此,本章引入 SEOA 算法和集成学习思想,分别从 SVM 模型优化和集成学习两方面对 SVM 智能分类优化策略进行研究,以提高 SVM 的泛化性能和稳定性,使其更加适合于旋转机械故障诊断。

7.1　SVM 原理简介

SVM 是一种基于结构风险最小化原则的有监督统计学习理论。假设有一个训练数据集 $\{(\boldsymbol{x}_i,y_i)\}_{i=1}^{l}$,其中 $\boldsymbol{x}_i \in \mathbf{R}^n$ 是特征向量, $y \in \{+1,-1\}$ 为类别标签。如图 7-1 所示,SVM 的目的是利用训练数据集确定一个能将两类样本有效分离的最优分类超平面 H。超平面 H 定义为: $w\varphi(\boldsymbol{x})+b=0$,其中 $\varphi(\boldsymbol{x})$ 为映射函数,能将 x 映射到高维空间;b 表示偏置。H_1 和 H_2 表示两个分类超平面,二者之间的距离为 $2/\parallel w \parallel$ 。

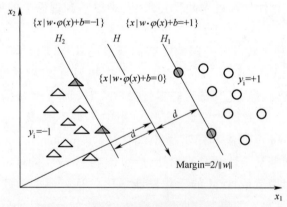

图 7-1　SVM 最优分类超平面示意图

为了将训练样本进行准确分类,分类超平面需要满足以下不等式约束,即

$$y_i[\boldsymbol{w}\varphi(\boldsymbol{x}_i)+b]-1+\xi_i \geqslant 0, \quad i=1,2,\cdots,l \qquad (7-1)$$

式中：$\xi_i \geqslant 0$ 为松弛量。为了获得最优分类超平面 H，SVM 在优化目标函数中引入损失函数，使求解最优分类超平面问题等价于求解以下二次规划问题，即

$$\begin{cases} \min \ \dfrac{1}{2} \parallel \boldsymbol{w} \parallel^2 + C \sum_{i=1}^{l} \xi_i \\ \text{s. t.} \ \ y_i [\boldsymbol{w}\varphi(\boldsymbol{x}_i) + b] \geqslant 1 - \xi_i, \quad \xi_i \geqslant 0, i = 1, 2, \cdots, l \end{cases} \tag{7-2}$$

式中：$C>0$ 为误差惩罚因子。通过引入拉格朗日函数，上述二次规划问题可进一步转化为以下对偶优化问题，即

$$\begin{cases} \min \ -\dfrac{1}{2} \sum_{i=1}^{l} \sum_{j=1}^{l} \alpha_i \alpha_j y_i y_j K(\boldsymbol{x}_i, \boldsymbol{x}_j) + \sum_{i=1}^{l} \alpha_i \\ \text{s. t.} \ \sum_{i=1}^{l} y_i \alpha_i = 0, 0 \leqslant \alpha_i \leqslant C, \quad i = 1, 2, \cdots, l \end{cases} \tag{7-3}$$

式中：α_i 为拉格朗日乘子，满足 $0 \leqslant \alpha_i \leqslant C$。通常只有少部分样本对应的拉格朗日乘子 $\alpha_i \neq 0$，这类样本称为支持向量。$K(\boldsymbol{x}_i, \boldsymbol{x}_j) = \boldsymbol{\varphi}^{\mathrm{T}}(\boldsymbol{x}_i)\boldsymbol{\varphi}(\boldsymbol{x}_j)$ 是满足 Mercer 条件的核函数核，作用是将样本空间映射到高维甚至无穷维空间，然后在高维空间中求解上述对偶优化问题。

求解完上述对偶优化问题后，即可得到最优分类决策函数，即

$$f(\boldsymbol{x}) = \mathrm{sgn}[\boldsymbol{w}\varphi(\boldsymbol{x}) + b] = \mathrm{sgn}\Big[\sum_{i=1}^{l} \alpha_i y_i K(\boldsymbol{x}_i, \boldsymbol{x}) + b\Big] \tag{7-4}$$

核函数的选择对 SVM 的分类性能影响很大。目前常用的核函数有高斯核函数、线性核函数和多项式核函数等，其中高斯核函数应用广泛且分类效果较好，因此本章仅研究高斯核函数 SVM。高斯核函数的表达式为

$$K(\boldsymbol{x}_i, \boldsymbol{x}_j) = \exp(-\parallel \boldsymbol{x}_i - \boldsymbol{x}_j \parallel /\sigma^2) \tag{7-5}$$

式中：$\sigma > 0$ 为核函数参数。

高斯核函数 SVM 涉及的模型参数包括核函数参数 σ 和误差惩罚因子 C。其中，σ 主要影响样本在高维映射空间中的分布情况，C 的作用在于调节 SVM 模型的经验风险的比例和置信范围。两个模型参数的取值和机器训练方法直接影响 SVM 的学习能力、收敛速度和泛化性能。

7.2 基于 SEOA 的 SVM 模型优化方法

本节 SVM 模型优化包括 SVM 训练优化和模型参数优化两个方面。与参

数设置问题类似,SVM 训练过程本质上也可视为一个优化问题求解过程。因此,本节取代传统的二次规划问题转化策略,而将 SVM 训练建模为一个多参数优化模型,并采用 SEOA 进行迭代求解。对模型参数优化时,以高斯核函数 SVM 为例,研究了参数设置对 SVM 分类性能的影响,然后提出了一种基于 SEOA 的 SVM 参数优化模型,利用 SEOA 对惩罚因子和核参数进行同步优化,从另一个角度改善 SVM 的分类性能。

7.2.1　社会情感优化算法

SEOA 借鉴了粒子群算法和蚁群算法的优化思想,并且引入了人类情感的概念,是一种具有人类高级智能的群智能优化算法。SEOA 中的每个个体代表一个虚拟的人,都被赋予了类似于人的情感,能够不断地感知自身和周围的社会评价。在算法迭代过程中,每个个体可以根据自身情绪的波动做出最佳的选择,自适应地调整更新迭代策略,以获得更好的社会评价,直到满足终止条件,结束迭代过程。个体的情绪采用情绪指数进行量化,并能根据自身行为的社会评价值自适应调节个体情绪。如果个体行为正确,则在下次迭代时情绪指标升高;相反,如果个体行为错误,则在下次迭代时情绪指标下降。图 7-2 给出了 SEOA 算法的流程框图。

在初始化阶段,个体的情绪指数都设置为最大情绪指数 1,并根据式(7-6)更新个体行为,即

$$v_j(1) = v_j(0) - c_3 \, \mathrm{rand}_3(\cdot) \sum_{s=1}^{L} [v_s(0) - v_j(0)] \tag{7-6}$$

式中:$v_j(0)$ 为个体 j 的初始行为;$\mathrm{rand}_3(\cdot)$ 为产生 0~1 之间随机数的函数;c_3 为控制参数;L 为个体数量。

第 $t+1$ 次迭代时,根据式(7-7)计算个体 j 的情绪指数,即

$$\begin{cases} E_j(t+1) = k\log_a[1 + \Delta f_j(t)] \\ \Delta f_j(t) = \dfrac{|f_j(t) - \bar{f}_g(t)|}{\max\{\bar{f}_g(t) - f_{\mathrm{gbest}}, f_{\mathrm{gworst}} - \bar{f}_g(t)\}} \end{cases} \tag{7-7}$$

式中:E_j 和 f_j 分别为个体 j 的情绪指数和社会评价值;$\bar{f}_g$ 为所有个体社会评价值的平均值;f_{gbest} 和 f_{gworst} 分别为群体的历史最优社会评价值和最差社会评价值;a 为对数函数基底;k 为情感强度因子。

通过设置阈值 Th_1 和 Th_2,SEOA 将个体情绪分为低落、平和与高昂 3 种,其中 $\mathrm{Th}_1 < \mathrm{Th}_2$。第 $t+1$ 次的个体行为由式(7-8)决定,即

$$\begin{cases} \boldsymbol{v}_j(t+1) = \boldsymbol{v}_j(t) + c_1\mathrm{rand}_1(\cdot)\left[\boldsymbol{v}_{j\mathrm{best}}(t) - \boldsymbol{v}_j(t)\right] - c_3\mathrm{rand}_3(\cdot) \cdot \\ \displaystyle\sum_{s=1}^{L}\left[\boldsymbol{v}_s(t) - \boldsymbol{v}_j(t)\right], \quad E_j(t+1) < \mathrm{Th}_1 \\ \boldsymbol{v}_j(t+1) = \boldsymbol{v}_j(t) + c_1\mathrm{rand}_1(\cdot)\left[\boldsymbol{v}_{j\mathrm{best}}(t) - \boldsymbol{v}_j(t)\right] + c_2\mathrm{rand}_2(\cdot)\left[\boldsymbol{v}_{\mathrm{gbest}}(t) - \right. \\ \left. \boldsymbol{v}_j(t)\right] - c_3\mathrm{rand}_3(\cdot)\displaystyle\sum_{s=1}^{L}\left[\boldsymbol{v}_s(t) - \boldsymbol{v}_j(t)\right], \quad \mathrm{Th}_1 \leqslant E_j(t+1) < \mathrm{Th}_2 \\ \boldsymbol{v}_j(t+1) = \boldsymbol{v}_j(t) + c_2\mathrm{rand}_2(\cdot)\left[\boldsymbol{v}_{\mathrm{gbest}}(t) - \boldsymbol{v}_j(t)\right], \quad \mathrm{Th}_2 \leqslant E_j(t+1) \end{cases}$$

$$(7-8)$$

式中：$\boldsymbol{v}_{j\mathrm{best}}$ 和 $\boldsymbol{v}_{\mathrm{gbest}}$ 分别为 $f_{j\mathrm{best}}$ 和 f_{gbest} 对应的个体行为；c_1 和 c_2 为两个控制参数；$\mathrm{rand}_1(\cdot)$、$\mathrm{rand}_2(\cdot)$ 与 $\mathrm{rand}_3(\cdot)$ 类似。

当满足终止条件时，结束迭代过程，此时 f_{gbest} 对应的个体行为即为算法输出。

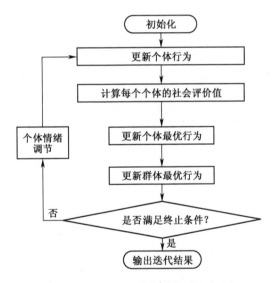

图 7-2　社会情感优化算法流程框图

7.2.2　基于 SEOA 的 SVM 训练优化模型

如式(7-3)所示，SVM 的对偶优化问题是一个带有约束条件的高维优化问题，因此传统的训练算法不能足够快速、准确地得到其理论最优解。理论上，SVM 训练可以描述为一个凸二次规划问题，它唯一的局部最优解也就是其全局最优解。对于小样本规模而言，很多二次规划问题求解算法都能够快速、有效地解决，如 SMO 算法等。然而，当样本规模很大时，采用传统二次规划求解算法进行处理就会非常耗时,并且常常仅能获得理论最优解的近似解。

由 7.1 节可知,SVM 的训练过程本质上是一个优化问题求解过程。SVM 训练的目的是求解拉格朗日乘子 α_i 和偏置 b。因此,本节通过引入 SEOA 智能优化算法,创造性地提出一种基于群智能优化的 SVM 模型训练方法。该方法取代二次规划问题转化策略,而将机器训练转化为一个多参数优化模型,并采用 SEOA 进行迭代求解。

SVM 训练时,每个训练样本与一个拉格朗日乘子对应,且 α_i 必须满足 $0 \leqslant \alpha_i \leqslant C$ 和线性等式约束 $\sum_{i=1}^{l} y_i \alpha_i = 0$。为求解 SVM 训练中式(7-3)所示的优化问题,可将 SEOA 中个体行为 $\mathbf{v}$ 定义为所有拉格朗日乘子构成的 l 维向量,即

$$\mathbf{v} = (\alpha_1, \alpha_2, \cdots, \alpha_l) \qquad (7-9)$$

然后,定义个体行为 $\mathbf{v}$ 的社会评价值为

$$f(\mathbf{v}) = -\frac{1}{2} \sum_{i=1}^{l} \sum_{j=1}^{l} \alpha_i \alpha_j y_i y_j K(\mathbf{x}_i, \mathbf{x}_j) + \sum_{i=1}^{l} \alpha_i \qquad (7-10)$$

按上述方式建立 SVM 训练模型的思路虽然简单直接,但是会面临处理线性等式约束的问题。对于 SEOA 而言,处理不等式约束比较容易,而处理等式约束比较困难。为了避免 SEOA 在执行过程中处理等式约束,对上述个体行为和社会评价值的定义进行修改。

根据上述线性等式约束可知,α_l 可以用 $\alpha_1, \alpha_2, \cdots, \alpha_{l-1}$ 进行线性表示,即

$$\alpha_l = -\frac{1}{y_l} \sum_{i=1}^{l-1} y_i \alpha_i \qquad (7-11)$$

这样,SVM 训练中的约束条件变为 $0 \leqslant \alpha_i \leqslant C$($i = 1, 2, \cdots, l-1$)和 $0 \leqslant -\frac{1}{y_l} \sum_{i=1}^{l-1} y_i \alpha_i \leqslant C$。重新定义个体行为 $\mathbf{v}$ 为由拉格朗日乘子 $\alpha_1, \alpha_2, \cdots, \alpha_{l-1}$ 构成的 $l-1$ 维向量,即

$$\mathbf{v} = (\alpha_1, \alpha_2, \cdots, \alpha_{l-1}) \qquad (7-12)$$

在满足 $0 \leqslant \alpha_i \leqslant C$($i = 1, 2, \cdots, l-1$)的条件下,个体行为 $\mathbf{v}$ 的社会评价值 $f(\mathbf{v})$ 的表达式变为

$$f(\mathbf{v}) = -\frac{1}{2} \sum_{i=1}^{l} \sum_{j=1}^{l} y_i y_j \alpha_i \alpha_j K(\mathbf{x}_i, \mathbf{x}_j) + \sum_{i=1}^{l} \alpha_i +$$
$$\max\left\{0, \frac{1}{y_l} \sum_{i=1}^{l-1} y_i \alpha_i\right\} + \max\left\{0, -C - \frac{1}{y_l} \sum_{i=1}^{l-1} y_i \alpha_i\right\} \qquad (7-13)$$

理论上,式(7-13)所示 $f(\boldsymbol{v})$ 的全局最优解不仅满足不等式约束,同时也满足上述线性等式约束。

综上所述,对于训练数据集 $\{(\boldsymbol{x}_i, y_i)\}_{i=1}^{l}$,基于社会情感优化算法的 SVM 训练过程可归纳如下。

(1)初始化。设置参数 C、σ^2、L、c_1、c_2、c_3、Th_1、Th_2 和最大迭代次数 N;随机初始化所有个体行为 $\boldsymbol{v}_j(0) \in \mathbf{R}^{l-1}$,$0 \leq \boldsymbol{v}_j(0) \leq C$ $(i=1,2,\cdots,L)$,其中 l 为训练样本数量;计算个体的初始社会评价值 $f[\boldsymbol{v}_j(0)]$,并且设置 $f_{jbest}(0) = f[\boldsymbol{v}_j(0)]$;初始化 f_{gbest}、f_{gworst}、$\bar{f}_g(t)$、$\boldsymbol{v}_{jbest}(0)$ 和 $\boldsymbol{v}_{gbest}(0)$;定义 $E_j(0) = 1$ $(j=1,2,\cdots,L)$。

(2)更新个体行为。如果 $t=0$,利用式(7-6)更新个体行为 $\boldsymbol{v}_j(t)$;否则,利用式(7-8)更新个体行为 $\boldsymbol{v}_j(t)$。

(3)对于个体 j,更新 $f_{jbest}(t)$ 和 $\boldsymbol{v}_{jbest}(t)$;然后更新 f_{gbest}、f_{gworst}、$\bar{f}_g(t)$ 和 $\boldsymbol{v}_{gbest}(t)$。

(4)判断是否满足算法迭代终止条件。如果满足条件,输出 f_{gbest} 和 $\boldsymbol{v}_{gbest}(t)$ 作为最终寻优结果,并且跳到第(6)步;否则,进入下一步。

(5)根据式(7-7)调整个体情绪指数 $E_j(t)$,然后,令 $t = t+1$,返回第(2)步。

(6)任意选择一个支持向量 $\boldsymbol{x}^*$,根据式(7-14)计算偏置 b,即

$$\sum_{i=1}^{l} \alpha_i y_i (\varphi(\boldsymbol{x}_i), \varphi(\boldsymbol{x}^*)) + b = 0 \tag{7-14}$$

7.2.3 基于 SEOA 的 SVM 参数优化模型

1. 参数设置影响分析

以高斯核函数 SVM 为例进行分析。高斯核函数 SVM 包括核函数参数 σ 和误差惩罚因子 C。其中,σ 主要影响支持向量机的分类精度,C 可以调节 SVM 模型的复杂度和近似误差。因此,上述两个参数的设置对 SVM 的性能有着重要的影响。

为了直观地展示参数设置对 SVM 的影响,选取 Circle 数据集和 Double-Helix 数据集进行试验。Circle 数据集包含两类样本,其中点 $\boldsymbol{x} \in \{(x_1, x_2) \mid x_1^2 + x_2^2 < 25\}$ 属于正类样本,而点 $\boldsymbol{x} \in \{(x_1, x_2) \mid 25 < x_1^2 + x_2^2 < 64\}$ 属于负类样本。试验中正类样本和负类样本各选取 200 个,其中 100 个组成训练集,其余 100 个组成测试集。对于 Double-Helix 数据集 $\{\boldsymbol{x}_i\}$,训练集的正类样本可由式(7-15)生成,测试集的正类样本可由式(7-16)生成,其中 $\boldsymbol{x}_i = (x_{1i}, x_{2i})$;训练集和测试集的负类样本为其正类样本关于坐标原点对称的点。

201

$$\begin{cases} x_{1i} = r_i \sin(\theta_i) \\ x_{2i} = r_i \sin(\theta_i) \\ \theta_i = \dfrac{\pi}{16}(i-1) \\ r_i = \dfrac{6.5}{104}(105-i) \\ i = 1, 2, \cdots, 100 \end{cases} \quad (7\text{-}15)$$

$$\begin{cases} x_{1i} = r_i \sin(\theta_i) \\ x_{2i} = r_i \sin(\theta_i) \\ \theta_i = \dfrac{\pi}{16}(i-0.5) \\ r_i = \dfrac{6.5}{104}(105.5-i) \\ i = 1, 2, \cdots, 100 \end{cases} \quad (7\text{-}16)$$

图 7-3 给出了 Circle 数据集和 Double-Helix 数据集的二维分布。表 7-1 和表 7-2 分别为不同核函数参数 σ 和误差惩罚因子 C 下 SVM 的分类性能。

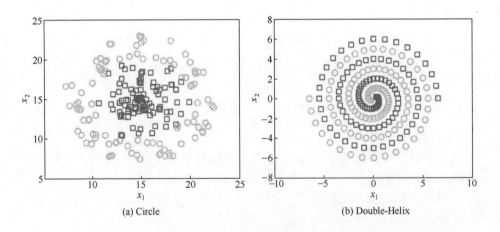

(a) Circle   (b) Double-Helix

图 7-3   Circle 数据集和 Double-Helix 数据集的二维分布

如表 7-1 和表 7-2 所列,对于 Circle 和 Double-Helix 两个数据集而言,参数设置不同时,SVM 会获得不同的训练精度、测试精度和支持向量个数。核函数参数 σ 和误差惩罚因子 C 对 SVM 的复杂度和分类性能具有很大影响。显然,对于一个给定的两类数据集,SVM 的分类精度实际上是一个关于 σ 和 C 的二元函数。支持向量个数可以反映 SVM 的结构复杂度,它本质上也是一

个关于 σ 和 C 的二元函数。只有设置合适的模型参数，SVM 才可能达到理想的分类性能。

表 7-1　$\sigma=10$ 和 $\sigma=100$ 时参数 C 对分类结果的影响　（%）

C	Circle($\sigma=10$)			Circle($\sigma=100$)			Double-Helix($\sigma=10$)			Double-Helix($\sigma=100$)		
	支持向量比例	训练精度	测试精度	支持向量比例	训练精度	测试精度	支持向量比例	训练精度	测试精度	支持向量比例	训练精度	测试精度
0.01	87.0	87.0	83.5	77.0	51.0	51.5	84.0	50.0	50.0	70.0	45.0	46.0
0.1	58.5	94.0	89.5	100.0	54.5	53.5	100.0	50.0	50.0	100.0	52.0	52.0
0.5	32.0	98.5	96.0	100.0	50.0	50.0	76.5	97.5	98.5	99.0	51.5	52.0
1	25.0	98.0	95.5	99.0	57.0	58.0	58.5	98.0	99.5	98.0	52.0	52.0
10	12.0	99.5	96.5	95.0	50.5	49.5	25.0	98.5	97.0	97.0	52.0	52.0
100	7.5	100.0	97.5	94.0	61.0	61.0	11.0	99.5	98.0	96.0	52.0	51.0

表 7-2　$C=0.01$ 和 $C=10$ 时参数 σ 对分类结果的影响　（%）

σ	Circle($\sigma=10$)			Circle($\sigma=100$)			Double-Helix($\sigma=10$)			Double-Helix($\sigma=100$)		
	支持向量比例	训练精度	测试精度	支持向量比例	训练精度	测试精度	支持向量比例	训练精度	测试精度	支持向量比例	训练精度	测试精度
0.01	12.5	50.0	50.0	98.0	100.0	67.0	100.0	100.0	100.0	99.0	100.0	81.0
0.1	100.0	100.0	97.5	90.5	100.0	87.5	99.0	100.0	100.0	95.0	100.0	100.0
0.5	90.0	99.5	97.0	62.5	100.0	97.5	84.0	76.0	75.0	83.5	100.0	100.0
1	77.5	99.5	98.0	40.0	100.0	97.0	93.0	70.0	69.0	89.0	98.5	98.0
5	86.0	96.5	96.5	12.5	99.5	96.5	87.0	50.5	51.0	98.0	62.0	61.5
10	87.0	87.0	83.5	12.0	99.5	96.5	77.0	51.0	51.5	95.0	50.5	49.5
100	84.0	50.0	50.0	25.0	98.5	97.0	70.0	45.0	46.0	97.0	52.0	52.0

2. 基于 SEOA 的参数优化模型

理想的 SVM 应该是既能获得较高的分类精度又有简单的结构复杂度。因此，建立 SVM 参数优化模型时，需要综合考虑 SVM 的分类精度和结构复杂度。假设 $P(\sigma, C)$ 和 $Q(\sigma, C)$ 分别表示 SVM 在训练样本集上的分类精度和支持向量比例，则设计参数优化模型的目标函数为 $-P(\sigma, C)$ 和 $Q(\sigma, C)$ 的加权和，进而 SVM 的参数优化模型可表示为

$$\begin{cases} \min \omega_1 Q(\sigma, C) - \omega_2 P(\sigma, C) \\ \text{s. t. } 0 < \sigma < a, 0 < C < b, a, b > 0 \end{cases} \quad (7-17)$$

其中,开区间$(0,a)$和$(0,b)$分别为参数σ和C的搜索范围。实际应用中,a和b可取足够大的数值。ω_1和ω_2为权值因子,且$\omega_1 + \omega_2 = 1$,通过反复试验,可设置$\omega_1 = 0.2$、$\omega_2 = 0.8$,即在模型参数优化时主要关注SVM的分类精度,兼顾模型的结构复杂度。

为了获得分类精度高及结构简单的SVM,利用SEOA对SVM的模型参数进行优化。首先定义SEOA的个体行为v为参数σ和C所构成的二维向量,即

$$v = (\sigma, C) \quad (7-18)$$

然后定义个体行为v的社会评价值为

$$f(v) = \omega_1 Q(\sigma, C) - \omega_2 P(\sigma, C) \quad (7-19)$$

基于社会情感优化算法的SVM参数优化过程与7.2.1节中基于社会情感优化算法的SVM训练过程类似,在此不再赘述。

7.2.4 仿真试验与分析

为了测试基于SEOA的SVM训练优化模型和参数优化模型的有效性,本节分别设计了仿真试验。试验选用的计算机参数为:2.93GHz Pentium(R)双核CPU,2048MB运行内存和Windows XP操作系统。SVM程序来自LIBSVM,运行环境为Matlab 7.11。试验中共选取了6个UCI机器学习数据集进行试验,所选数据集信息如表7-3所列。

表7-3 UCI数据集信息

序号	数据集	样本数(正类/负类)	特征维数
1	Iris	100(50/50)	4
2	Liver disorders	345(145/200)	6
3	Wisconsin breast cancer	699(458/241)	9
4	Heart Disease	576(282/294)	13
5	Ionosphere	351(225/126)	34
6	Soybean(backup large)	307(150/157)	35

SEOA涉及的参数包括控制参数c_1、c_2和c_3,个体规模L,阈值Th_1、Th_2和最大迭代次数N。参考相关文献,试验中SEOA的控制参数具体设置如表7-4所列,$L = 100$,$Th_1 = 0.49$、$Th_2 = 0.60$,$N = 200$。

表 7-4　SEOA 的控制参数设置

参数	低落	平和	高昂
c_1	1.5	2.0	0.0
c_2	0.0	1.0	2.0
c_3	2.0	1.5	0.0

为了提高试验结果的可信度,不同试验方法在每个 UCI 数据集上均运行 10 次。每次试验时,各 UCI 数据集均随机分成样本数近似相等的两个子集,其中一个作为测试集,另一个作为训练集。最终以 10 次试验的训练样本支持向量比例、训练时间和训练精度以及测试样本测试精度的平均结果进行分析。

1. SVM 模型训练

选择最小二乘支持向量机 LS-SVM 和 PSO 算法构造对比试验。试验中核函数参数 $\sigma = 10$,误差惩罚因子 $C=1$。图 7-4 展示了采用 PSO 算法对 SVM 进行训练的过程。原始 SVM(采用序贯最小优化法训练)、LS-SVM、PSO-SVM 和 SEOA-SVM 在不同数据集上的训练结果如表 7-5 和表 7-6 所列。其中表 7-5 所列为数据集 Iris、Liver disorders 和 Wisconsin breast cancer 上的结果,表 7-6 所列为数据集 Heart disease、Ionosphere 和 Soybean(backup large)上的结果。

图 7-4 所示为 10 次迭代曲线的平均结果。观察图 7-4 可以看出,随着迭代次数的增加,深色曲线比浅色曲线下降得快。结果表明,SEOA 具有优秀的全局寻优能力和算法收敛速度,在 SVM 训练过程中的表现优于 PSO 算法。

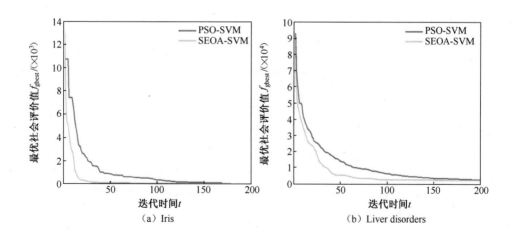

（a）Iris　　　　　　　　　　（b）Liver disorders

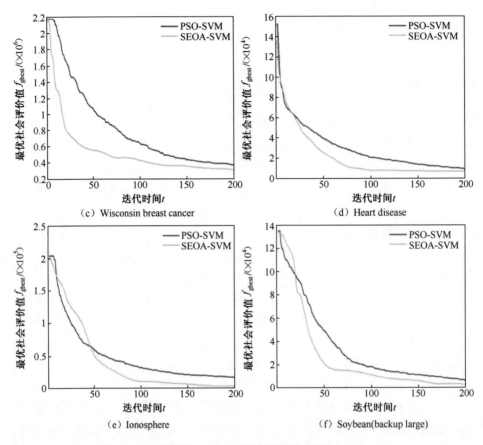

图 7-4　SEOA 和 PSO 性能比较

由表 7-5 和表 7-6 可知,SEOA-SVM 获得的支持向量比例最小,训练精度最高,分类精度也最高,表明采用 SEOA 训练出的 SVM 结构最简单、分类性

表 7-5　不同训练方法在 Iris、Liver disorders 和 Wisconsin breast cancer
数据集上的试验结果

训练方法	Iris				Liver disorders				Wisconsin breast cancer			
	支持向量比例/%	训练时间/s	训练精度/%	测试精度/%	支持向量比例/%	训练时间/s	训练精度/%	测试精度/%	支持向量比例/%	训练时间/s	训练精度/%	测试精度/%
SVM	14.6	0.060	100	98.8	87.5	0.016	98.4	62.1	46.6	0.023	99.9	97.1
LS-SVM	21.4	0.036	100	94.2	92.1	0.012	98.2	59.9	45.4	0.015	99.3	95.5
PSO-SVM	9.20	17.27	100	100	67.6	8.24	99.3	67.2	40.3	13.17	100	98.9
SEOA-SVM	8.40	9.84	100	100	67.1	6.79	99.4	70.6	40.4	11.49	100	98.9

206

能最好。LS-SVM 训练速度非常快,但是训练出的 SVM 模型结构复杂。然而,与原始 SVM 和 LS-SVM 相比,利用 SEOA 和 PSO 对 SVM 进行训练是一个十分耗时的过程。仿真试验结果表明,基于 SEOA 的 SVM 训练模型有效可行,训练效果也比较理想,不足之处在于训练速度比较慢,有待进一步提高。

2. SVM 参数优化

为了验证基于 SEOA 的 SVM 参数优化模型的有效性,选择 PSO 算法和网格搜索法构造对比试验。网格搜索法是一种典型的参数设置方法,广泛应用于 SVM 参数优化。试验同样在表 7-3 所列的 UCI 数据集上进行,SVM 采用序贯最小优化法进行训练。最终,3 种参数优化方法的试验结果如表 7-7 和表 7-8 所列。其中表 7-7 的结果来自数据集 Iris、Liver disorders 和 Wisconsin breast cancer,表 7-8 的结果来自数据集 Heart disease、Ionosphere 和 Soybean (backup large)。

表 7-6　不同训练方法在 Heart disease、Ionosphere 和 Soybean(backup large) 数据集上的试验结果

训练方法	Heart disease				Ionosphere				Soybean(backup large)			
	支持向量比例/%	训练时间/s	训练精度/%	测试精度/%	支持向量比例/%	训练时间/s	训练精度/%	测试精度/%	支持向量比例/%	训练时间/s	训练精度/%	测试精度/%
SVM	92.5	0.028	100	72.1	36.4	0.021	97.7	96.0	27.3	0.029	100	86.9
LS-SVM	94.6	0.016	99.9	70.2	40.6	0.012	97.2	95.6	30.5	0.013	99.8	85.7
PSO-SVM	90.9	14.29	100	88.3	22.0	12.85	99.7	96.7	20.1	15.21	100	88.2
SEOA-SVM	85.7	9.18	100	88.9	22.2	8.27	99.8	96.9	19.9	9.78	100	88.2

由于 SVM 的参数设置对其性能有较大影响,表 7-7 和表 7-8 中的结果均比表 7-5 和表 7-6 中的结果好。如表 7-7 和表 7-8 所列,网格搜索法、PSO 和 SEOA 获得的支持向量比例、训练精度和测试精度比较接近,而参数设置时间差别较大。网格搜索法的设置时间最长,比较耗时,其次是 PSO 算法,SEOA 的设置时间最短,参数优化速度最快。试验结果表明,基于 SEOA 的 SVM 参数优化方法优于网格搜索法和基于 PSO 的参数优化方法。

仿真试验结果表明,基于 SEOA 的模型优化方法可以从模型训练和参数设置两个角度有效提升 SVM 的分类精度和泛化性能,同时降低 SVM 的结构

复杂度。不足之处在于训练 SVM 的速度较慢,有待进一步改进和完善。

表 7-7　不同参数设置方法在 Iris、Liver disorders 和 Wisconsin breast cancer
数据集上的试验结果

优化方法	Iris				Liver disorders				Wisconsin breast cancer			
	支持向量比例/%	设置时间/s	训练精度/%	测试精度/%	支持向量比例/%	设置时间/s	训练精度/%	测试精度/%	支持向量比例/%	设置时间/s	训练精度/%	测试精度/%
网格搜索	12.2	128.2	100.0	99.8	73.2	40.87	99.6	59.5	40.9	53.5	100	98.8
PSO-SVM	12.6	25.5	100.0	100	72.3	21.01	100	65.6	40.4	17.2	100	98.9
SEOA-SVM	11.8	15.4	100.0	100	70.9	10.42	100	68.7	40.3	10.6	100	99.0

表 7-8　不同参数设置方法在 Heart disease、Ionosphere 和 Soybean
(backup large) 数据集上的试验结果

优化方法	Heart disease				Ionosphere				Soybean(backup large)			
	支持向量比例/%	设置时间/s	训练精度/%	测试精度/%	支持向量比例/%	设置时间/s	训练精度/%	测试精度/%	支持向量比例/%	设置时间/s	训练精度/%	测试精度/%
网格搜索	98.5	72.4	100	87.3	36.9	68.2	99.6	97.3	25.4	68.9	100	89.6
PSO-SVM	92.5	20.4	100	89.4	23.1	15.8	99.6	97.7	24.2	18.1	100	90.3
SEOA-SVM	86.8	17.2	100	90.0	22.8	12.5	99.6	97.9	23.9	14.0	100	90.4

7.3　SVM 的集成学习

集成学习利用若干个简单的弱分类器对同一问题进行学习,并采取特定的决策规则将各个弱分类器的学习结果进行整合,凭借各弱分类器之间的差异性可以获得比单个分类器更好的学习效果。因此,本节针对 SVM 分类性能受模型训练方法和模型参数选择影响较大的缺陷,引入集成学习的思想,对 SVM 的多类分类集成学习方法进行研究。

7.3.1　SVM 多类分类集成学习框架

旋转机械振动信号分类属于典型的多类分类问题,因此需要研究 SVM 多类分类集成学习。SVM 基本算法是针对两类分类问题而设计的,不能直接对旋转机械振动信号进行分类。为了将 SVM 的应用范围推广到多类分类问题,可以采取有效的多类分类策略构建多类分类 SVM(Multi-SVM),将多类分类问题分解为一系列两类分类问题进行处理。目前,在 SVM 分类中常用的多类分类策略有"一对一"(OAO)、"一对余"、二叉树、纠错输出编码等。其中 OAO 策略的思想是,在 k 类训练样本中,通过两两组合构建 $L=k(k-1)/2$ 个两类分类 SVM,然后利用"投票得数最多"的原则将这 L 个 SVM 的输出进行组合,从而获得最终的分类结果。由于 OAO 策略具有训练速度快、算法简单等优点,本章选择了 OAO 策略实现 SVM 的多类分类。

鉴于由 OAO 策略构建的 Multi-SVM 是通过对多个两类分类 SVM 组合来实现多类分类的,SVM 多类分类集成学习框架既能建立在多类分类器层次上,也能建立在两类分类器层次上。结合全书研究内容,采用前者建立 SVM 多类分类集成学习框架。首先采用 OAO 多类分类策略构造有限个 Multi-SVM,然后设计合适的组合策略对所有 Multi-SVM 进行整合,从而实现 SVM 的多类分类集成学习。具体框架结构如图 7-5 所示。

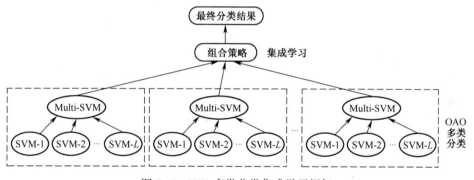

图 7-5 SVM 多类分类集成学习框架

7.3.2 差异性 Multi-SVM 构造方法

集成学习的本质是采用具有差异性的多个基分类器处理同一个问题,利用基分类器之间的差异实现学习互补,以达到更好的学习效果和泛化性能。因此,对于给定的训练样本集,欲实现 SVM 的集成学习,首要问题是构造多个分类精度高于随机猜测(准确率大于 50%)且具有差异性的 Multi-SVM。

常用的差异性基分类器构造方法有采用不同训练样本集的 fold-partitioning 集成法、bagging 技术和 adaboost 算法,以及采用不同输入特征子集的随机子空间法和特征消除法等。其中,fold-partitioning 集成法首先将训练样本集划分为若干个互不相交的样本子集,然后每次去掉一个样本子集,把剩余样本子集构造成一个新的训练样本集,用于训练同一种基分类器,该方法可以显著增强集成学习的稳定性,且不需要很大规模的训练样本集;随机子空间法每次从样本特征集合中随机抽取一个特征子集来构造基分类器,具有操作简单、对小样本分类比较有效的优点。

由于旋转机械振动信号中正常信号样本容易获取,而故障信号样本较少,本质上也属于小样本分类问题,结合 fold-partitioning 集成法与随机子空间法的思想,设计以下差异性 Multi-SVM 构造方法。

(1)将给定的训练样本集随机划分为 m 个不相交的样本子集,依次去掉其中一个样本子集,而将剩余 $m-1$ 个样本子集合并成一个新的训练样本集,获得 m 个样本子集。

(2)从每个样本子集的原始特征集合中有放回地随机抽取 n 个特征子集,形成 $m \times n$ 个具有不同特征的训练样本子集。

(3)针对每个训练样本子集,采用"一对一"策略构建一个 Multi-SVM,最终得到 $m \times n$ 个 Multi-SVM。

由于上述 $m \times n$ 个训练样本子集在样本自身和特征参数方面都存在差异,上述方法构造的 $m \times n$ 个 Multi-SVM 也就会呈现明显的差异性,为 SVM 多类分类集成学习奠定了基础。

7.3.3 SVM 多类分类集成学习的组合策略

在构造若干个具有差异性的基分类器之后,需要通过某种组合策略才能实现集成学习,从而获得最终的分类结果。因此,如何对 Multi-SVM 进行组合是 SVM 多类分类集成学习的另一个关键问题。目前,在集成学习中常见的组合策略有多数投票法、简单平均法、加权平均法、专家乘积法、决策模板法、贝叶斯决策和 D-S 证据理论等。其中,D-S 证据理论满足比贝叶斯概率论更弱的条件,具有直接处理不确定性和未知信息的能力,得到国内外学者的广泛重视。鉴于此,本节选择 D-S 证据理论作为 SVM 多类分类集成学习的组合策略。

1. D-S 证据理论

D-S 证据理论最初由 Dempster 提出,而后经 Shafer 扩充和发展而形成,因此也称为 Dempster-Shafer 证据理论。

假设识别框架 Θ 的所有子集构成的幂集为 2^{Θ},事件 $A \subseteq \Theta$ 称为命题。

定义映射 $m: 2^{\Theta} \rightarrow [0,1]$ 为基本概率分配函数,则事件 A 的基本概率赋值 $m(A)$ 满足:

$$
\begin{cases}
m(\varnothing) = 0 \\
0 \leqslant m(A) \leqslant 1 \\
\displaystyle\sum_{A \subseteq \Theta} m(A) = 1
\end{cases}
\tag{7-20}
$$

对于 $\forall A \subseteq \Theta$,如果函数 $m(A) > 0$,则称 A 是 Θ 的焦点元素,简称焦元。m 及其基本概率赋值称为信任结构,D–S 证据理论利用一个信任结构表示事件的一个证据。事件 A 的不确定性采用信任区间 $[f_{\text{bel}}(A), f_{\text{pla}}(A)]$ 进行刻画,其中 $f_{\text{bel}}(A)$ 和 $f_{\text{pla}}(A)$ 分别为置信函数和似然函数,二者与基本概率分配函数的关系为

$$
f_{\text{bel}}(A) = \sum_{B \subseteq A} m(B)
\tag{7-21}
$$

$$
f_{\text{pla}}(A) = 1 - f_{\text{bel}}(\bar{A}) = \sum_{B \cap A \neq \varnothing} m(B)
\tag{7-22}
$$

由式(7-21)和式(7-22)可知,置信函数 $f_{\text{bel}}(A)$ 是事件 A 的所有子事件的基本概率赋值之和,描述了对事件 A 的信任程度,而似然函数 $f_{\text{pla}}(A)$ 是所有与 A 相交子事件的基本概率赋值之和,含义为不否定事件 A 的信任程度,并且显然有 $f_{\text{bel}}(A) \leqslant f_{\text{pla}}(A)$。若事件 A 的概率记为 $P(A)$,则 $f_{\text{pla}}(A)$ 和 $f_{\text{bel}}(A)$ 分别是未知概率 $P(A)$ 的上界和下界,即

$$
f_{\text{bel}}(A) \leqslant P(A) \leqslant f_{\text{pla}}(A) \cdot
\tag{7-23}
$$

假设在同一识别框架 Θ 下获得 n 个相互独立的事件 A 的证据,其基本概率分配函数分别为 $m_1, m_2, \cdots, m_n$,则这 n 个证据可根据以下 Dempster 规则进行组合,即

$$
\begin{cases}
m(A) = m_1 \oplus m_2 \oplus \cdots \oplus m_n(A) = \dfrac{1}{1-Q} \displaystyle\sum_{\cap A_i = A} \prod_{j=1}^{n} m_j(A_i) \\
Q = \displaystyle\sum_{\cap A_i = \varnothing} \prod_{i=1}^{n} m_j(A_i)
\end{cases}
\tag{7-24}
$$

Q 可以认为是证据的冲突概率,能够反映 n 个证据的冲突程度,Q 值越大,表明证据的冲突越严重。当 $Q = 1$ 时,证据完全冲突,式 7-24 失效,不再适用。

李弼程等认为证据存在冲突时也是部分有用的,可以把证据的冲突概率分配给各个命题。基于这种思想,他们通过引入平均支持度的概念,把证据

的冲突概率按照平均支持度进行加权分配,对 Dempster 组合规则进行了改进,较好地克服了 Dempster 组合规则存在的不足。改进后的证据组合规则为

$$
\begin{cases}
m(A) = \sum\limits_{\cap A_i = A} \prod\limits_{j=1}^{n} m_j(A_i) + Qq(A) \\
Q = \sum\limits_{\cap A_i = \varnothing} \prod\limits_{i=1}^{n} m_j(A_i) \\
q(A) = \dfrac{1}{n} \sum\limits_{1 \leqslant j \leqslant n} m_j(A)
\end{cases}
\tag{7-25}
$$

2. 基于 D-S 证据理论的 Multi-SVM 组合

采用 D-S 证据理论对 Multi-SVM 进行组合要求每个 Multi-SVM 提供后验概率输出,而两类分类 SVM 和"一对一"策略构建的 Multi-SVM 都不输出后验概率,为此本节引入无参数 sigmoid 函数首先将两类分类 SVM 的输出转化为后验概率,即

$$
P(i \mid j;\boldsymbol{x}) = \frac{1}{1 + e^{-g(x)}} = \frac{1}{1 + e^{-w\varphi(x)-b}}
\tag{7-26}
$$

式中:$P(i \mid j;\boldsymbol{x})$ 为由第 i 类和第 j 类样本训练出的两类分类 SVM 判定 $\boldsymbol{x}$ 属于第 i 类的后验概率,$g(\boldsymbol{x}) = \boldsymbol{w}\varphi(\boldsymbol{x}) + b$ 为该 SVM 未符号化之前的输出。

然后,利用"投票得数最多"的原则将 $L = k(k-1)/2$ 个两类分类 SVM 的概率输出进行组合,从而获得 Multi-SVM 近似的后验概率 $P(i \mid \boldsymbol{x})$,即

$$
P(i \mid \boldsymbol{x}) = \frac{\sum\limits_{j=1,j \neq i}^{L} P(i \mid j;\boldsymbol{x})}{\sum\limits_{i=1}^{L} \sum\limits_{j=1,j \neq i}^{L} P(i \mid j;\boldsymbol{x})} = \frac{1}{k(k-1)} \sum\limits_{j=1,j \neq i}^{L} P(i \mid j;\boldsymbol{x})
\tag{7-27}
$$

式中:k 为样本类别数。

在此基础上定义 Multi-SVM 的基本概率分配函数。假设 Multi-SVM 对第 i 类样本的分类精度为 $r(i)$,样本 $\boldsymbol{x}$ 属于第 i 类为事件 A_i,则其基本概率赋值定义为

$$
m_l(A_i) = r_l(i) P_l(i \mid \boldsymbol{x})
\tag{7-28}
$$

$$
m_l(\bar{A}_i) = r_l(i) [1 - P_l(i \mid \boldsymbol{x})]
\tag{7-29}
$$

$$
m_l(\Theta) = 1 - r_l(i)
\tag{7-30}
$$

式中:下标 l 为 Multi-SVM 的序号,$l = 1,2,\cdots,L$。

212

根据式(7-25)所示证据组合规则,将 L 个 Multi-SVM 的基本概率赋值进行组合,得到全局基本概率赋值:

$$\begin{cases} m(A_i) = m_i(A_i) \prod_{l=1,l \neq i}^{L} \left[m_l(\bar{A}_l) + m_l(\Theta) \right] + m_i(\Theta) \prod_{l=1,l \neq i}^{L} m_l(\bar{A}_l) + Qq(A_i) \\ Q = 1 - m_i(A_i) \prod_{l=1,l \neq i}^{L} \left[m_l(\bar{A}_l) + m_l(\Theta) \right] - m_i(\Theta) \prod_{l=1,l \neq i}^{L} m_l(\bar{A}_l) - \\ \qquad m_i(\bar{A}_i) \prod_{l=1,l \neq i}^{L} m_l(\Theta) - \prod_{l=1}^{L} m_l(\Theta) \\ q(A_i) = \frac{1}{L} \sum_{1 \leq l \leq n}^{L} m_l(A_l) \end{cases}$$

$$(7-31)$$

由于事件 A_i 中只有一个元素,所以事件 A_i 的置信函数 $f_{\text{bel}}(A_i) = m(A_i)$。对样本 $\boldsymbol{x}$ 分类时,其类别 $f(\boldsymbol{x})$ 可根据最大信任原则进行判定,即

$$f(\boldsymbol{x}) = \arg \max_i \{ f_{\text{bel}}(A_i) \}$$

$$(7-32)$$

7.3.4　仿真试验与分析

为测试所提 SVM 多类分类集成学习方法的有效性,从 UCI 机器学习数据集中选取 Wine 数据集和 Dermatology 数据集进行仿真试验分析。所选数据集的详细信息如表 7-9 所列。试验中,设置 SVM 的核函数参数 $\sigma = 10$,误差惩罚因子 $C = 1$。每次根据 7.3.2 节差异性 Multi-SVM 构造方法对每个 UCI 数据集均构造 $5 \times 4 = 20$ 个 Multi-SVM,然后分别采用多数投票法、最大分类精度法、简单平均法、贝叶斯决策、决策模板法和 D-S 证据理论等 6 种组合策略实现 Multi-SVM 的集成学习。最终 10 次重复试验的结果如表 7-10 和表 7-11 所列,其中表 7-10 为 Wine 数据集集成分类结果,表 7-11 为 Dermatology 数据集集成分类结果。

表 7-9　UCI 数据集信息

序号	数据集	样本数(样本分布)	特征维数
1	Wine	178(59/71/48)	13
2	Dermatology	358(111/60/71/48/48/20)	34

表 7-10　Wine 数据集集成分类结果

序号	仅利用单个 Multi-SVM 分类	多数投票法	最大分类精度法	简单平均法	贝叶斯决策	决策模板法	D-S证据理论
1	95.56%	96.29%	96.86%	96.97%	92.16%	97.09%	97.09%
2	93.33%	95.86%	96.42%	97.10%	92.28%	97.10%	96.99%
3	89.93%	96.86%	96.73%	97.30%	92.70%	97.31%	97.31%
4	92.12%	96.52%	97.42%	97.42%	94.07%	97.53%	97.64%
5	91.54%	96.41%	97.66%	97.88%	92.25%	97.99%	97.99%
6	93.82%	96.98%	97.99%	97.86%	93.13%	97.88%	98.08%
7	94.90%	95.95%	96.41%	97.20%	92.46%	96.97%	97.08%
8	90.39%	95.75%	96.41%	96.99%	93.59%	96.99%	96.99%
9	92.71%	96.08%	97.08%	97.31%	92.15%	97.31%	97.43%
10	93.66%	95.97%	97.18%	96.96%	93.67%	97.41%	97.52%
平均分类精度	92.80%	96.27%	97.05%	97.31%	92.85%	97.36%	97.38%
标准差	0.0183	0.0042	0.0058	0.0034	0.0071	0.0040	0.0040

表 7-11　Dermatology 数据集集成分类结果

序号	仅利用单个 Multi-SVM 分类	多数投票法	最大分类精度法	简单平均法	贝叶斯决策	决策模板法	D-S证据理论
1	91.90%	94.41%	94.58%	95.25%	86.09%	95.58%	95.75%
2	93.00%	94.30%	95.30%	95.92%	86.83%	96.09%	96.09%
3	89.36%	94.47%	94.81%	95.53%	86.17%	95.65%	95.70%
4	93.03%	93.69%	95.09%	95.75%	86.20%	96.03%	95.98%
5	91.34%	94.70%	94.24%	95.70%	86.52%	95.98%	95.98%
6	91.06%	94.31%	95.15%	96.04%	86.93%	95.99%	96.10%
7	89.65%	94.75%	94.97%	95.75%	87.71%	95.91%	95.97%
8	93.56%	94.53%	95.20%	95.98%	85.76%	95.93%	96.04%
9	92.48%	94.53%	95.25%	95.92%	85.88%	96.03%	96.03%
10	91.92%	93.69%	94.69%	95.53%	86.87%	95.64%	95.70%
平均分类精度	91.73%	94.34%	94.93%	95.74%	86.50%	95.88%	95.93%
标准差	0.0141	0.0037	0.0034	0.0025	0.0060	0.0019	0.0016

由表 7-10 和表 7-11 可以看出,就 Wine 数据集而言,除第 2 组和第 7 组试验结果以外,采用 D-S 证据理论组合策略都获得了最高的分类精度。Multi-SVM 的平均分类精度最差,仅为 92.80%,且分类精度的标准差高达 0.0183,6 种组合策略的平均分类精度都大于 92.80%,特别是 D-S 证据理论达到了 97.38%,并且分类精度的标准差远远小于 0.0183。对于 Dermatology 数据集而言,除第 4 组以外,采用 D-S 证据理论组合策略也都获得了最高的分类精度。在 6 种组合策略中,除采用贝叶斯决策组合策略的分类精度低于 Multi-SVM 以外,其余 5 种组合策略的分类精度均明显高于 Multi-SVM、分类精度的标准差远小于 Multi-SVM,其中 D-S 证据理论的平均精度最高,分类精度的标准差最小。仿真试验结果表明,本节所提 SVM 多类分类集成学习方法获得了最好的分类精度和稳定性。与单个 Multi-SVM 和基于其他组合策略的 SVM 集成学习方法相比,该方法具有明显的优势,为提高 SVM 多类分类的精度提供了另外一条有效途径。

7.4 SVM 智能分类优化策略在故障诊断中的应用

前面章节分别对旋转机械振动信号预处理、特征提取和特征降维方法,以及 SVM 智能分类优化策略进行了研究。结合前面内容,本节首先建立基于特征降维的旋转机械振动信号 SVM 智能分类模型,然后以滚动轴承振动信号为例,利用该模型研究 SVM 智能分类优化策略在旋转机械故障诊断中的应用效果。

7.4.1 基于特征降维的旋转机械振动信号 SVM 智能分类模型

基于特征降维的旋转机械振动信号 SVM 智能分类模型如图 7-6 所示。该模型与常见的智能分类模型相似,可以分为训练和分类识别两部分,其中训练的目的是获得组合式特征降维中的变换矩阵 A 和分类决策函数 $f(x)$。SVM 分类的实现过程如下:①训练样本和待识别信号经过预处理后,分别基于正交变分模式分解和分数阶 S 变换等广义时频分析理论提取原始高维特征参数;②采用组合式特征降维方法先对训练样本集的高维特征进行降维,获得低维特征集,而后根据公式 $y = A^T x$ 对待识别样本的高维特征进行变换降维;③利用训练样本的低维特征集和类别信息对多类分类 SVM 进行训练,并根据需要选取基于 SEOA 的模型优化策略或集成学习策略对多类分类 SVM 进行优化,从而获得分类识别所需的最优决策函数 $f(x)$;④将待识别旋转机

215

械振动信号的低维特征输入决策函数 $f(x)$,即实现待识别振动信号的分类识别。

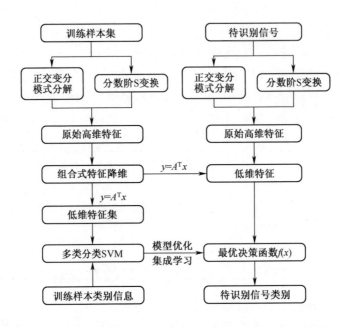

图 7-6　基于特征降维的旋转机械振动信号 SVM 智能分类模型

7.4.2　SVM 智能分类优化策略在旋转机械故障诊断中的应用

以滚动轴承故障诊断为例,从 4 种状态的滚动轴承振动信号中各随机选取 40 个样本,共 160 个样本作为试验样本。应用试验分别从 SVM 模型优化方法的应用和 SVM 集成学习的应用两方面进行展开,并且每次均随机选取不同比例的样本进行试验,以分析样本数量对旋转机械故障诊断结果的影响。

1. SVM 模型优化在旋转机械故障诊断中的应用

为了分析 SVM 模型优化在旋转机械故障诊断中的必要性和有效性,从试验样本中分别选取比例为 25%、50%、75% 和 100% 的样本进行分类试验,其中训练样本和测试样本各占一半。利用训练样本分别对给定模型参数、网格搜索参数及利用 SEOA 对模型训练和参数设置同步优化的 SVM 进行训练,然后对测试样本进行分类。SVM 采用"一对一"策略和径向基核函数实现多类分类。试验结果如表 7-12 所列,其中分类精度均为 5 次试验的平均结果。

观察表 7-12 可知,当模型参数不同或试验样本比例不同时,SVM 的分类精度存在明显差异。SVM 的分类精度不仅受模型参数取值影响,也受样本数

216

量影响。若给定的模型参数与样本数量不匹配,振动信号的分类精度就会较差。由于网格搜索或 SEOA 优化方法能够随着样本数量的改变,在误差范围内自适应地寻找与样本最佳匹配的模型参数,因而二者优化的 SVM 总能获得较高的分类精度。由于 SEOA 具有良好的全局寻优能力,并且对 SVM 训练和参数设置进行了同步优化,SEOA 优化的 SVM 比网格搜索优化的 SVM 表现出了更好的分类性能,平均分类精度达到了 98.88%。试验结果表明,SEOA 模型优化方法能够显著改善 SVM 的分类性能,有效提高旋转机械故障诊断的准确度。

表 7-12 不同模型参数的 SVM 分类结果

试验样本比例/%	$\sigma = 0.001, C = 0.01$	$\sigma = 0.001, C = 1$	$\sigma = 0.001, C = 100$	网格搜索	SEOA 优化
25	25.00	76.00	93.00	95.00	98.00
50	25.00	91.50	95.50	96.00	97.50
75	25.00	89.67	96.00	99.33	100.0
100	25.00	92.75	97.25	100.0	100.0
平均分类精度	25.00	87.48	95.44	97.58	98.88

2. SVM 集成学习在旋转机械故障诊断中的应用

同样从试验样本中分别选取比例为 25%、50%、75% 和 100% 的样本进行 SVM 集成分类试验,以研究 SVM 多类分类集成学习在旋转机械故障诊断中的应用效果和样本数量对 SVM 集成分类结果的影响。试验中 SVM 分别选取了 5 组不同的模型参数。每次试验根据 7.3.2 节差异性 Multi-SVM 构造方法构造 5 × 4 = 20 个 Multi-SVM,并采用 D-S 证据理论进行组合决策。为提高试验结果的可信度,不同条件下的试验均重复 5 次。最终,5 次试验的平均结果如表 7-13 所列。

表 7-13 不同模型参数的 SVM 集成分类结果

试验样本比例/%	$\sigma = 0.001,$ $C = 0.01$	$\sigma = 0.001,$ $C = 1$	$\sigma = 0.001,$ $C = 100$	$\sigma = 1000,$ $C = 0.01$	$\sigma = 1000,$ $C = 1$
25	96.50	97.50	84.50	100.0	100.0
50	94.75	97.00	90.75	95.75	98.50
75	98.33	95.67	94.33	99.83	99.33
100	98.88	95.88	94.25	99.75	98.50
平均分类精度	97.12	96.51	90.96	98.83	99.08

由表 7-13 可以看出,随着试验样本数量或模型参数的改变,SVM 集成分类的结果也会随着变化。结果表明,SVM 集成分类结果同样受样本数量和

SVM 模型参数的影响。但是,进一步仔细对比表 7-13 与表 7-12 可以发现,SVM 集成分类的精度明显高于相同模型参数下单个 Multi-SVM 的分类精度;当模型参数和样本数量发生变化时,SVM 集成分类都能表现出较好的稳定性。另外,在试验样本比例为 25% 和 50% 的小样本条件下,SVM 集成分类的精度超过了基于 SEOA 模型训练和参数同步优化的 SVM 的分类精度。因此,与 Multi-SVM 相比,SVM 集成分类模型在旋转机械故障诊断中具有明显优势。SVM 集成学习可以同时提高 SVM 的泛化性能和稳定性,并且对 SVM 模型参数设置要求不高,比 Multi-SVM 更适合于旋转机械故障诊断,特别是小样本条件下的旋转机械故障信号分类。

7.5　本 章 小 结

本章为提高 SVM 在旋转机械故障诊断中的分类性能,对 SVM 智能分类优化策略进行了研究,具体内容如下。

(1)引入社会情感优化算法(SEOA),从模型训练优化和参数优化两个角度研究了 SVM 模型优化方法。针对 SVM 训练中二次优化模型难以准确快速求解的瓶颈,将 SVM 训练过程建模为一个多参数优化问题,提出了一种基于 SEOA 的 SVM 训练优化模型;同时针对 SVM 模型参数设置难题,建立了基于 SEOA 的 SVM 参数优化模型。仿真试验结果表明,基于 SEOA 的 SVM 训练优化模型具有可行性和有效性;采用 SEOA 进行参数优化的效率高于网格搜索法和 PSO 算法,可快速搜索出 SVM 的最佳模型参数。

(2)针对多类分类问题,设计了一种 Multi-SVM 层次上的 SVM 多类分类集成学习框架。在该学习框架下,结合 fold-partitioning 集成法与随机子空间法的思想构造差异性 Multi-SVM,采用改进 D-S 证据理论对 Multi-SVM 进行组合,实现了 SVM 的多类分类集成学习。仿真试验结果表明,与 Multi-SVM 和基于其他组合策略的 SVM 集成学习方法相比,基于 D-S 证据理论的 SVM 多类分类集成学习具有更好的分类精度和稳定性。

(3)建立了一种基于特征降维的旋转机械振动信号 SVM 分类模型,并以滚动轴承振动信号为例,利用该模型研究了 SVM 分类优化策略在旋转机械故障诊断中的应用。试验结果表明,基于 SEOA 的 SVM 模型优化方法可以显著提升 SVM 的泛化性能,有效提高旋转机械故障诊断精度;基于 D-S 证据理论的 SVM 集成学习能够明显改善 SVM 的分类精度和稳定性,并且对 SVM 模型参数设置要求不高,比较适合于旋转机械故障诊断。

结　束　语

　　振动信号分析是目前应用最广泛、最行之有效的旋转机械状态监测与故障诊断方法。本书在总结旋转机械振动信号分析现有研究成果的基础上，以分数阶傅里叶变换、变分模式分解、集合经验模式分解和分数阶 S 变换等广义时频分析理论为主要技术手段，针对旋转机械状态监测与故障诊断中的振动信号预处理、特征提取、特征降维及分类优化策略等问题开展了研究，为旋转机械振动信号分析提供了一套新的有效的技术途径。本书的主要工作及结论如下。

1. 研究了旋转机械振动信号稀疏分解滤波、集合经验模式分解处理和微弱故障特征增强方法

　　引入分数阶傅里叶变换和信号稀疏分解的思想，提出了一种基于分数阶傅里叶变换稀疏分解的信号滤波方法。仿真信号分析和实例应用结果表明，该方法结合了 FRFT 和信号稀疏分解在信号处理中的优势，能够有效滤除旋转机械振动信号中的干扰噪声，提高旋转机械振动信号的信噪比。通过研究基于 EEMD 的模态混叠消除、基于 K-S 检验的伪分量识别和基于奇异值差分谱的信号预处理等方法，提出了基于 EEMD 的振动信号处理方法，有效解决了 EMD 方法存在的缺陷以及在对信号分析过程中出现的问题，提高了 EEMD 对信号分解的准确性，使分解得到的 IMF 分量更能反映信号的真实特征。结合广义 S 变换和傅里叶逆变换构造了一种双时域变换，然后提出了一种基于双时域变换的微弱故障特征增强方法。仿真信号和实测信号分析结果表明，所提取微弱故障特征增强方法能有效增强旋转机械振动信号中的微弱故障成分。

2. 研究了基于正交变分模式分解的振动信号特征提取方法

　　针对变分模式分解的 IMF 分量不严格正交问题，提出了一种正交变分模式分解理论，并研究了基于最大相关最小冗余准则的 OVMD 分量个数参数确定方法。仿真信号分析结果表明，与 EMD 和 VMD 相比，正交变分模式分解具有更好的信号分解性能，在信号分解过程中不产生明显的频率混叠和频带能量泄漏等问题。采用 OVMD 对旋转机械振动信号进行了分析，结果表明旋转机械振动信号具有明显的多分量特性,OVMD 能对非平稳的多分量振动信号进行自适应分解,获得正交的 IMF 分量,而且不产生虚假分量。

定义了相对频谱能量矩的概念,提出了一种基于 OVMD 的振动信号相对频谱能量矩特征提取方法;通过引入基于相空间重构的 Volterra 预测模型,提出了一种基于正交变分模式分解的旋转机械振动信号 Volterra 模型特征提取方法;提出了一种基于 OVMD 的信号分形维数估计方法,在此基础上研究了旋转机械振动信号的双标度分形特性,针对振动信号的双标度分形特性,提出了一种振动信号双标度分形维数估计方法。试验结果表明,相对频谱能量矩特征同时蕴含信号的频率和能量信息,能有效描述振动信号自身及其各 IMF 分量的频带能量特征;基于 OVMD 提取的 Volterra 模型特征能有效表达振动信号的非线性和非平稳特性;双标度分形维数比传统分形维数能更准确地描述旋转机械振动信号的分形特性。

3. 研究了基于 EEMD 的振动信号多尺度特征参数提取方法

引入了模糊熵理论,通过对实测旋转机械振动信号的分析,说明了模糊熵能够描述旋转机械设备不同故障状态振动信号的复杂度,并作为判断其故障的特征参数。利用 EEMD 的自适应分解性能,将原始信号分解为具有不同时间尺度的 IMF 分量,计算 IMF 分量的模糊熵,得到原始信号的多尺度模糊熵。同时,由于 AR 模型具有信息凝聚器的功能,对分解得到的 IMF 分量建立 AR 模型,提取多尺度 AR 模型参数作为区分旋转机械设备不同故障的特征参数。试验结果表明,多尺度特征参数能够更精细、有效地描述旋转机械部件不同故障特征。

4. 研究了基于分数阶 S 变换的振动信号特征参数提取方法

结合分数阶傅里叶变换与 S 变换的优势,提出了一种分数阶 S 变换,同时研究了分数阶 S 变换的快速实现算法和参数自动选择方法。仿真信号分析结果表明,与连续小波变换、S 变换等传统时频变换相比,分数阶 S 变换在分析非平稳信号时具有更大的灵活性和更好的时频聚集性。利用分数阶 S 变换对旋转机械振动信号进行分析,获取了振动信号的分数阶 S 变换时频谱。分数阶 S 变换时频谱的时频聚集性较好,能够更准确地反映振动信号的时频特性。

提出了一种基于分数阶 S 变换时频谱的 PCNN 谱特征提取方法,该方法利用脉冲耦合神经网络对分数阶 S 变换时频谱进行二值分解,定义并提取二值图像的捕获比序列作为振动信号的 PCNN 谱特征;引入中心对称局部二值模式,提出了一种基于分数阶 S 变换时频谱的 CSLBP 纹理谱特征提取方法;

提出了加权多重分形的概念,借助 Q 阶矩结构分割函数法研究了加权多重分形谱和加权多重分形维数估计方法,并基于此定义提取了加权多重分形特征。试验结果表明,基于分数阶 S 变换时频谱提取的 PCNN 谱特征能更有效地描述振动信号的时频统计特征;CSLBP 纹理谱能更好地刻画旋转机械振动信号的时频纹理特征,并且具有维数低和分类性能好等优点;基于分数阶 S 变换时频谱提取的加权多重分形特征具有时间平移不变性、频率平移敏感性和较好的分类性能。

5. 研究了旋转机械振动信号的组合式特征降维方法

通过引入核映射技术,设计了一种核空间类内–类间距准则,克服了类内–类间距准则在小样本和线性不可分特征选择和敏感性分析中的不足;针对 LPP 算法在实际旋转机械振动信号特征降维中的不足,研究了 ASS–LPP 流形学习算法。在此基础上,结合过滤式特征选择和流形学习的思想,提出了一种基于核空间类内–类间距准则和 ASS–LPP 算法的组合式特征降维方法,并将其应用于旋转机械振动信号特征降维。应用结果表明,组合式降维方法可以有效消除旋转机械振动信号高维特征中的不相关特征和冗余信息,从而获得维数低且分类精度高的低维特征集合。

6. 研究了旋转机械故障的 SVM 智能分类优化策略

引入社会情感优化算法,从模型训练优化和参数优化两个角度研究了 SVM 模型优化方法,建立了基于 SEOA 的 SVM 训练优化模型和参数优化模型;设计了一种 Multi-SVM 层次上的 SVM 多类分类集成学习框架,提出了一种基于 D–S 证据理论的 SVM 多类分类集成学习方法,该方法结合 fold–partitioning 集成法与随机子空间法的思想构造差异性 Multi-SVM,并采用改进 D–S 证据理论对 Multi-SVM 进行组合。仿真试验结果表明,基于 SEOA 的 SVM 训练优化模型具有可行性和有效性,采用 SEOA 对参数优化的效率高于网格搜索法和 PSO 算法;基于 D–S 证据理论的 SVM 多类分类集成学习具有更好的分类精度和稳定性。以滚动轴承故障诊断为例,研究了 SVM 智能分类优化策略在旋转机械故障诊断中的应用,结果表明基于 SEOA 的 SVM 模型优化方法和基于 D–S 证据理论的 SVM 集成学习都能够明显改善 SVM 的分类性能,从而有效提高旋转机械故障诊断的精度和稳定性。

全书的创新点主要有以下几点。

(1)针对旋转机械振动信号中的噪声问题,引入分数阶傅里叶变换和信号稀疏分解的思想,提出了一种基于分数阶傅里叶变换稀疏分解的信号滤波方法,有效滤除了振动信号中的干扰噪声。

（2）针对旋转机械早期微弱故障信号分析难题，结合广义 S 变换和傅里叶逆变换构造了一种双时域变换，提出了一种基于双时域变换的微弱故障特征增强方法，有效增强了振动信号中的微弱故障成分。

（3）针对变分模式分解的 IMF 分量不严格正交问题，提出了一种正交变分模式分解理论，实现了非平稳多分量振动信号的自适应正交分解，同时结合分数阶傅里叶变换与 S 变换，提出了一种分数阶 S 变换，提高了非平稳信号时频分析的灵活性和时频聚集性，进而构建了一套基于 OVMD 和分数阶 S 变换的旋转机械振动信号特征提取方法体系。

（4）针对旋转机械振动信号的广义时频特征维数高的问题，提出一种基于核空间类内–类间距准则和 ASS–LPP 算法的组合式特征降维方法，有效获取了维数低且分类精度高的振动信号特征集合。

（5）为改善 SVM 在旋转机械故障诊断中的性能，建立了基于 SEOA 的 SVM 训练优化模型和参数优化模型，研究了基于 D–S 证据理论的 SVM 多类分类集成学习方法，从两个方面有效提高了旋转机械故障的 SVM 智能分类精度和稳定性。

参 考 文 献

[1] 李辉,郑海起,唐力伟. 基于 EMD 和功率谱的齿轮故障诊断研究[J]. 振动与冲击,2006,25(1):133-135.

[2] Cheng J S,Yang Y,Yu D J. The envelope order spectrum based on generalized demodulation time-frequency analysis and its application to gear fault diagnosis[J]. Mechanical Systems and Signal Processing,2010,24:508-521.

[3] 李辉,郑海起,唐力伟. 基于倒双谱分析的轴承故障诊断研究[J]. 振动、测试与诊断,2010,30(4):353-356.

[4] 段晨东,郭研. 基于提升小波包变换的滚动轴承包络分析诊断方法[J]. 农业机械学报,2008,39(5):192-196.

[5] Su W S,Wang F T,Zhu H,et al. Rolling element bearing faults diagnosis based on optimal Morlet wavelet filter and autocorrelation enhancement[J]. Mechanical Systems and Signal Processing,2010,24(5):1458-1472.

[6] 丁彦春,郭瑜,唐先广,等. 基于 AR 模型的滚动轴承振动信号 Morlet 小波包络分析[J]. 机械强度,2012,34(4):491-494.

[7] 李宏坤,赵长生,周帅,等. 基于小波包-坐标变换的滚动轴承故障特征增强方法[J]. 机械工程学报,2011,47(19):74-80.

[8] 张进,冯志鹏,褚福磊. 基于时间-小波能量谱的齿轮故障诊断[J]. 振动与冲击,2011,30(1):157-161.

[9] Roberto R,Paolo P. Diagnostics of gear faults based on EMD and automatic selection of intrinsic mode functions[J]. Mechanical Systems and Signal Processing,2011,25:821-838.

[10] 蔡艳平,李艾华,石林锁,等. 基于 EMD 与谱峭度的滚动轴承故障检测改进包络谱分析[J]. 振动与冲击,2011,30(2):167-172.

[11] 张超,陈建军,徐亚兰. 基于 EMD 分解和奇异值差分谱理论的轴承故障诊断方法[J]. 振动工程学报,2011,24(5):539-545.

[12] 李力. 旋转机械信号处理及其应用[M]. 武汉:华中科技大学出版社,2007.

[13] 李兵. 旋转机械故障信号的数学形态学处理及特征提取方法研究[D]. 石家庄:军械工程学院,2010.

[14] 牛慧峰. 免疫机理与支持向量机复合的故障诊断理论及试验研究[D]. 秦皇岛:燕山大学,2009.

[15] 李宁. 旋转旋转机械的测试信号分析及隐马尔科夫模型应用研究[D]. 重庆:重庆大学,2010.

[16] 张超. 基于自适应振动信号处理的旋转旋转机械故障诊断研究[D]. 西安:西安电子科技大学,2012.

[17] 陶然,邓兵,王越. 分数阶傅里叶变换及其应用[M]. 北京:清华大学出版社,2009.

[18] Konstantin D, Dominique Z. Variational mode decomposition[J]. IEEE Transactions on Signal Processing, 2014, 62(3):531-544.

[19] 曹龙汉. 柴油机智能化故障诊断技术[M]. 北京:国防工业出版社,2005.

[20] Ettefagh M M, Sadeghi M H, Pirouzpanah V, et al. Knock detection in spark ignition engines by vibration analysis of cylinder block:A parametric modeling approach[J]. Mechanical Systems and Signal Processing, 2008, 22:1495-1514.

[21] 关贞珍,郑海起,杨云涛,等. 基于非线性几何不变量的轴承故障诊断方法研究[J]. 振动与冲击,2009,28(11):130-133.

[22] 王新宇,张仲义,田立柱. 双线性变换时域图在机车柴油机故障诊断中的应用[J]. 振动与冲击,2005,24(4):39-44.

[23] Chen C H, Shyu R J, Ma C K J. Rotating machinery diagnosis using wavelet packets-fractal technology and neural networks[J]. Journal of Mechanical Science and Technology, 2007, 21(7):1058-1065.

[24] Yang J, Zhang Y, Zhu Y. Intelligent fault diagnosis of rolling element bearing based on SVMs and fractal dimension [J]. Mechanical Systems and Signal Processing, 2007, 21(5):2012-2024.

[25] 李兵,张培林,任国全,等. 形态学广义分形维数在发动机故障诊断中的应用[J]. 振动与冲击,2011,30(10):208-212.

[26] Moura E P, Vieira A P, Irmao M A S, et al. Applications of detrended-fluctuation analysis to gearbox fault diagnosis[J]. Mechanical Systems and Signal Processing, 2009, 23:682-689.

[27] Moura E P, Souto C R, Silva A A, et al. Evaluation of principal component analysis and neural network performance for bearing fault diagnosis from vibration signal processed by RS and DF analyses[J]. Mechanical Systems and Signal Processing, 2011, 25:1765-1772.

[28] Lin J S, Chen Q. Fault diagnosis of rolling bearing based on multifractal detrended fluctuation analysis and Mahalanobis distance criterion[J]. Mechanical Systems and Signal Processing, 2013, 38:515-533.

[29] 贾继德,陈剑,邱峰. 一种适用于非平稳、非线性振动信号分析方法研究[J]. 农业工程学报,2005,21(10):9-13.

[30] Cao J F, Chen L, Zhang J L, et al. Fault diagnosis of complex system based on nonlinear frequency spectrum fusion[J]. Measurement, 2013, 46:125-131.

[31] 吕琛,王桂增. 基于时频域模型的噪声故障诊断[J]. 振动与冲击,2005,24(2):54-61.

[32] 杨宇,王欢欢,程军圣,等. 基于 LMD 的包络谱特征值在滚动轴承故障诊断中的应用[J]. 航空动力学报,2012,27(5):1153-1158.

[33] Pan M C, Tsao W C. Using appropriate IMFs for envelope analysis in multiple fault diagnosis of ball bearings[J]. International Journal of Mechanical Sciences, 2013, 69:114-124.

[34] Xiong L C, Shi T L, Yang S Z. Bispectrum analysis in fault diagnosis of gears[J]. Journal of Southwest Jiaotong University, 2001(2):40-44.

[35] 周宇,陈进,董广明,等. 基于循环双谱的滚动轴承故障诊断[J]. 振动与冲击,2012,31(9):78-81.

[36] 肖云魁,李会梁,王保民,等. 基于双谱的柴油发动机活塞销故障诊断[J]. 内燃机学报,2008,26(4):369-373.

[37] 张玲玲,梅检民,贾继德,等. 柴油机加速振动信号的阶比双谱特征提取[J]. 振动与冲击,2013,32(1):154-158.

[38] 孔令来,肖云魁,蒋国平,等. 发动机稳态与非稳态振动信号分析比较[J]. 内燃机学报,2006,24(1):76-81.

[39] 丁夏完,刘葆,刘金朝,等. 基于自适应 stft 的货车滚动轴承故障诊断[J]. 中国铁道科学,2005,24(6):24-27.

[40] Wu J D, Liu C H. An expert system for fault diagnosis in internal combustion engines using wavelet packet transform and neural network[J]. Expert Systems with Applications,2009,36:4278-4286.

[41] Rafiee J, Tse P W. Use of autocorrelation of wavelet coefficients for fault diagnosis [J]. Mechanical Systems and Signal Processing,2009,23(5):1554-1572.

[42] Hu Q, He Z, Zhang Z, et al. Fault diagnosis of rotating machinery based on improved wavelet package transform and SVMs ensemble [J]. Mechanical Systems and Signal Processing, 2007,21(2):688-705.

[43] Feng Y, Schlindwein F S. Normalized wavelet packets quantifiers for condition monitoring [J]. Mechanical Systems and Signal Processing,2009,23(3):712-723.

[44] Wu J D, Chen J C. Continuous wavelet transform technique for fault signal diagnosis of internal combustion engines[J]. NDT and E International,2006,39(4):304-311.

[45] Wu J D, Liu C H. Investigation of engine fault diagnosis using discrete wavelet transform and neural network[J]. Expert Systems with Applications,2008,35(3):1200-1213.

[46] Wu J D, Chan J J. Faulted gear identification of a rotating machinery based on wavelet transform and artificial neural network [J]. Expert Systems With Applications, 2009, 36(5):8862-8875.

[47] 吴定海,张培林,张英堂,等. 基于时频奇异谱的柴油机缸盖振动信号特征提取研究[J]. 振动与冲击,2010,29(9):222-227.

[48] 贾继德,张玲玲,梅检民,等. 非平稳循环特征极坐标增强及其在发动机故障诊断中的应用[J]. 振动工程学报,2013,26(6):960-964.

[49] 李兵,米双山,刘鹏远,等. 二维非负矩阵分解在齿轮故障诊断中的应用[J]. 振动、测试与诊断,2012,32(5):836-841.

[50] 王成栋,张优云,夏勇. 基于 S 变换的柴油机气阀机构故障诊断研究[J]. 内燃机学报,

2003,27(4):271-275.

[51] Fan X,Zuo M J. Gearbox fault feature extraction using Hilbert transform,S-transform,and a statistical indicator[J]. Journal of Testing and Evaluation,2007,35(5):477-485.

[52] Sejdi E,Djurovi I,Jiang J. A window width optimized S-transform[J]. Eurasip Journal on Advances in Signal Processing,2008(10):1-13.

[53] Yen G G. Wavelet packet feature extraction for vibration monitoring[J]. IEEE Transactions on Industrial Electronics,2000,47(3):650-667.

[54] Xu Z,Xuan J,Shi T,et al. A novel fault diagnosis method of bearing based on improved fuzzy ARTMAP and modified distance discriminant technique[J]. Expert Systems With Applications,2009,36(9):11801-11807.

[55] Jack L B,Nandi A K. Fault detection using support vector machines and artificial neural networks augmented by genetic algorithms[J]. Mechanical Systems and Signal Processing,2002,16(2-3):373-390.

[56] Jack L B,Nandi A K. Genetic algorithms for feature selection in machine condition monitoring with vibration signals[J]. IEE Proceedings:Vision,Image and Signal Processing,2000,147(3):205-212.

[57] 史东锋,屈梁生. 遗传算法在故障特征选择中的应用研究[J]. 振动、测试与诊断,2000,20(3):171-177.

[58] 骆志高,陈保磊,庞朝利,等. 基于遗传算法的滚动轴承复合故障诊断研究[J]. 振动与冲击,2010,29(6):174-177.

[59] 潘宏侠,黄晋英,毛鸿伟,等. 基于粒子群优化的故障特征提取技术研究[J]. 振动与冲击,2008,27(10):144-148.

[60] 王灵,俞金寿. 混沌耗散离散粒子群算法及其在故障诊断中的应用[J]. 控制与决策,2007,22(10):1197-1200.

[61] 曹建军,张培林,任国全,等. 基于蚁群优化的振动信号特征选择[J]. 振动与冲击,2008,27(5):24-28.

[62] 胡金海,谢寿生,侯胜利,等. 核函数主元分析及其在故障特征提取中的应用[J]. 振动、测试与诊断,2007,27(1):48-52.

[63] 孙丽萍,陈果,谭真臻. 基于核主成分分析的小波尺度谱图像特征提取[J]. 交通运输工程学报,2009,9(5):62-66.

[64] Tenenbaum J B,Silva V,Langford J C. A global geometric framework for nonlinear dimensionality reduction[J]. Science,2000,290(5500):2319-2323.

[65] Zhang Z Y. Zhang H Y. Principal manifold and nonlinear dimension reduction via local tangent space alignment[J]. SIAM Journal of Scientific Computing,2004,26(1):313-338.

[66] Roweis S T,Saul L K. Nonlinear dimensionality reduction by locally linear embedding[J]. Science,2000,290(5500):2323-2326.

[67] 栗茂林,王孙安,梁霖.利用非线性流形学习的轴承早期故障特征提取方法[J].西安交通大学学报,2010,44(5):45-49.

[68] 梁霖,徐光华,栗茂林,等.冲击故障特征提取的非线性流形学习方法[J].西安交通大学学报,2009,43(11):95-99.

[69] 张熠卓,徐光华,梁霖,等.利用增量式非线性流形学习的状态监测方法[J].西安交通大学学报,2011,45(1):65-68.

[70] 张育林,庄健,王娜,等.一种自适应局部线性嵌入与谱聚类融合的故障诊断方法[J].西安交通大学学报,2010,44(1):77-82.

[71] 李志雄,严新平.独立分量分析和流形学习在 VSC-HVDC 系统故障诊断中的应用[J].西安交通大学学报,2011,45(2):44-48.

[72] 李兵.自行火炮行走系统故障信号的数学形态学分析及智能分类方法研究[D].石家庄:军械工程学院,2010.

[73] 夏勇,张振仁,商斌梁,等.基于图像处理与神经网络的内燃机故障诊断研究[J].内燃机学报,2001,19(4):356-360.

[74] Samanta B, Al-Balushi K R. Artificial neural network based fault diagnostics of rolling element bearings using time-domain features[J]. Mechanical Systems and Signal Processing, 2003,17(2):317-328.

[75] Wang G, Luo Z, Qin X, et al. Fault identification and classification of rolling element bearing based on time-varying autoregressive spectrum[J]. Mechanical Systems and Signal Processing,2008,22(4):934-947.

[76] Mahamad A K, Hiyama T. Development of ANN for diagnosing induction motor bearing failure [J]. IEEE Transactions on Industry Applications,2010,130(7):836-846.

[77] Zhang L, Xiong G, Liu H, et al. Bearing fault diagnosis using multi-scale entropy and adaptive neuro-fuzzy inference [J]. Expert Systems with Applications, 2010, 37 (8): 6077-6085.

[78] Saravanan N, Ramachandran K I. Incipient gear box fault diagnosis using discrete Wavelet transform (DWT) for feature extraction and classification using artificial neural network (ANN)[J]. Expert Systems With Applications,2010,37(6):4168-4181.

[79] Wang C, Zhang Y, Zhong Z. Fault diagnosis for diesel valve trains based on time-frequency images[J]. Mechanical Systems and Signal Processing,2008,22(8):1981-1993.

[80] Wu J D, Chiang P H, Chang Y W, et al. An expert system for fault diagnosis in internal combustion engines using probability neural network [J]. Expert Systems with Applications, 2008,34(4):2704-2713.

[81] Wang M H, Chao K H, Sung W T, et al. Using ENN-1 for fault recognition of automotive engine[J]. Expert Systems with Applications,2010,37(4):2943-2947.

[82] 陶品,张钹,叶榛.构造型神经网络双交叉覆盖增量学习算法[J].软件学报,2003,14

（2）:194-201.

[83] Wang Q H,Zhang Y Y,Cai L,et al. Fault diagnosis for diesel valve trains based on non-negative matrix factorization and neural network ensemble[J]. Mechanical Systems and Signal Processing,2009,23:1683-1695.

[84] Samanta B. Gear fault detection using artificial neural networks and support vector machines with genetic algorithms[J]. Mechanical Systems and Signal Processing, 2004, 18(3): 625-644.

[85] 蔡蕾,朱永生. 基于稀疏性非否矩阵分解和支持向量机的时频图像识别[J]. 自动化学报,2009,35(10):1272-1277.

[86] [120]武华锋,李著信,武建林,等. 基于支持向量的柴油机排气阀智能故障诊断研究 [J]. 内燃机学报,2006,24(5):465-469.

[87] 张英锋,马彪,朱愿,等. 基于超球面支持向量机的综合传动状态判别[J]. 吉林大学学报(工学版),2012,42(1):13-18.

[88] 康守强,王玉静,杨广学,等. 基于经验模态分解和超球多类支持向量机的滚动轴承故障诊断方法[J]. 中国电机工程学报,2011,31(14):96-102.

[89] Li H,Zhou P,Zhang Z. An investigation into machine pattern recognition based on time-frequency image feature extraction using a support vector machine[J]. Proceedings of the Institution of Mechanical Engineers,Part C:Journal of Mechanical Engineering Science,2010,224 (4):981-994.

[90] 徐喆,毛志忠. 基于超球的支持向量机增量学习算法[J]. 东北大学学报,2010,31(1): 16-19.

[91] 王自营,邱绵浩,安钢. 增量学习直推式支持向量机及其在旋转旋转机械状态判别中的应用[J]. 中国电机工程学报,2008,28(32):89-95.

[92] Zhang X L,Wang B J,Chen X F. Intelligent fault diagnosis of roller bearings with multivariable ensemble-based incremental support vector machine[J]. Knowledge-Based Systems, 2015.

[93] Rojas A,Nandi A K. Practical scheme for fast detection and classification of rolling-element bearing faults using support vector machines[J]. Mechanical Systems and Signal Processing, 2006,20(7):1523-1536.

[94] Samanta B,Nataraj C. Application of particle swarm optimization and proximal support vector machines for fault detection[J]. Swarm Intelligence,2009,3(4):303-325.

[95] Chen F F,Tang B P,Song T,et al. Multi-fault diagnosis study on roller bearing based on multi-kernel support vector machine with chaotic particle swarm optimization[J]. Measurement,2014, 47:576-590.

[96] 吴震宇,袁惠群. 蚁群支持向量机在内燃机故障诊断中的应用研究[J]. 振动与冲击,2009,28(3):83-86.

[97] Li X, Zheng A N, Zhang X N, et al. Rolling element bearing fault detecting using support vector machine with improved ant colony optimization[J]. Measurement, 2013, 46(8): 2726-2734.

[98] Chen F F, Tang B P, Chen R X. A novel fault diagnosis model for gearbox based on wavelet support vector machine with immune genetic algorithm [J]. Measurement, 2013, 46: 220-232.

[99] 李烨. 基于支持向量机的集成学习研究[D]. 上海:上海交通大学,2007.

[100] 李海斌. 柴油机故障的集成诊断方法研究[D]. 西安:西安石油大学,2015.

[101] 王自营,邱绵浩,安钢,等. 基于自适应助推算法的集成支持向量机在柴油机故障诊断中应用[J]. 兵工学报,2009,30(10):1368-1374.

[102] Ervin S, Igor D, Ljubisa S. Fractional Fourier transform as a signal processing tool: An overview of recent developments[J]. Signal Processing, 2011, 91: 1351-1369.

[103] 罗蓬. 基于分数阶 Fourier 变换的非平稳信号处理技术研究[D]. 天津:天津大学,2011.

[104] 刘立州,李志农,范涛. 分数阶 Fourier 变换在齿轮故障诊断中的应用[J]. 振动与冲击,2008,27(S):37-39.

[105] 梅检民,肖云魁,陈祥龙,等. 基于 FRFT 的单分量阶比双谱提取微弱故障特征[J]. 振动、测试与诊断,2012,32(4):655-660.

[106] 张军. 基于分数阶傅里叶变换步态特征提取[J]. 北京理工大学学报,2012,32(6):636-640.

[107] 罗慧,王友仁,崔江. 基于最优分数阶傅里叶变换的模拟电路故障特征提取新方法[J]. 仪器仪表学报,2009,30(5):997-1001.

[108] Pawan K A, Raghunath S H. Fractional Fourier transform based features for speaker recognition using support vector machine[J]. Computers and Electrical Engineering, 2013, 39: 550-557.

[109] 黄宇,刘锋,王泽众,等. 基于 FRFT 的雷达信号 chirp 基稀疏特征提取及分选[J]. 航空学报,2012,33(X):1-8.

[110] 草冲锋. 基于 EMD 的旋转机械振动分析与诊断方法研究[D]. 杭州:浙江大学,2009.

[111] Rai V K, Mohanty A R. Bearing fault diagnosis using FFT of intrinsic mode functions in Hilbert-Huang transform[J]. Mechanical Systems and Signal Processing, 2007, 21(6): 2607-2615.

[112] 汤宝平,董绍江,马靖华. 基于独立分量分析的 EMD 模态混叠消除方法研究[J]. 仪器仪表学报,2012,33(7):1477-1482.

[113] Wu Z H, Huang N E. Ensemble empirical modedecomposition: a noise assisted data analysis method[J]. Advances in Adaptive Data Analysis, 2009(1):1-41.

[114] 王凤利,段树林,于洪亮,等. 基于 EEMD 和形态学分形维数的柴油机故障诊断[J]. 内燃机学报,2012,30(6):557-562.

[115] 沈虹,赵红东,张玲玲,等. 基于 EMD 和 Gabor 变换的发动机曲轴轴承故障特征提取[J]. 汽车工程,2014,36(12):1546-1550.

[116] 张玲玲,廖云红,曹亚娟,等. 基于 EEMD 和模糊 C 均值聚类算法诊断发动机曲轴轴承故障[J]. 内燃机学报,2011,29(4):332-336.

[117] Smith J S. The local mean decomposition and its application to EEG perception data[J]. Journal of the Royal Society Interface,2005(2):443-454.

[118] 程军圣,张亢,杨宇,等. 局部均值分解与经验模式分解的对比研究[J]. 振动与冲击,2009,28(5):13-17.

[119] 王衍学,何正嘉,訾艳阳,等. 基于 LMD 的时频分析方法及其旋转机械故障诊断应用研究[J]. 振动与冲击,2012,31(9):9-12.

[120] 程军圣,杨宇,于德介. 局部均值分解方法及其在齿轮故障诊断中的应用[J]. 振动工程学报,2009,22(1):76-84.

[121] Cheng J S,Yang Y,Yang Y. A rotating machinery fault diagnosis method based on local mean decomposition[J]. Digital Signal Processing,2012,22:356-366.

[122] Liu W Y,Zhang W H,Han J G,et al. A new wind turbine fault diagnosis method based on the local mean decomposition[J]. Renewable Energy,2012,48:41-415.

[123] Cheng J S,Zhang K,Yang Y. An order tracking technique for the gear fault diagnosis using local mean decomposition method[J]. Mechanism and Machine Theory,2012,55:67-76.

[124] 张俊红,刘昱,毕凤荣,等. 基于 LMD 和 SVM 的柴油机气门故障诊断[J]. 内燃机学报,2012,30(5):469-473.

[125] Yang Y,Cheng J S,Zhang K. An ensemble local means decomposition method and its application to local rub-impact fault diagnosis of the rotor systems[J]. Measurement,2012,45:561-570.

[126] Salim L. Comparative study of signal denoising by wavelet threshold in empirical and variational mode decomposition domains[J]. Healthcare Technology Letters,2014,1(3):104-109.

[127] Wang Y X,Richard M,Xiang J W,et al. Research on variational mode decomposition and its application in detecting rub-impact fault of the rotor system[J]. Mechanical Systems and Signal Processing,2015,60-61:243-251.

[128] Aneesh C,Sachin K,Hisham P M,et al. Performance comparison of variational mode decomposition over empirical Wavelet transform for the classification of power quality disturbances using support vector machine[J]. Procedia Computer Science,2015(46):372-380.

[129] 唐贵基,王晓龙. 参数优化变分模式分解方法在滚动轴承早期故障诊断中的应用[J].西安交通大学学报,2015,49(5):1-9.

230

［130］ Li Y Y,Li G L,Li M,et al. Variational mode decomposition denoising combined the detrend fluctuation analysis［J］. Signal Processing,2016,125:349–364.

［131］ 马增强,李亚超,刘政,等. 基于变分模式分解和 Teager 能量算子的滚动轴承故障特征提取［J］. 振动与冲击,2016,35(13):134–139.

［132］ 刘长良,武英杰,甄成刚. 基于变分模式分解和模糊 C 均值聚类的滚动轴承故障诊断［J］. 中国电机工程学报,2015,35(13):3358–3365.

［133］ Salim L. Long memory in international financial markets trends and short movements during 2008 financial crisis based on variational mode decomposition and detrended fluctuation analysis［J］. Physica A,2015,437:130–138.

［134］ Salin L. Intraday stock price forecasting based on variational mode decomposition［J］. Journal of Computational Science,2016,12:23–27.

［135］ 李真真,杜明辉,吴效明. 基于分数阶希尔伯特变换的罗音特征提取［J］. 华南理工大学学报(自然科学版),2011,39(12):38–43.

［136］ 黄雨青. 分数阶小波变换及应用研究［D］. 南京:南京航空航天大学,2011.

［137］ 路倩倩. 基于分数阶小波变换的图像去噪研究［D］. 南京:南京航空航天大学,2012.

［138］ 李英祥,肖先赐. 基于短时分数阶傅里叶变换域滤波的多项式相位信号时频检测［J］. 声学学报,2003,28(6):545–549.

［139］ 黄雨青,王友仁,罗慧,等. 分数阶小波包时频域的信号去噪新方法［J］. 仪器仪表学报,2011,32(7):1534–1539.

［140］ Djurovi I,Sejdi E,Jiang J. Frequency–based window width optimization for S–transform［J］. AEU – International Journal of Electronics and Communications,2008,62(4):245–250.

［141］ Park C S,Choi Y C,Kim Y H. Early fault detection in automotive ball bearings using the minimum variance cepstrum［J］. Mechanical Systems and Signal Processing,2013,38:534–548.

［142］ Li B,Zhang P L,Liu D S,et al. Feature extraction for rolling element bearing fault diagnosis utilizing generalized S transform and two–dimensional non–negative matrix factorization［J］. Journal of Sound and Vibration,2011,330:2388–2399.

［143］ Peng H C,Long F H,Chris D. Feature selection based on mutual information:criteria of max–dependency,max–relevance,and min–redundancy［J］. IEEE Transactions on Pattern Analysis and Machine Intelligence,2005,27(8):1226–1238.

［144］ Duin R P W,Juszczak P,Paclik P,et al. A Matlab Toolbox for Pattern Recognition (PRTools4.1)［Z］. Delft University of Technology,2007.

［145］ 韩敏. 混沌时间序列预测理论与方法［M］. 北京:中国水利水电出版社,2007.

［146］ Chow T W S,Tan H Z. HOS–based nonparametric and parametric methodologies for machine fault detection[J]. IEEE Transactions on Industrial Electronics, 2000, 47(5): 1051-1059.

[147] 张济忠. 分形[M]. 北京:清华大学出版社,2011.

[148] 吴虎胜,倪丽萍,张凤鸣,等. 一种多变量时间序列的分形维数计算方法[J]. 控制与决策,2014,29(3):455-459.

[149] 林近山,陈前. 基于多重分形去趋势波动分析的齿轮箱故障特征提取方法[J]. 振动与冲击,2013,32(2):97-101.

[150] 李兵,张培林,米双山,等. 齿轮故障信号多重分形维数的形态学计算方法[J]. 振动、测试与诊断,2011,31(4):450-453.

[151] 朱利民,牛新文,钟秉林,等. 振动信号短时功率谱时-频二维特征提取方法及应用[J]. 振动工程学报,2004,17(4):443-448.

[152] Amir H Z, Abdolreza O. Gear fault diagnosis based on Gaussian correlation of vibrations signals and wavelet coefficients[J]. Applied Soft Computing,2011,11:4807-4819.

[153] Li B, Mi S S, Liu P Y, et al. Classification of time-frequency representations using improved morphological pattern spectrum for engine fault diagnosis[J]. Journal of Sound and Vibration,2013,(322):3329-3337.

[154] Zhu D, Gao Q W, Sun D, et al. A detection method for bearin faults using null space pursuit and S transform[J]. Signal Processing,2014,96:80-89.

[155] Gu X D. Feature extraction using unit-linking pulse coupled neural network and its applications[J]. Neural Process Letter,2008(27):25-41.

[156] 刘勍,许录平,马义德,等. 基于脉冲耦合神经网络的图像 NMI 特征提取及检索方法[J]. 自动化学报,2010,36(7):931-938.

[157] Heikkilä M, Pietikäinen M. Description of interest regions with center-symmetric local binary patterns[C]. Processings of the 5th Conference on Computer Vision, Graphics and Image Processing,2006:58-69.

[158] 李辉,郑海起,唐立伟. 基于双树复小波包峭度图的轴承故障诊断研究[J]. 振动与冲击,2012,31(10):13-18.

[159] Song T C, Li H L. Wave LBP based hierarchical features for image classification[J]. Pattern Recognition Letters,2013,34:1323-1328.

[160] Luo Y, Wu C M, Zhang Y. Facial expression feature extraction using hybrid PCA and LBP [J]. The Journal of China Universities of Posts and Telecommunications,2013,20(2): 120-124.

[161] Loris N, Alessandra L, Sheryl B. Survey on LBP based texture descriptors for image classification[J]. Expert Systems with Applications,2012,39:3634-3641.

[162] 白航,赵拥军,胡德秀. 时频图像局部二值模式特征在雷达信号分类识别中的应用[J]. 宇航学报,2013,34(1):139-146.

［163］ Ojala T, Pietikainen M, Maeenpaa T. Multiresolution gray‐scale and rotation invariant texture classification with local binary patterns［J］. IEEE Transactions on Pattern Analysis and Machine Intelligence,2002,24(7):971-987.

［164］赵海洋,徐敏强,王金东. 基于多重分形与奇异值分解的往复压缩机故障特征提取方法研究［J］. 振动与冲击,2013,32(23):105-109.

［165］ Peng Z, Chu F, Tse P W. Singularity analysis of the vibration signals by means of wavelet modulus maximal method［J］. Mechanical Systems and SignalProcessing 2007,21(2): 780-794.

［166］ Lin J S, Chen Q. Fault diagnosis of rolling bearings based on multifractal detrended fluctuation analysis and Mahalanobis distance criterion［J］. Mechanical Systems and Signal Processing,2013,38:515-533.

［167］ Shimizu Y, Barth M, Windischberger C, et al. Wavelet‐based multifractal analysis of fMRI time series［J］. NeuroImage,2004,22(3):1195-1202.

［168］ Zhang D T, Luo F. A new detecting method for weak targets in sea clutter based on multifractal properties［C］. Proceedings of 2011 IEEE CIE International Conference on Radar,成都,2011:446-449.

［169］孙康,金钢,朱晓华,等. 基于 Q-MMSPF 的海杂波多重分形互相关分析和目标检测［J］.国防科技大学学报,2013,35(3):170-175.

［170］郝研. 分形维数特性分析及故障诊断分形方法研究［D］. 天津:天津大学,2012.

［171］何强,蔡洪,韩壮伟,等. 基于非线性流形学习的 ISAR 目标识别研究［J］. 电子学报,2010,38(3):585-590.

［172］ Xu Y, Zhong A N, Yang J, et al. LPP solution schemes for use with face recognition［J］. Pattern Recognition,2010,43(12):4165-4176.

［173］苏祖强,汤宝平,姚金宝. 基于敏感特征选择与流形学习维数约简的故障诊断［J］. 振动与冲击,2014,33(3):71-75.

［174］张学工. 模式识别［M］. 3 版. 北京:清华大学出版社,2010.

［175］潘俊,孔繁胜,王瑞琴. 加权成对约束投影半监督聚类［J］. 浙江大学学报(工学版),2011,45(5):934-940.

［176］李春芳,刘连忠,陆震. 基于数据场的概率神经网络算法［J］. 电子学报,2011,39(8):1739-1745.

［177］陈诗国,张道强. 半监督降维方法的试验比较［J］. 软件学报,2011,22(1):28-43.

［178］ Saimurugan M, Ramachandran K I, Sugumaran V, et al. Multi component fault diagnosis of rotational mechanical system based on decision tree and support vector machine［J］. Expert Systems with Applications,2011,38(4):3819-3826.

［179］ Zhang X Y, Zhou J Z, Huang Z W, et al. Vibrant fault diagnosis for hydro‐turbine generating unit based on rough sets and multi‐class support vector machine［J］. Proceedings of the

CSEE,2010,30(20):88-93.

[180] Williams C K I,Seger M. Using the Nystrom method to speed up kernel machines [J]. Adwnces in Neural Information processing Systems,2001,13:682-688.

[181] Jin W,Zhang J Q,Zhang X. Face recognition method based on support vector machine and particle swarm optimization[J]. Expert Systems with Applications,2011,38:4390-4393.

[182] Li Y J,Tian X J,Liu J H. Application of least square support vector machine based on particle swarm optimization in quantitative analysis of gas mixture [J]. Spectroscopy and Spectral Analysi,2010,30(3):774-778.

[183] Ren G,Zhou Z P. Traffic safety forecasting method by particle swarm optimization and support vector machine[J]. Expert Systems with Applications,2011,38:10420-10424.

[184] Wu Z Y,Yuan H Q. Fault diagnosis of an engine with anant colony support vector machine [J]. Journal of Vibration and Shock,2009,28(3):83-87.

[185] Yao Q Z,Tian Y. Model selection algorithm of SVM based on artificial immune[J]. Computer Engineering,2008,34(15):223-225.

[186] 崔志华. 社会情感优化算法[M]. 北京:电子工业出版社,2011.

[187] Lean Y. An evolutionary programming based asymmetric weighted least squares support vector machine ensemble learning methodology for software repository mining[J]. Information Sciences,2012,191:31-46.

[188] Xu Z B,Li Y R,Wang Z G,et al. A selective fuzzy ARTMAP ensemble and its application to the fault diagnosis of rolling element bearing[J]. Neurocomputing,2016,182:25-35.

[189] Tang L,Yu L,Wang S,et al. A novel hybrid ensemble learning paradigm for nuclear energy consumption forecasting[J]. Applied Energy,2012,93:432-443.

[190] Wang Y Q,Cui Z H,Tan Y. A social emotional optimization algorithm based on emotional intensity law[J]. Journal of Taiyuan University of Science and Technology,2012,33(4):249-253.

[191] Chang C C,Lin C J. LIBSVM:A library for support vector machines[EB/OL]. (2019-9-11)[2020-5-20]http://www. csie. ntu. edu. tw/~cjlin/libsvm/.

[192] 王国德. 磨粒图像分析与识别技术研究[D]. 石家庄:军械工程学院,2011.